Nikolai Laßmann
Adrian Mengay
Ulrich Overbeck
Rudi Rupp

Bilanzanalyse leicht gemacht

Der erfolgreiche Betriebsrat

Nikolai Laßmann
Adrian Mengay
Ulrich Overbeck
Rudi Rupp

Bilanzanalyse leicht gemacht

Für Betriebsrat, Wirtschaftsausschuss, Arbeitnehmervertreter im Aufsichtsrat

8., vollständig aktualisierte Auflage

Die im Anhang aufgeführten »Musterbögen für die Bilanzanalyse« stehen online unter *https://www.bund-verlag.de/buecher/dl-bilanzanalyse-2022* zur Verfügung. Sie können elektronisch oder manuell bearbeitet und ausgedruckt werden.

Bibliografische Information der Deutschen Nationalbibliothek
Die Deutsche Nationalbibliothek verzeichnet diese Publikation in der Deutschen Nationalbibliografie; detaillierte bibliografische Daten sind im Internet über *http://dnb.d-nb.de* abrufbar.

8., vollständig aktualisierte Auflage 2023

Umschlag: Neil McBeath, Stuttgart
Satz: Dörlemann Satz, Lemförde
Druck: CPI books GmbH, Birkstraße 10, 25917 Leck

ISBN 978-3-7663-7261-1

www.bund-verlag.de

Inhaltsverzeichnis

Vorwort

Der Jahresabschluss gehört erfahrungsgemäß zu den Themenbereichen, die Betriebsräten, Wirtschaftsausschussmitgliedern und Arbeitnehmervertreter:innen in Aufsichtsräten große Verständnisschwierigkeiten bereiten – insbesondere wenn sie über keine kaufmännische Vorbildung verfügen. Der Umgang mit dem Jahresabschluss reicht von völligem Desinteresse (»Zahlenmärchen, nicht wichtig für die Interessenvertretungsarbeit«) bis zur unkritischen Akzeptanz geprüfter Jahresabschlüsse (»vom Wirtschaftsprüfer geprüfte Jahresabschlüsse werden schon stimmen«). Wie so oft im Leben liegt die Wahrheit wohl eher in der Mitte: Es geht um die kritische Beschäftigung mit dem Jahresabschluss, um mit Zahlen aus dem Jahresabschluss begründete Unternehmensentscheidungen und Forderungen an Betriebsrat und Belegschaft richtig einschätzen zu können. Dabei soll dieses Handbuch die Leser unterstützen.

Es geht uns nicht darum, Arbeitnehmervertreter:innen in Betriebsrat, Wirtschaftsausschuss oder Aufsichtsrat zu Bilanzexperten auszubilden. Abgesehen davon, dass dies auch mit solch einem Buch nicht leistbar wäre, ist es gewerkschaftspolitisch auch nicht sinnvoll und zweckmäßig, da es zu einer völlig falschen Schwerpunktsetzung der Interessenvertretungsarbeit führen würde. Unser Anliegen ist es vielmehr, zu vermitteln, wie der Jahresabschluss eines Einzelunternehmens oder Konzerns einzuschätzen ist, welche Bedeutung ihm zukommt, welche Aussagekraft er besitzt und was davon für die Interessenvertretungsarbeit nützlich ist – nicht mehr, aber auch nicht weniger.

In der 8. Auflage ist das »Bilanzrichtlinie-Umsetzungsgesetz« (BilRUG), welches die europäische Bilanzrichtlinie 2013/34/EU in nationales Recht umsetzt, berücksichtigt. Das Gesetz ändert das Handelsgesetzbuch umfassend und führt zu Anpassungen in Aktien-, Publizitäts- und GmbH-Gesetz. Neu ist auch die ausführliche Darstellung des Vergütungsberichts gem. § 162 Abs. 2 AktG, der nach dem Gesetz zur Umsetzung der zweiten Aktionärsrichtlinie (ARUG II) gemeinsam von Vorstand und Aufsichtsrat einer börsennotierten Gesellschaft für nach dem 31.12.2020 beginnende Geschäftsjahre jährlich aufzustellen und der Hauptversammlung vorzulegen ist.

Ausführlich wird auch auf die »Nachhaltigkeitsberichterstattung« wegen seiner zunehmenden Bedeutung für die Wettbewerbsfähigkeit der Unternehmen eingegangen. Nach dem »Gesetz zur Stärkung der nichtfinanziellen Berichterstattung« sind große Kapitalgesellschaften und kapitalmarktorientierte Unternehmen mit mehr als 500 Mitarbeitern betroffen. Diese müssen in der nichtfinanziellen Erklärung neben einer kurzen Beschreibung des Geschäftsmodells zumindest über Umwelt-, Arbeitnehmer:innen und Sozialbelange sowie die Achtung der Menschenrechte und Bekämpfung von Korruption und Bestechung berichten.
In der 8. Auflage wurde auch die Struktur der Segmentberichterstattung an die neuere Regelung des IFRS 8 bzw. DRS 3 angepasst sowie die geänderten Bilanzierungsregelungen von Leasingverträgen nach IFRS erläutert.
Der Anhang enthält nun eine vergleichende Übersicht der Bilanzierungsregelungen nach HGB, IFRS und US-GAAP.
Die Formblätter zur Erleichterung der Bilanzanalyse im Anhang und die Auswertungssoftware stehen unter *www.bund-verlag.de/buecher/dl-bilanzanalyse-2022* zum Download zur Verfügung.

Berlin, im August 2022
Die Verfasser

Abkürzungsverzeichnis

a. a. O.	am angegebenen Ort
Abb.	Abbildung
Abl.	Ableitung
Abs.	Absatz
Abschn.	Abschnitt
abzgl.	abzüglich
a. F.	alte Fassung
AfA	Absetzung für Abnutzung
AG	Aktiengesellschaft
AHK	Anschaffungs- und Herstellungskosten
AiB	Arbeitsrecht im Betrieb (Zeitschrift)
AktG	Aktiengesetz
ARUG II	Gesetz zur Umsetzung der zweiten Aktionärsrechterichtlinie
AV	Anlagevermögen
BA	Betriebsabrechnung
BAG	Bundesarbeitsgericht
BetrVG	Betriebsverfassungsgesetz
BFH	Bundesfinanzhof
BilMoG	Bilanzmodernisierungsgesetz
BilReG	Bilanzreformgesetz (Gesetz zur Einführung internationaler Rechnungslegungsstandards und zur Sicherung der Qualität der Abschlussprüfung)
BilRUG	Bilanzrichtlinie-Umsetzungsgesetz
BiRiLiG	Bilanzrichtliniengesetz
bspw.	beispielsweise
BStBl	Bundessteuerblatt
bzw.	beziehungsweise
ca.	circa

CSR-Richtlinie-Umsetzungsgesetz	Gesetz zur Stärkung der nichtfinanziellen Berichterstattung der Unternehmen in ihren Lage- und Konzernlagebericht
DCGK	Deutscher Corporate Governance Kodex
d. h.	das heißt
DM	Deutsche Mark
DRS	Deutscher Rechnungslegungsstandard
DVFA/SG	Deutsche Vereinigung für Finanzanalyse und Anlageberatung/Schmalenbach-Gesellschaft
ebd.	ebenda
EBIT	Earnings Before Interest and Taxes (Ergebnis vor Zinsen und Steuern)
EBITA	Earnings Before Interest, Taxes and Amortisation (Ergebnis vor Zinsen, Steuern und Abschreibungen auf Geschäfts- bzw. Firmenwert)
EBITDA	Earnings Before Interest, Taxes, Depreciation and Amortisation (Ergebnis vor Zinsen, Steuern und Abschreibungen auf Geschäfts- bzw. Firmenwert und Sachanlagen)
EBT	Earnings Before Taxes (Ergebnis vor Steuern)
EG	Europäische Gemeinschaften
EGHGB	Einführungsgesetz zum Handelsgesetzbuch
EK	Eigenkapital
EStG	Einkommensteuergesetz
EStR	Einkommensteuer-Richtlinen
EStDV	Einkommensteuer-Durchführungsverordnung
etc.	et cetera
EU	Europäische Union
EU-APrVO	EU-Verordnung der Abschlussprüfung
evtl.	eventuell
EWG	Europäische Wirtschaftsgemeinschaften
EWR	Europäischer Wirtschaftsraum
€	Euro
FASB	Financial Accounting Standards Board (Privatrechtlich organisiertes US-amerikanisches Gremium, das im Auftrag der US-Börsenaufsicht SEC die US-GAAP entwickelt)
Fifo	First-in-first-out (Verbrauchsfolgeverfahren zur Bewertung der Roh-, Hilfs- und Betriebsstoffe)
FISG	Gesetz zur Stärkung der Finanzmarktintegrität
FK	Fremdkapital
ggf.	gegebenenfalls

GmbH	Gesellschaft mit beschränkter Haftung
GmbHG	GmbH-Gesetz
GoB	Grundsätze ordnungsgemäßer Buchführung
GRI	Global Reporting Initiative (Richtlinie für die Erstellung von Nachhaltigkeitsberichten von Großunternehmen, kleinen und mittleren Unternehmen, Regierungen und NGOs)
GuV	Gewinn- und Verlustrechnung
GWG	geringwertige Wirtschaftsgüter
HGB	Handelsgesetzbuch
HR	Handelsregister
Hrsg.	Herausgeber
IAS	International Accounting Standards (Rechnungslegungsgrundsätze des International Accounting Committee, London)
IASB	International Accounting Standards Board (Nachfolgeorganisation der ISAC, die die IFRS entwickelt)
IASC	International Accounting Standards Committee, London (Internationale Organisation der Berufsverbände der Wirtschaftsprüfer und Steuerberater)
i. d. R.	in der Regel
IDW	Institut der Wirtschaftsprüfer
IFRS	International Financial Reporting Standards (Rechnungslegungsgrundsätze des International Accounting Standards Board; der Nachfolgeorganisation der IASC)
i. H. v.	in Höhe von
inkl.	inklusive
IOSCO	International Organisation of Securities Commissions (Internationale Organisation der Börsenaufsichtsbehörden)
i. S. d.	im Sinne des
i. S. v.	im Sinne von
IT	Informationstechnologie
i. V. m.	in Verbindung mit
JÜ	Jahresüberschuss
KapAEG	Kapitalaufnahmeerleichterungsgesetz
KapCoRiLiG	Kapitalgesellschaften & Co-Richtlinie-Gesetz
KG	Kommanditgesellschaft
KGaA	Kommanditgesellschaft auf Aktien
kons.	konstant

KonTraG	Gesetz zur Kontrolle und Transparenz im Unternehmensbereich
kurzfr.	kurzfristig
lgfr.	langfristig
Lifo	Last-in-first-out (Verbrauchsfolgeverfahren zur Bewertung der Roh-, Hilfs- und Betriebsstoffe)
lt.	laut
max.	maximal
Mio.	Millionen
Mon.	Monate
Mrd.	Milliarden
MU	Mutterunternehmen
MwSt	Mehrwertsteuer
Nr.	Nummer
o. Ä.	oder Ähnliches
OHG	Offene Handelsgesellschaft
PublG	Publizitätsgesetz
RAP	Rechnungsabgrenzungsposten
Rn.	Randnummer
S.	Satz/Seite
s.	siehe
s. o.	siehe oben
sog.	sogenannte
SE	Societas Europaea oder Europäische Aktiengesellschaft
SEC	Securities and Exchange Commission (US-Börsenaufsichtsbehörde)
SNP	Anbieter von Software zur Bewältigung komplexer digitaler Transformationsprozesse
TransPuG	Gesetz zur weiteren Reform des Aktien- und Bilanzrechts, zu Transparenz und Publizität (Transparenz- und Publizitätsgesetz)
Tsd.	Tausend
TU	Tochterunternehmen
u. a.	unter anderem
u. Ä.	und Ähnliche
u. E.	unseres Erachtens
unkons.	unkonsolidiert
US-GAAP	United Staates – Generally Accepted Accounting Principles (Allgemein anerkannte Rechnungslegungsgrundsätze der USA)
UStG	Umsatzsteuergesetz

usw.	und so weiter
UV	Umlaufvermögen
VFE	Vermögens-, Finanz- und Ertragslage
vgl.	vergleiche
WP	Wirtschaftsprüfer
z. B.	zum Beispiel
z. T.	zum Teil
zz.	zurzeit

A. Die Auseinandersetzung mit dem Jahresabschluss

Die Auseinandersetzung mit dem Jahresabschluss eines Unternehmens bereitet vielen Betriebsrats- und Wirtschaftsausschussmitgliedern – aber auch manchen Aufsichtsratsmitgliedern – erhebliche Schwierigkeiten. Zum einen glauben viele betriebliche Interessenvertreter:innen, der Materie nicht gewachsen zu sein – wobei dieser Eindruck von vielen Unternehmensleitungen durch die Verwendung englischer Fachausdrücke bei der Besprechung des Jahresabschlusses noch verstärkt wird. Zum anderen herrscht bei manchem das Gefühl vor, dass der Jahresabschluss ohnehin manipuliert sei. Nicht zuletzt deshalb, weil durch das Bilanzrechtsreformgesetz (BilReG) ab 2005 kapitalmarktorientierte Kapitalgesellschaften[1] ihren Konzern-(Jahres-)abschluss nach den internationalen Rechnungslegungsstandards IAS/IFRS erstellen müssen und nicht am Kapitalmarkt agierende Kapitalgesellschaften dies »freiwillig« machen können, haben sich die Vorbehalte bei den Arbeitnehmervertreter:innen gegenüber dem Jahresabschluss eher noch erhöht. Verwundert mussten sie zur Kenntnis nehmen, dass mit der Umstellung von den bisher angewandten Vorschriften des Handelsgesetzbuches (HGB) auf die internationalen Rechnungslegungsstandards, sich die Werte in der Konzernbilanz drastisch veränderten, d. h. in der Regel verbesserten. Vor diesem Hintergrund setzen sich viele Arbeitnehmervertreter:innen nicht sonderlich intensiv mit dem Jahresabschluss bzw. Konzernabschluss auseinander, ja lehnen die Auseinandersetzung darüber ausdrücklich ab.

Auf der anderen Seite gibt es aber auch Betriebsrats- und Wirtschaftsausschussmitglieder und vor allem Arbeitnehmervertreter:innen in Aufsichtsräten, die sich mit sehr viel Engagement in die Systematik des Jahresabschlusses und in betriebswirtschaftliche Fragen eingearbeitet haben. Vor allem auch deshalb, weil es zu den Aufgaben des Betriebsrats und des Wirtschaftsausschusses gehört, sich im Rahmen von § 108 Abs. 5 BetrVG mit dem Jahresabschluss zu beschäftigen. Ebenso gehört die Prüfung und Feststellung des Jahresabschlusses zu den Auf-

1 Als kapitalmarktorientiert gelten Unternehmen, die mit eigenen oder von einer Tochtergesellschaft ausgegebenen Wertpapieren (Aktien oder Schuldtiteln) einen organisierten Markt in Anspruch nehmen.

gaben des Aufsichtsrats (§ 171 AktG). In jenen Fällen, in denen sich die betrieblichen Interessenvertreter:innen mit dem Jahresabschluss »ihres« Unternehmens auseinandersetzen, geschieht dies jedoch nicht selten zu unkritisch. Die im (Konzern-)Jahresabschluss veröffentlichten Zahlen werden nicht hinterfragt. Das Testat (Prüfvermerk) einer Wirtschaftsprüfungsgesellschaft wird in diesem Zusammenhang häufig als Beleg dafür angesehen, dass der Jahresabschluss die wirtschaftliche Lage eines Unternehmens objektiv widerspiegelt. Diese Annahme hat sich insbesondere nach Inkrafttreten des Gesetzes zur Kontrolle und Transparenz im Unternehmensbereich (KonTraG) verbreitet. So sind nach diesem im Jahr 1998 in Kraft getretenen Gesetz die Abschlussprüfer verpflichtet, in ihrem Bericht sowohl eine Beurteilung des Fortbestandes wie auch eine Beurteilung der künftigen Entwicklung des geprüften Unternehmens vorzunehmen. Die von Seiten der Unternehmensleitungen anhand der (Konzern-)Jahresabschlussdaten abgeleiteten betriebswirtschaftlichen Notwendigkeiten werden deshalb oftmals auch von Arbeitnehmervertreter:innen vorbehaltlos akzeptiert.

Unseres Erachtens muss der Umgang mit dem Jahresabschluss zwischen diesen beiden Extremen liegen: Einerseits komplette Ablehnung, andererseits kritiklose zur Kenntnisnahme aller Jahresabschlussdaten und der daraus abgeleiteten betriebswirtschaftlichen Schlussfolgerungen. Man darf nie den Zusammenhang zwischen der wirtschaftlichen Lage eines Unternehmens (die auch über den Jahresabschluss zum Ausdruck kommen kann) und den unternehmerischen Entscheidungen – mit all ihren Auswirkungen auf die Beschäftigungs- und Arbeitssituation – übersehen. Trotz aller Unzulänglichkeiten – auf die noch einzugehen ist – bleibt der Jahresabschluss eine wichtige Informationsquelle für die betrieblichen Interessenvertreter:innen. So dürfte es unstreitig sein, dass es den Arbeitnehmervertreter:innen im Aufsichtsrat darum gehen muss, frühzeitig eine die vorhandenen Arbeitsplätze gefährdende Unternehmenspolitik zu erkennen und so zu beeinflussen, dass diese Arbeitsplätze gesichert oder – im besten Fall – sogar zusätzliche Arbeitsplätze geschaffen werden. Das Hauptaugenmerk bei der Beschäftigung mit dem (Konzern-)Abschluss sollte für einen Wirtschaftsausschuss bzw. Betriebsrat darin bestehen, Informationen über die wirtschaftliche Lage »seines« Unternehmens zu erhalten, um damit besser die Mitwirkungs- und Mitbestimmungsrechte des Betriebsrats nach dem Betriebsverfassungsgesetz (BetrVG) wahrnehmen zu können. Darüber hinaus können diese Informationen – zumal wenn es dem Unternehmen gut geht – zum Zwecke der Aufklärung der Belegschaft eingesetzt werden, um damit bessere Voraussetzungen zur Mobilisierung der Belegschaft bei Auseinandersetzungen im Unternehmen zu schaffen.

Ist die wirtschaftliche Situation eines Unternehmens gut und werden hohe Gewinne erzielt, wird die Unternehmensleitung immer versucht sein, die Ertragslage nicht allzu positiv darzustellen. Dies geschieht allein schon deshalb, um materielle Ansprüche der Belegschaft abzuwehren. Hieraus dürften sich wohl auch die in der betrieblichen Praxis immer wiederkehrenden Fälle erklären, in denen Wirtschaftsausschussmitgliedern die Aushändigung des Jahresabschlusses und vor allem des Prüfberichts zu Unrecht verweigert wird. Ist hingegen die wirtschaftliche Lage eines Unternehmens tatsächlich schlecht, sind Geschäftsleitungen nicht selten außergewöhnlich offenherzig in der Darlegung der (schlechten) wirtschaftlichen Daten gegenüber den Arbeitnehmervertreter:innen. Dann geht es nämlich darum, die Arbeitnehmervertreter:innen von den »alternativlosen« Sanierungsmaßnahmen (z. B. Arbeitsplatzabbau, Outsourcing, Verlagerung von Betrieben in Billiglohnländer) zu überzeugen. In einer solchen Situation ist es für die betriebliche Interessenvertretung wichtig, durch die Verfolgung der zurückliegenden wirtschaftlichen Entwicklung des Unternehmens über eine Ursachenanalyse zu verfügen. Auch in diesem Fall sind es – neben anderen Unterlagen – die (Konzern-)Jahresabschlüsse, aus denen wichtige Informationen gewonnen werden können.

Häufig tritt der Fall ein, dass die Unternehmensleitung mit dem Hinweis auf ein vermeintlich unzureichendes Unternehmensergebnis versucht, Lohnbestandteile abzubauen (Kürzung übertariflicher Zulagen, Streichung von freiwilligen sozialen Leistungen, aber auch Abweichungen vom Tarifvertrag) und/oder Leistungssteigerungen durchzusetzen. Bei diesem Versuch wird eine nicht gerade ungeschickte Unternehmensleitung gegenüber dem Betriebsrat immer auf betriebswirtschaftliche Sachzwänge verweisen. Als Grundlage für die Verhandlungen zwischen Betriebsrat und Unternehmensleitung dient häufig der (Konzern-)Jahresabschluss. Doch ob ein Unternehmensergebnis »gut« oder »schlecht« ist, lässt sich nicht so ohne Weiteres aus dem (Konzern-)Jahresabschluss ablesen, insbesondere nicht aus dem ausgewiesenen Gewinn oder Verlust. Das dort ausgewiesene Jahresergebnis kann durch ungewöhnliche Einflüsse und vor allem durch *Bilanzpolitik* stark beeinflusst sein. Dies herauszufinden ist ein wichtiger Teil der *Bilanzanalyse*. Obwohl der Name es vermuten lässt, bezieht sich die Bilanzanalyse nicht nur auf die Bilanz, sondern auf den gesamten Jahresabschluss, also auch auf die Gewinn- und Verlustrechnung (GuV) und die Angaben in Anhang und Lagebericht sowie den Vergütungsbericht. Eine Bilanzanalyse, die sich nur mit dem Jahresabschluss *eines* Geschäftsjahres befasst, greift allerdings auch zu kurz. Zur Beurteilung der wirtschaftlichen Lage eines Unternehmens ist es notwendig, aktuelle Jahresabschlussdaten mit denen der Vorjahre zu vergleichen. Um fundierte Aussagen treffen zu können, müssen mindestens drei Jahresabschlüsse nebeneinandergestellt werden. Ein Vergleich der wirtschaftlichen Kennzahlen eines Unternehmens mit denen der jeweiligen Branche bzw. der wichtigsten Konkurrenzunternehmen rundet die Bilanzanalyse für ein Unternehmen ab.

Auch mit Hilfe der Bilanzanalyse werden Außenstehende kein absolut objektives Bild der wirtschaftlichen Situation eines Unternehmens erhalten. Doch der von den Unternehmensleitungen verbreitete Nebel, der ja nach Bedarf die wirtschaftliche Situation eines Unternehmens besser oder schlechter erscheinen lässt, kann etwas gelichtet werden. Man sollte sich allerdings in diesem Zusammenhang auch als Mitglied des Wirtschaftsausschusses, bzw. als Arbeitnehmervertreter:in im Aufsichtsrat keine Illusionen machen: Die Arbeitnehmervertreter:innen bleiben trotz mancher Information, die sie in diesen Gremien erhalten, und trotz Kenntnis eines Prüfberichts, Außenstehende.

In einer Kapitalgesellschaft, die das Mutterunternehmen eines Konzerns ist, werden überdies sogar drei offizielle Jahresabschlüsse erstellt. Es handelt sich hierbei um den sogenannten *Einzelabschluss* des Mutterunternehmens, der wiederum maßgeblich für den *steuerrechtlichen Abschluss* ist. Auch wenn der steuerliche Abschluss auf Grundlage des handelsrechtlichen Einzelabschlusses erstellt wird, so weicht er doch durch unterschiedliche Anwendung von Bewertungsvorschriften vom Einzelabschluss ab. Dies umso mehr, als durch das BilMoG die »umgekehrte Maßgeblichkeit«[2] abgeschafft worden ist. Darüber hinaus muss das Mutterunternehmen auch noch einen *Konzernabschluss* erstellen, in den neben dem Mutterunternehmen auch alle Tochterunternehmen einbezogen werden. Während der Einzelabschluss nach den deutschen handelsrechtlichen Vorschriften, die im Wesentlichen im HGB festgehalten sind, zu erstellen ist, muss der Konzernabschluss bei kapitalmarktorientierten Kapitalgesellschaften nach den sogenannten internationalen Rechnungslegungsstandards erstellt werden. Nicht am Kapitalmarkt agierende Kapitalgesellschaften haben die Wahlmöglichkeit, ihren Konzernabschluss nach den deutschen handelsrechtlichen Vorschriften oder nach den internationalen Rechnungslegungsstandards aufzustellen (siehe Abb. 1).

Zwar erhalten die Arbeitnehmervertreter:innen im Aufsichtsrat und im Betriebsrat/Wirtschaftsausschuss nicht nur den Einzel-, sondern auch den Konzernabschluss, jedoch führt die mögliche Anwendung unterschiedlicher Rechnungslegungsstandards in den beiden Rechenwerken zunächst einmal zu mehr Unübersichtlichkeit. Durch die Einführung von IFRS-Standards in das durch das BilMoG novellierte HGB werden allerdings die Unterschiede etwas verringert.

Die Analyse des Einzel- und Konzernabschlusses sollte deshalb zu Fragen an die Unternehmensleitungen führen. Das interne Wissen, über das betriebliche Interessenvertreter:innen aufgrund ihrer Zugehörigkeit zum Betrieb verfügen, sollte natürlich mit den Erkenntnissen aus dem (Konzern-)Jahresabschluss kombiniert

2 Mit der umgekehrten Maßgeblichkeit mussten bei Inanspruchnahme steuerlicher Wahlrechte in der Steuerbilanz diese Werte in gleicher Höhe in die Handelsbilanz übernommen werden. Nach dem BilMoG erfolgt die Ausübung von steuerlichen Wahlrechten künftig ausschließlich in der Steuerbilanz. Siehe auch Ziffern 1.1 und 2.1.3.2.

Abb. 1
Übersicht der möglichen Jahresabschlüsse

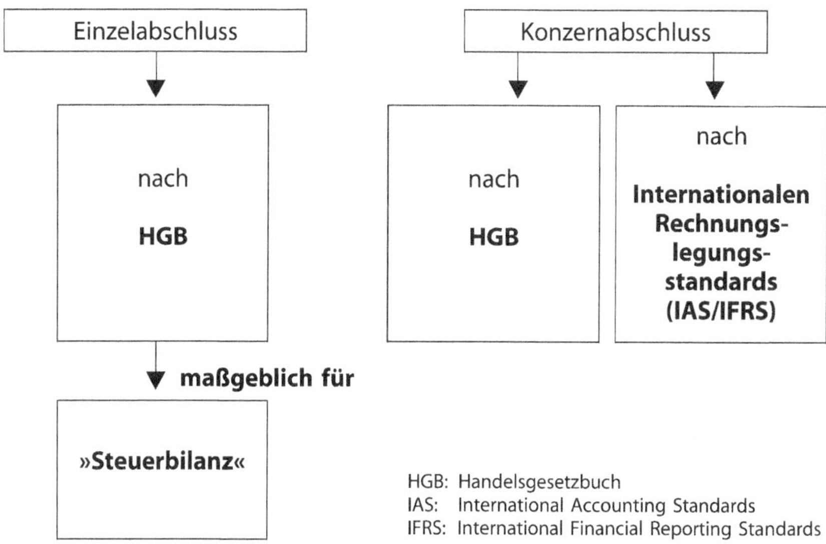

werden. Auch sollten Arbeitnehmervertreter:innen ihren Blickwinkel nicht vollkommen auf wirtschaftliche Daten verengen. Es sollte vielmehr auch ihre Aufgabe sein, die wirtschaftlichen Daten (Gewinne, Investitionen etc.) in Bezug zu den sozialen Daten des Unternehmens (Beschäftigungsentwicklung, Überstunden, Krankenstand etc.) zu setzen. Auf einige wichtige Daten und Kennzahlen zur Beschäftigungs- und Arbeitssituation – sog. *Sozialkennzahlen* – wird deshalb zum Schluss des Abschnitts F. »Bilanzanalyse« eingegangen. Nach dem Transparenzrichtlinie-Änderungsrichtlinie-Umsetzungsgesetz müssen größere Unternehmen (mind. 40 Mio. € Umsatz oder mind. 20 Mio. € Umsatz und mind. 500 Beschäftigte) über nichtfinanzielle Informationen mit Nachhaltigkeitsbezug berichten. Das wird für die Interessenvertreter in vielen Fällen zu einer Verbesserung der Datenlage führen, die im Rahmen der Bilanzanalyse genutzt werden sollte.
Der Schwerpunkt dieses Buches liegt aber ohne Zweifel bei der betriebswirtschaftlich ausgerichteten Bilanzanalyse und den damit verbundenen *Bilanz- und Erfolgskennzahlen*. Diese Vorgehensweise resultiert aus der Erfahrung, dass viele Arbeitnehmervertreter:innen bereits Schwierigkeiten haben, die im (Konzern-) Jahresabschluss enthaltenen Informationen richtig zu verarbeiten.
Natürlich werden nicht alle Probleme behandelt werden können, die möglicherweise im Rahmen einer Auseinandersetzung mit dem (Konzern-)Jahresabschluss

anfallen könnten. Vielmehr werden elementare Regeln aufgezeigt, nach denen ein (Konzern-)Jahresabschluss erstellt wird. Darüber hinaus werden einige der gebräuchlichsten Kennzahlen dargestellt und auf deren Aussagefähigkeit eingegangen. Diese Selbstbeschränkung in der Behandlung des umfangreichen Stoffs resultiert nicht nur aus dem Bestreben, übersichtlich und verständlich bleiben zu wollen, sondern auch aus der Auffassung, dass eine erfolgreiche Interessenvertretung nicht von der vollständigen Kenntnis aller den Jahresabschluss betreffenden Fakten abhängt. In diesem Zusammenhang sei auch an die »Spezialisten« in den Gewerkschaften erinnert, an die sich Betriebsräte/Wirtschaftsausschüsse und Arbeitnehmervertreter:innen im Aufsichtsrat mit besonderen »Jahresabschlussproblemen« wenden können. Der Bereich Mitbestimmung der Hans-Böckler-Stiftung unterstützt Arbeitnehmervertreter:innen im Aufsichtsrat durch die kostenlose Erarbeitung von Bilanzanalysen, die von externen Experten erstellt werden.

Zur besseren Handhabung ist das vorliegende Handbuch bausteinartig aufgebaut. Trotz eines durchgehenden roten Fadens sind die einzelnen Abschnitte und Unterpunkte in sich abgeschlossen. Dies soll es dem Leser ermöglichen, sich gezielt zu den einzelnen Punkten zu informieren, ohne dass hierzu das Nachlesen des gesamten vorangegangenen Textes notwendig wäre. Hieraus resultiert auch das etwas umfangreichere Inhaltsverzeichnis. Die Feingliederung ist vor allem deshalb vorgenommen worden, um beim nochmaligen Durchblättern oder bei der Klärung von Detailfragen die Orientierung zu erleichtern. Eine weitere nützliche Suchhilfe bietet auch das alphabetische Stichwortverzeichnis am Ende des Handbuchs.

Die sich in der Anlage befindlichen Formblätter zur Jahresabschlussanalyse bzw. zur Analyse des Konzernabschlusses sind als Kopiervorlagen gedacht. Über den Link *https://www.bund-verlag.de/buecher/dl-bilanzanalyse-2022* kann direkt auf diese Formblätter (mit MS-Excel erstellt) zugegriffen werden. Sie stehen sowohl blanko als auch mit hinterlegten Rechenformeln zur Verfügung, und zwar jeweils für Jahresabschlüsse mit einer GuV nach dem »Gesamtkostenverfahren« und dem »Umsatzkostenverfahren«. Bei der Eingabe der Daten ist darauf zu achten, dass das richtige Verfahren vorab ausgewählt worden ist.

Über den Link kann auch auf Formblätter zur Auswertung eines Konzernabschlusses, der nach den internationalen Rechnungslegungsstandards (IAS/IFRS) aufgestellt wurde, zugegriffen werden. Bei Nutzung dieser »Arbeitswerkzeuge« dürfte die Bilanzanalyse (Jahresabschlussanalyse) zumindest technisch kein großes Problem mehr darstellen.

B. Der Jahresabschluss

I. Grundsätzliches zum Jahresabschluss

1. Rechtliche Grundlagen

Seit Inkrafttreten des Bilanzrichtliniengesetzes (BiRiLiG) im Jahre 1986 befinden sich die Vorschriften, nach denen die Jahresabschlüsse von Unternehmen und Konzernen in der Bundesrepublik Deutschland erstellt werden müssen, fast ausschließlich im HGB. Und dies gilt unabhängig von der Rechtsform und der Größe eines Unternehmens. Für Aktiengesellschaften gibt es hinsichtlich der Erstellung des Jahresabschlusses noch einige ergänzende Vorschriften im Aktiengesetz (§§ 152, 158, 160 bis 162 AktG) und für GmbHs lediglich eine ergänzende Vorschrift im GmbH-Gesetz (§ 42 GmbH-Gesetz). Neben den Vorschriften über die Aufstellung des Jahresabschlusses werden im HGB auch die Prüfung und die Veröffentlichung des Jahresabschlusses bzw. des Konzernabschlusses geregelt.
Im Dritten Buch des HGB befinden sich fast alle Rechnungslegungsvorschriften, die sich in einen allgemeinen und einen besonderen Teil gliedern. Der allgemeine Teil enthält Regelungen für alle Kaufleute, unabhängig von Geschäftsumfang, Betriebsgröße und Rechtsform (§§ 238–263 HGB). Ergänzend gelten für Kapitalgesellschaften (AG, GmbH, KGaA) sowie für bestimmte Personenhandelsgesellschaften die §§ 264–335 HGB und für Genossenschaften die §§ 336–339 HGB (siehe Abb. 2). Im weiteren Verlauf soll allerdings nicht weiter auf die Genossenschaft eingegangen werden, da es sich hier um eine besondere Unternehmensform handelt, die lediglich in speziellen Wirtschaftsbereichen verbreitet ist (z. B. Landwirtschaft, Wohnungswirtschaft). Ergänzende Vorschriften enthält der vierte Abschnitt des Dritten Buches des HGB (§§ 340f. HGB) für bestimmte Geschäftszweige, vor allem für Kreditinstitute und Versicherungen, auf die hier aber ebenfalls nicht weiter eingegangen wird.

Abb. 2
Gliederung des HGB

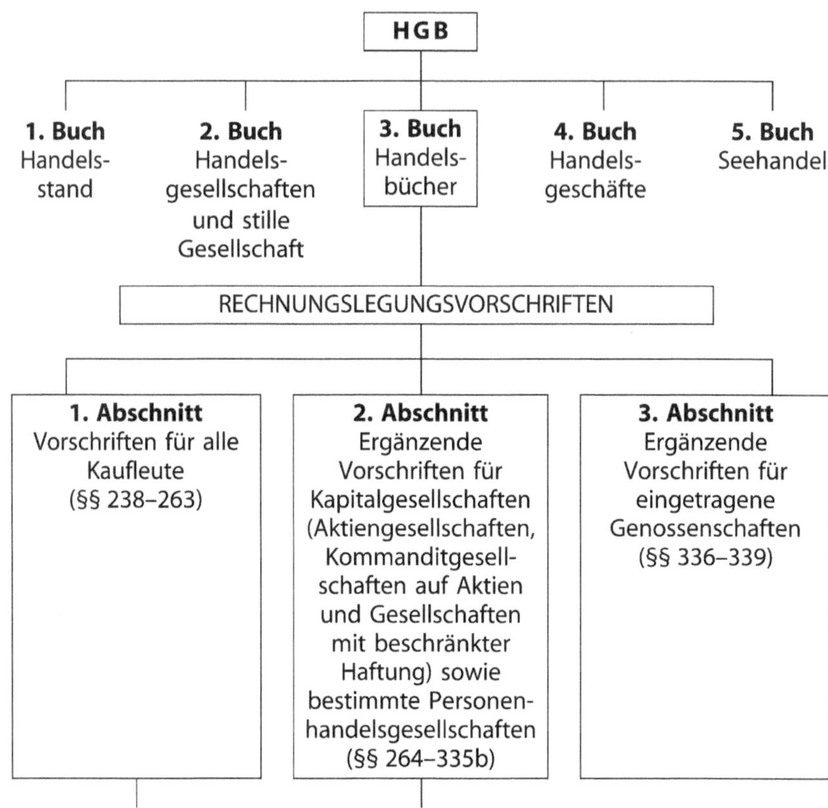

1.1 Buchführung Inventar (§§ 238–241)
1.2 Eröffnungsbilanz Jahresabschluss (§§ 242–256)
1.3 Aufbewahrung und Vorlage (§§ 257–261)
1.4 Landesrecht (§ 263)

2.1 Jahresabschluss der Kapitalgesellschaft und Lagebericht (§§ 264–289)
2.2 Konzernabschluss und Konzernlagebericht (§§ 290–315)
2.3 Prüfung (§§ 316–324)
2.4 Offenlegung (Einreichung zu einem Register, Bekanntmachung im Bundesanzeiger) Veröffentlichung und Vervielfältigung, Prüfung durch das Registergericht (§§ 325–329)
2.5 Verordnungsermächtigung für Formblätter und andere Vorschriften (§ 330)
2.6 Straf- und Bußgeldvorschriften, Zwangsgelder (§§ 331–335b)

Von gewerkschaftlicher Seite war schon seit langem gefordert worden, dass die bei Unternehmern sehr beliebten GmbH & Co.-Gesellschaften beim Jahresabschluss wie Kapitalgesellschaften behandelt werden sollten. So ist bei der GmbH & Co. KG der Komplementär (Vollhafter) keine natürliche Person – also ein Unternehmer Maier oder Schulze –, sondern eine GmbH, die nur mit ihrem Eigenkapital haftet. Die Kommanditisten (Teilhafter) einer solchen Gesellschaft sind zwar natürliche Personen, jedoch haften sie nur mit ihrer Einlage. Da für die Gründung einer GmbH nach dem GmbHG (§ 5) lediglich ein Mindeststammkapital von 25 000 € erforderlich ist, kann man sich also als Unternehmer mit der Gründung eine »Haftungs-GmbH« von der persönlichen Haftung ziemlich preiswert »befreien« und trotzdem eine Personenhandelsgesellschaft betreiben. Das heißt, faktisch ist die GmbH & Co. KG eine Kapitalgesellschaft – die nur mit ihren Einlagen haftet –, juristisch ist sie aber eine Personengesellschaft. Mit dem KapCoRiLiG unterliegt seit 2002 die GmbH & Co. KG (sofern ihr keine natürliche Personen als persönlich haftende Gesellschafter angehören) hinsichtlich des Jahresabschlusses im Wesentlichen den gleichen Anforderungen wie sie für eine Kapitalgesellschaft gelten.

Darüber hinaus wurden mit dem KapCoRiLiG die Sanktionen zur Durchsetzung der Rechnungslegungspublizität verschärft (Pflichten hinsichtlich der Veröffentlichung des Jahresabschlusses und dazugehörender Unterlagen). Allerdings wurde in diesem Zusammenhang auch die Frist für die Offenlegung des Jahresabschlusses für »mittelgroße« und »große« Kapitalgesellschaften (zu den Größenkriterien s. Abb. 4) von max. neun auf max. zwölf Monate nach Beendigung des Geschäftsjahres verlängert.

Eine weitere Verbesserung hinsichtlich des Informationsgehalts des Jahresabschlusses trat bei börsennotierten Aktiengesellschaften mit dem im Jahr 2003 in Kraft getretenen Gesetz zur weiteren Reform des Aktien- und Bilanzrechts, zu Transparenz und Publizität (Transparenz- und Publizitätsgesetz – TransPuG) ein.[1]

Durch die im Juli 2019 beschlossene Neufassung des »Deutschen Corporate Governance Kodex« (DCGK) müssen nunmehr Vorstand und Aufsichtsrat einer börsennotierten AG jährlich gemeinsam in einer eigenständigen Erklärung, die nicht mehr Teil des Lageberichts ist, erklären, dass sie sich an die Empfehlungen der »Regierungskommission Deutscher Corporate Governance Kodex« halten bzw., wenn sie dies nicht vollständig tun, müssen sie veröffentlichen, welche Empfehlungen sie nicht anwenden und dies auch begründen (§ 289f i. V. m. § 161 AktG). Der Kodex stellt, wie es in seiner Präambel heißt, »wesentliche gesetzliche Vorschriften zur Leitung und Überwachung deutscher börsennotierter Gesell-

1 Vgl. Roland Köstler/Matthias Müller: Was sich für die Arbeit der Aufsichtsräte ändert, in: Mitbestimmung 9/2002, S. 64–66.

schaften dar und enthält international und national anerkannte Standards guter und verantwortlicher Unternehmensführung.«.[2] Der von der »Regierungskommission« unter der Leitung des ehemaligen Vorstandschefs der ThyssenKrupp AG, Gerhard Cromme, erstellte Corporate Governance Kodex stärkt nicht nur die Rechte der Aufsichtsratsmitglieder – und damit auch die Rechte der Arbeitnehmervertreter:innen im Aufsichtsrat –, sondern gibt auch Empfehlungen zum Jahresabschluss, die im Rahmen des TransPuG zunächst nur zwingend für alle kapitalmarktorientierten Kapitalgesellschaften galten und später auf alle Kapitalgesellschaften (einschl. Kapitalgesellschaften & Co.) ausgedehnt wurden. So haben Mutterunternehmen den Konzernabschluss ab 2005 um eine Kapitalflussrechnung und einen Eigenkapitalspiegel zu erweitern (§ 297 Abs. 1 HGB). Die im Kodex enthaltene Empfehlung, den Konzernabschluss um eine Segmentberichterstattung zu erweitern, wird ebenfalls im § 297 Abs. 1 HGB wiedergegeben. Eine weitere Verbesserung des Informationsgehalts ist auch durch den Wegfall einer Reihe von Bilanzierungswahlrechten und durch die Aufgabe des umgekehrten Maßgeblichkeitsprinzips durch das BilMoG erfolgt.

Das Bilanzrichtlinie-Umsetzungsgesetz (BilRUG) ist nach dem BilMoG die zweite große Novellierung des Bilanzrechts mit dem Ziel einer weiteren Harmonisierung der Rechnungslegung in der EU durch noch stärkere Anpassung an die IFRS-Rechnungslegungsstandards sowie Erleichterungen für kleinere Unternehmen (Bürokratieabbau).

Am 10.3.2017 hat der Deutsche Bundestag das Gesetz zur Stärkung der nichtfinanziellen Berichterstattung der Unternehmen in ihren Lage- und Konzernlageberichten (CSR-Richtlinie-Umsetzungsgesetz), das die EU-Richtlinie 2014/95/EU in nationales Recht umsetzen soll, beschlossen. Danach müssen große Unternehmen von öffentlichem Interesse (mind. 40 Mio. € Umsatz oder mind. 20 Mio. € Umsatz und im Durchschnitt des Geschäftsjahres mehr als 500 Beschäftigte) eine nichtfinanzielle Erklärung in den Lagebericht aufnehmen, die Informationen über Umwelt-, Sozial- und Arbeitnehmerbelange, Achtung der Menschenrechte sowie Bekämpfung von Korruption und Bestechung enthalten muss. Wenn ein Unternehmen keine Politik in Bezug auf einen oder mehrere dieser Belange verfolgt, hat es zu erklären, warum es dies nicht tut (§ 289b HGB).

Durch das »Gesetz zur Umsetzung der zweiten Aktionärsrichtlinie« (ARUG II) im Jahr 2019 wurde der bisherige Vergütungsbericht, der lediglich die Grundzüge des Vergütungssystems des Vorstandes umfasste, aus dem Lagebericht herausgelöst und als eigenständiger, gemeinsamer Bericht des Vorstandes und Aufsichtsrats nach § 162 AktG erstellt, vom Wirtschaftsprüfer (nur) auf formale Richtigkeit geprüft und von der Hauptversammlung bestätigt. Der Vergütungsbericht

2 Regierungskommission Deutscher Corporate Governance Kodex: Deutscher Corporate Governance Kodex, in *http//www.corporate-governance-code.de.*

informiert über die im letzten Geschäftsjahr jedem einzelnen gegenwärtigen oder früheren Mitglied des Vorstandes oder Aufsichtsrats gewährte oder geschuldete Vergütung. Hinsichtlich der Vergütungspolitik gegenüber dem Vorstand wurde § 87 Abs. 1 AktG dahingehend geändert, dass die Vergütungsstruktur auf eine langfristige und nachhaltige Entwicklung des Unternehmens ausgerichtet sein muss. Der Vergütungsbericht ist im Anschluss an seine Billigung durch die Hauptversammlung zusammen mit dem Vermerk über seine Prüfung nach § 162 Abs. 3 AktG für mindestens 10 Jahre auf der Internetseite der Gesellschaft kostenfrei öffentlich zugänglich zu machen (vgl. ausführlich Kapitel D.II).
Im Jahr 2021 wurden durch den Gesetzgeber weitere Bestimmungen des HGB zur Rechnungslegung verändert bzw. ergänzt. Davon sind allerdings nur wenige Unternehmen betroffen. Von den verschiedenen Änderungsgesetzen sind hervorzuheben:[3]

- Gesetz zur Stärkung der Finanzmarktintegrität (FISG) vom 4.6.2021 (BGBl. I 2021, S. 1534). Dieses Gesetz bezieht sich im Wesentlichen auf den Bereich der Abschlussprüfung von Jahresabschlüssen.
- Gesetz zur Ergänzung und Änderung der Regelungen für die gleichberechtigte Teilhabe von Frauen in Führungspositionen in der Privatwirtschaft und im öffentlichen Dienst vom 7.8.2021 (BGBl. I 2021, S. 3311); dieses Gesetz beinhaltet neue Angabepflichten zur Frauenförderung im Lagebericht.
- Gesetz zur Modernisierung des Personengesellschaftsrechts vom 10.8.2021 (BGBl. I 2021, S. 3433). Dieses tritt erst ab 2024 in Kraft, mit Auswirkungen auf die Rechnungslegung der Gesellschaft bürgerlichen Rechts.

All diese vielen Gesetzesänderungen sollten nicht darüber hinwegtäuschen, dass damit ein Jahresabschluss (Bilanz, GuV-Rechnung, Anhang) sowie die weiteren damit zusammenhängenden Berichte (Lagebericht, Vergütungsbericht, Prüfbericht) noch lange nicht ein realistisches Bild eines Unternehmens widerspiegeln müssen. Hervorzuheben ist deshalb, dass durch die Vorschriften des HGB die Informationsrechte auf anderer gesetzlicher Grundlage, also insbesondere durch das Betriebsverfassungsgesetz nicht berührt werden (§ 267 Abs. 6 HGB). Die grundlegenden Möglichkeiten der Informationsbeschaffung für Betriebsräte und Wirtschaftsausschüsse sind durch entsprechende Passagen des Betriebsverfassungsgesetzes, insbesondere durch die §§ 106ff., geregelt. Im Rahmen ihrer Tätigkeit können Wirtschaftsausschüsse unabhängig von den Regelungen des HGB wirtschaftliche Informationsrechte durchsetzen (z. B. durch die Einigungsstelle nach § 109 BetrVG). Die Informationsrechte des Aufsichtsrats sind in § 90 AktG geregelt. Die nach § 90 AktG vom Vorstand zu erstattenden Berichte können auch von einem einzelnen Aufsichtsratsmitglied verlangt werden (§ 90

3 *https://www.haufe.de/finance/jahresabschluss-bilanzierung/jahresabschluss-2021-neuerungen-gesetzgebung-bmf-und-bfh_188_554718.html.*

Abs. 3 S. 2 AktG), allerdings nur an den Aufsichtsrat. Auch als (Belegschaft-) Aktionär:in hat man nach § 131 Abs. 1 AktG auf der Hauptversammlung ein umfangreiches Auskunftsrecht gegenüber dem Vorstand.

2. Der Jahresabschluss nach Unternehmensform und Unternehmensgröße

Der Jahresabschluss besteht nach § 242 Abs. 3 HGB für Personenhandelsgesellschaften (Einzelkaufleute, OHG, KG) aus

- der Bilanz und
- der GuV.

Einzelkaufleute, die an den Abschlussstichtagen von zwei aufeinander folgenden Geschäftsjahren nicht mehr als 500 000 € Umsatzerlöse und nicht mehr als 50 000 € Jahresüberschuss aufweisen, sind von der Pflicht zur Buchführung und Erstellung eines Inventars (§ 241a HBG) sowie zur Aufstellung eines handelsrechtlichen Jahresabschlusses (§ 242 Abs. 4 HGB) befreit. Bei Neugründungen treten die Rechtsfolgen bereits ein, wenn die Schwellenwerte am ersten Abschlussstichtag nach der Neugründung nicht überschritten werden.

Kapitalgesellschaften und »Kapitalgesellschaften & Co«, bei denen keine natürliche Person als persönlich haftender Gesellschafter fungiert, haben hingegen einen »erweiterten Jahresabschluss«, bestehend aus *Bilanz, GuV und Anhang*, zu erstellen. Diesen Jahresabschluss haben diese Unternehmen um einen sog. *Lagebericht* (§ 264 Abs. 1 HGB) zu ergänzen. Besteht für das Unternehmen eine Prüfungspflicht, wird das Ergebnis der Prüfung in einem Prüfbericht festgehalten (siehe Abb. 3).

Kapitalmarktorientierte Kapitalgesellschaften (§ 264d HGB), die nicht zur Aufstellung eines Konzernabschlusses und -lageberichts verpflichtet sind, müssen den Einzelabschluss um

- eine Kapitalflussrechnung (s. Abschn. B.II.3.c) sowie
- um einen Eigenkapitalspiegel (s. Abschn. B.II.3.d)

erweitern. Für die Erstellung einer Segmentberichterstattung (s. Abschn. B.II.3.e) besteht ein Wahlrecht (§ 264 Abs. 1 S. 2 HGB).

Vorstand und Aufsichtsrat einer börsennotierten Gesellschaft müssen für die Geschäftsjahre, die nach dem 31. 12. 2020 beginnen, einen eigenständigen Vergütungsbericht erstellen (§ 162 AktG), der sich erheblich vom handelsrechtlichen Vergütungsbericht als Teil des Lageberichts unterscheidet (vgl. Kapitel D.II).

Der Gesetzgeber hat allerdings die Regelungen zur Rechnungslegung sowie die Prüfungs- und Publizitätspflicht nach der Größe der Kapitalgesellschaften (§ 267 HGB) und Personengesellschaften (§ 1 PublG) gestaffelt. Die Kapital- und Personengesellschaften werden nach den in der Abb. 4 aufgeführten Größenmerkmalen geordnet, wobei die Zuordnung zu einer Größenklasse erfolgt, wenn bei Kapitalge-

Abb. 3
Rechnungslegung der Kapitalgesellschaften

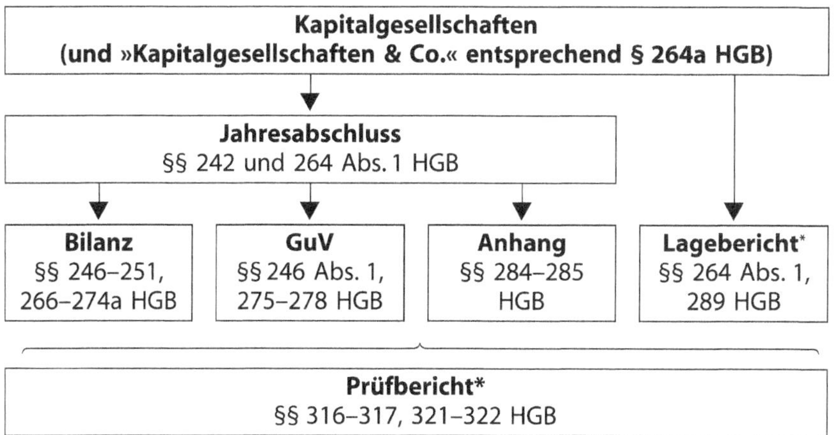

* Sog. kleine Kapitalgesellschaften müssen keinen Lagebericht aufstellen und auch keine Prüfung vornehmen lassen.

sellschaften mindestens zwei der drei aufgeführten Merkmale in zwei aufeinanderfolgenden Geschäftsjahren (§ 267 Abs. 4 HGB) und bei Personengesellschaften in drei aufeinanderfolgenden Geschäftsjahren (§ 2 PublG) erfüllt sind.

Abb. 4
Größenklassen bei Kapital- und Personengesellschaften

Kriterien *)	Bilanzsumme in Mio. €	Umsatz in Mio. €	Anzahl Arbeitnehmer:innen
Kleinstkapitalgesellschaft	<= 0,35	<= 0,70	<= 10
Kleine Kapitalgesellschaft	<= 6,00	<= 12,00	<= 50
Mittlere Kapitalgesellschaft	<= 20,00	<= 40	<= 250
Große Kapitalgesellschaft	> 20,00	> 40,00	> 250
Große Personengesellschaft	> 65,0	> 130	> 5000

*) Für die Zuordnung in eine Kategorie ist maßgebend, dass zwei der drei Merkmale über- bzw. unterschritten werden. Ein auf der Aktivseite ausgewiesener Fehlbetrag darf nicht von der Bilanzsumme abgezogen werden (§ 268 Abs. 3 HGB). Börsennotierte Unternehmen gelten stets als »große« Kapitalgesellschaften.

Die Staffelung der Anforderungen nach Unternehmensgröße bedeutet konkret: Sogenannte kleine Kapitalgesellschaften müssen ihren Jahresabschluss nicht so ausführlich aufschlüsseln und diesen schon sehr zusammengefassten Jahresabschluss nur teilweise veröffentlichen. Eine Prüfung des Jahresabschlusses ist für eine kleine und kleinste Kapitalgesellschaft überhaupt nicht vorgeschrieben. Das Wehklagen von Unternehmerseite hinsichtlich der Belastungen des Mittelstandes und der Klein- und Kleinstunternehmen kann sich also kaum auf die Rechnungslegungsvorschriften in Deutschland beziehen. Aber auch wenn man es für sinnvoll erachten kann, dass an kleine und kleinste Kapitalgesellschaften nicht so hohe Anforderungen gestellt werden, so führen die größenabhängigen Unterscheidungen jedoch auch dazu, dass faktisch große Holdinggesellschaften, die selbst keine Umsatzerlöse haben und nur über wenig Personal verfügen, ihren Einzelabschluss nach den Vorschriften für eine kleine Kapitalgesellschaft durchführen dürfen. Allerdings stellt § 267a Abs. 3 HGB klar, dass Unternehmen, deren einziger Zweck darin besteht, Beteiligungen an anderen Unternehmen zu erwerben sowie die Verwaltung und Verwertung dieser Beteiligungen wahrzunehmen, nicht unter den Begriff der Kleinstunternehmen fallen.

Ein besonderer Mangel der Rechnungslegungsvorschriften besteht darin, dass Personengesellschaften, die nicht als »Kapitalgesellschaften & Co.« konstruiert sind, nur die Bilanz und die GuV aufzustellen haben. An diese beiden Rechenwerke werden überdies nicht so hohe Anforderungen wie bei Kapitalgesellschaften gestellt.

Der Jahresabschluss und der Lagebericht sind von *großen* und *mittelgroßen* Kapitalgesellschaften (und *großen* und *mittelgroßen* Kapitalgesellschaften & Co) innerhalb von drei Monaten nach Beendigung des Geschäftsjahres aufzustellen. *Kleine* Kapitalgesellschaften brauchen keinen Lagebericht aufzustellen und haben sogar sechs Monate Zeit, ihren Jahresabschluss aufzustellen (§ 264 Abs. 1 HGB). Ist ein Konzernabschluss aufzustellen, hat seine Aufstellung durch den Vorstand bzw. durch die Geschäftsführung innerhalb von fünf Monaten nach Beendigung des Geschäftsjahres zu erfolgen (§ 290 Abs. 1 HGB). Für Personengesellschaften sind zwar keine exakten Aufstellungsfristen im HGB festgelegt, jedoch heißt es in § 243 Abs. 3 HGB: »Der Jahresabschluss ist innerhalb der einem ordnungsgemäßen Geschäftsgang entsprechenden Zeit aufzustellen.«

Diese sogenannten Bilanzaufstellungsfristen sind allerdings nicht zu verwechseln mit den sogenannten Bilanzfeststellungsfristen. Bei der Bilanzfeststellungsfrist handelt es sich um den Zeitraum, innerhalb dessen die Organe einer Kapitalgesellschaft (Aufsichtsrat, Hauptversammlung, Gesellschafterversammlung) einen Jahresabschluss bestätigen (siehe Abb. 5). Das heißt, die Mitglieder des Wirtschaftsausschusses und des Betriebsrats sollten sich nach Aufstellung des Jahresabschlusses nicht damit vertrösten lassen, dass der Jahresabschluss noch nicht durch den Aufsichtsrat (bei einer Aktiengesellschaft) oder durch die Gesellschafterversammlung (bei der GmbH) festgestellt sei. In § 108 Abs. 5 BetrVG steht nämlich nichts davon, dass der Jahresabschluss erst festgestellt sein muss, bevor er von der Unternehmensleitung dem Wirtschaftsausschuss zusammen mit dem Betriebsrat erläutert werden kann. In den gängigen Kommentierungen zum Betriebsverfassungsgesetz wird ausdrücklich darauf verwiesen, dass der Jahresabschluss sofort nach Fertigstellung zu erläutern ist.[4] Auch wenn es nicht ausdrücklich im § 108 Abs. 5 BetrVG genannt wird, bezieht sich nach herrschender Rechtsauffassung die Erläuterungspflicht der Unternehmensleitung auch auf den Konzernabschluss.[5]

Angesichts der großen Abstände zwischen der Frist zur »Bilanzaufstellung« und der Frist zur »Bilanzfeststellung« sollte man als Wirtschaftsausschuss und Betriebsrat immer auf eine (auf das Geschäftsjahr bezogene) zeitnahe Vorlage des Jahresabschlusses bzw. Konzernabschlusses bestehen. Das heißt, der Wirtschaftsausschuss und der Betriebsrat sollten spätestens dann auf die Vorlage des Jahresabschlusses bzw. Konzernabschlusses bestehen, wenn dieser aufgestellt und einer eventuellen Prüfung unterzogen worden ist.

Alle Kapitalgesellschaften sind grundsätzlich publizitätspflichtig, d.h. zur Offenlegung ihres Jahresabschlusses und ggf. ihres Konzernabschlusses verpflichtet, und zwar spätestens zwölf Monate nach Beendigung des Geschäftsjahres. Von den Personengesellschaften sind dies nur die Unternehmen, die aufgrund ihrer Größe unter das Publizitätsgesetz fallen. Wenn eine Unternehmensleitung die Veröffentlichungsfrist ausschöpft, hat der veröffentlichte Jahresabschluss bzw. Konzernabschluss keinen aktuellen Erkenntniswert, da bereits ein neues Geschäftsjahr abgeschlossen ist. Zumindest bei börsennotierten Aktiengesellschaften wird der Außenstehende zur ordentlichen Hauptversammlung, also spätestens im 8. Monat nach Beendigung des Geschäftsjahres einen Geschäftsbericht erhalten, der den Jahresabschluss bzw. Konzernabschluss beinhaltet.

Was nun den Umfang der zu veröffentlichenden Unterlagen anbelangt, gibt es beachtliche Unterschiede je nach Größe der Kapitalgesellschaft (vgl. Abb. 5).

Kleinstkapitalgesellschaften müssen nur eine Bilanz und GuV-Rechnung mit einem verkürzten Gliederungsschema und einem Anhang im elektronischen Bundesanzeiger veröffentlichen. Ein Anhang muss nicht erstellt werden, wenn bestimmte Angaben unter der Bilanz ausgewiesen werden (§ 264 Abs. 1 S. 5 HGB).

Kleine Kapitalgesellschaften müssen nur die Bilanz und GuV-Rechnung mit verkürztem Gliederungsschema sowie den Anhang im elektronischen Bundesanzeiger veröffentlichen (§ 325 Abs. 1 HGB).

---

4 Vgl. Fitting u.a., Rn. 33 zu § 108 BetrVG.

5 Vgl. ebd. Rn. 31 zu § 108.

Die Publizitätspflicht der *kleinen* und *kleinsten* Kapitalgesellschaften ist also außerordentlich dürftig.

Mittelgroße Kapitalgesellschaften müssen den Jahresabschluss mit dem Prüfvermerk, den Lagebericht, den Bericht des Aufsichtsrats und – sofern dies nicht aus dem Jahresabschluss hervorgeht – den Vorschlag über die Ergebnisverwendung und den Beschluss darüber im elektronischen Bundesanzeiger veröffentlichen. Bei börsennotierten Kapitalgesellschaften ist zusätzlich die nach § 161 AktG vorgeschriebene Erklärung zu veröffentlichen, inwieweit die Empfehlungen des Corporate Governance Kodex eingehalten wurden. Börsennotierte Kapitalgesellschaften müssen außerdem einen gemeinsam von Vorstand und Aufsichtsrat erstellten Vergütungsbericht über jede einzelnen Vorstands- und Aufsichtsratsmitgliedern im Geschäftsjahr gewährte oder geschuldete Vergütung auf der Webseite des Unternehmens einschließlich des entsprechenden Prüfvermerks durch den Wirtschaftsprüfer veröffentlichen (vgl. auch Kapitel D.II).

Allerdings gibt es auch bei den *mittelgroßen* Kapitalgesellschaften sog. Erleichterungen bei der Offenlegung (§ 327 HGB). So brauchen *mittelgroße* Kapitalgesellschaften ihre Bilanz im Wesentlichen nur in der für *kleine* Kapitalgesellschaften vorgeschriebenen (nicht so untergliederten) Form zu veröffentlichen. In diesem Fall sind dann allerdings einige zusätzliche Angaben im Anhang erforderlich.

Darüber hinaus dürfen *mittelgroße* Kapitalgesellschaften einen Anhang veröffentlichen (§ 327 Abs. 2 HGB),

- in dem nicht jeder einzelne Posten der Verbindlichkeiten nach seiner Restlaufzeit und der Art der Absicherung aufgeführt ist,
- in dem bei Anwendung des Umsatzkostenverfahrens der Materialaufwand nicht ausgewiesen wird und
- in dem die sonstigen Rückstellungen nicht erläutert werden.

Das bedeutet für die Bilanzanalyse bei *mittelgroßen* Kapitalgesellschaften, die von diesen Erleichterungen Gebrauch machen, dass anhand der veröffentlichten Unterlagen eine Beurteilung der wirtschaftlichen Verfassung nur bedingt möglich ist.

Große Kapitalgesellschaften müssen ihren aufgestellten Jahresabschluss und Lagebericht vollständig im elektronischen Bundesanzeiger veröffentlichen. Darüber hinaus haben sie wie die *mittelgroßen* Kapitalgesellschaften, den Prüfvermerk, den Bericht des Aufsichtsrats und – sofern dies nicht aus dem Jahresabschluss hervorgeht – den Vorschlag über die Ergebnisverwendung und den Beschluss darüber zu veröffentlichen (§ 325 Abs. 1 HGB). Börsennotierte Aktiengesellschaften haben die nach § 161 AktG vorgeschriebene Erklärung (Einhaltung des Corporate Governance Kodex) ebenfalls zu veröffentlichen.

Verstoßen Kapitalgesellschaften (vgl. §§ 325af. HGB) gegen die Pflicht zur Offenlegung des Jahresabschlusses, des Lageberichts, des Konzernabschlusses, des

Konzernlageberichts und anderer Unterlagen der Rechnungslegung, ist das Bundesamt für Justiz verpflichtet (Legalitätsprinzip), ein Ordnungsgeldverfahren durchzuführen. Das Verfahren richtet sich gegen die Mitglieder des vertretungsberechtigten Organs, kann aber auch gegen die Kapitalgesellschaft selbst geführt werden. Dieses Ordnungsgeld beträgt mindestens 2500 € und höchstens 25 000 € (§ 335 Abs. 1 HGB). Ist die Kapitalgesellschaft kapitalmarktorientiert im Sinne des § 264d HGB, kann sich ein Ordnungsgeld auch im mehrstelligen Millionenbereich bewegen (vgl. § 335 Abs. 1a und b HGB). Diese strengen Strafbestimmungen haben sicherlich dazu beigetragen, dass gegenüber der Vergangenheit mehr öffentlichkeitsscheue Unternehmensleitungen »ihren« Jahresabschluss veröffentlichen.

Anhand Abb. 5 ist auch ablesbar, welche Bestandteile je nach Unternehmensform und -größe zum Jahresabschluss eines einzelnen Unternehmens gehören und ob dieser Jahresabschluss und weitere Unterlagen erstellt, geprüft, festgestellt und veröffentlicht werden müssen. Der Leser kann sich je nachdem, in welchem Unternehmenstyp er beschäftigt ist, darüber informieren, welchen Umfang der Jahresabschluss »seines« Unternehmens haben muss.

3. Die Buchführung und die allgemeinen Grundsätze für die Aufstellung des Jahresabschlusses

Vorwegzuschicken ist, dass in Deutschland zu erstellende Jahresabschlüsse in deutscher Sprache und in Euro aufzustellen sind (§ 244 HGB).
Grundlage für den Jahresabschluss ist die Buchführung. Die entsprechenden gesetzlichen Anforderungen sind in §§ 238 ff. HGB geregelt. Die Bücher müssen so geführt werden, dass sie einem sachverständigen Dritten innerhalb angemessener Zeit einen Überblick über die Geschäftsvorgänge und über die Lage des Unternehmens vermitteln können. In diesem Zusammenhang wird im HGB von »Grundsätzen ordnungsmäßiger Buchführung« (GoB) gesprochen (z. B. §§ 243 Abs. 1, 264 Abs. 2 HGB). Diese GoB werden allerdings nicht im HGB abschließend beschrieben; sie stehen auch nicht aufgelistet in einem anderen Gesetz, sondern werden als sogenannter unbestimmter Rechtsbegriff im Wesentlichen durch die Rechtsprechung vorgegeben. Nach der Rechtsprechung sind die GoB »Regeln, nach denen der Kaufmann zu verfahren hat, um zu einer dem gesetzlichen Zweck entsprechenden Bilanz zu gelangen.«[6]
Die GoB speisen sich im Wesentlichen aus vier Quellen:

- kaufmännische Übung (»Handelsbrauch«, »Praxis ordentlicher Kaufleute«),

6 BFH – 3.2.1969 – GrS 2/68 – BStBl 1969 II, S. 291 ff., zitiert nach Prangenberg, Konzernabschluss International, S. 19 f.

Abb. 5
Rechnungslegungs-, Prüfungs- und Veröffentlichungspflicht von Unternehmen in Abhängigkeit von Rechtsform und Unternehmensgröße

	Kapitalgesellschaften (AG, KGaA, GmbH) + Kapitalgesellschaften & Co.			Personengesellschaften (Einzelkaufmann, OHG, KG)		Sonstige[1]	
	Größenklassen[2] (§ 267 Abs. 1-3 HGB)			Größenklassen[3] (§ 1 Abs. 1 PublG)		Größenklassen[3] (§ 1 Abs. 1 PublG)	
	klein	mittel	groß	klein/groß	sehr groß	klein-groß	sehr groß
Bilanz							
Erstellung	ja	ja	ja	ja	ja	ja	ja
Veröffentlichung	EBAZ	EBAZ	EBAZ	nein	EBAZ	nein	EBAZ
G + V-Rechnung:							
Erstellung	ja[3]	ja[3]	ja	ja	ja	ja	ja
Veröffentlichung	nein	EBAZ	EBAZ	nein	nein	nein	EBAZ
Anhang:							
Erstellung	ja	ja	ja	nein	nein	nein	ja
Veröffentlichung	EBAZ	EBAZ	EBAZ	nein	nein	nein	EBAZ
Lagebericht:							
Erstellung	nein	ja	ja	nein	nein	nein	ja
Veröffentlichung	nein	EBAZ	EBAZ	nein	nein	nein	EBAZ
Gewinnverwendungsrechnung[4]							
Erstellung	ja	ja	ja	nein	nein	nein	ja
Veröffentlichung	EBAZ	EBAZ	EBAZ	nein	nein	nein	EBAZ
Kapitalflussrechnung							
Erstellung	ja[5]	ja[5]	ja[5]	nein	nein	nein	nein
Veröffentlichung	EBAZ	EBAZ	EBAZ	nein	nein	nein	nein
Eigenkapitalspiegel							
Erstellung	ja[5]	ja[5]	ja[5]	nein	nein	nein	nein
Veröffentlichung	EBAZ	EBAZ	EBAZ	nein	nein	nein	nein
Pflichtprüfung	nein	ja	ja	nein	ja	nein	ja
Aufstellungspflicht	6 Mon.	3 Mon.	3 Mon.	keine Frist	3 Mon.	keine Frist	3 Mon.
Feststellungsfrist - GmbH - AG	11 Mon. 8 Mon.	8 Mon. 8 Mon.	8 Mon. 8 Mon.	Keine Frist Keine Frist	Keine Frist Keine Frist	Keine Frist Keine Frist	Keine Frist Keine Frist
Veröffentlichungs-frist	12 Mon.	12 Mon.	12 Mon.	–	12 Mon.	–	12 Mon.

(1)= Abgesehen von Sonderregelungen für Kreditinstitute und Versicherungen, für die auch andere Größenkriterien gelten, und für Genossenschaften, für deren Jahresabschluss die meisten Regeln wie für Kapitalgesellschaften gelten, für deren Konzernabschluss aber nur das PublG gilt.

(2) = Die Zuordnung zu den Größenklassen erfolgt, wenn zwei der drei aufgeführten Größenmerkmale zutreffen.

(3) = in verkürzter Form ohne Umsatzausweis

(4) = soweit sie sich nicht aus dem Jahresabschluss ergibt

(5) = nur für börsennotierte Kapitalgesellschaften, die nicht zur Aufstellung eines Konzernabschlusses verpflichtet sind

EBAZ = elektronischer Bundesanzeiger

- ausdrückliche gesetzliche Regelungen und Normen, die durch Rechtsprechung geschaffen wurden,
- Erlasse, Gutachten und Empfehlungen von Behörden und Verbänden,
- wissenschaftliche Fachdiskussionen, die in der einschlägigen Literatur dokumentiert sind.

Neben den allgemeinen GoB[7]

- der Richtigkeit (die betrieblichen Vorgänge sind i. S. d. Buchführungsvorschriften zutreffend wiedergegeben) und Willkürfreiheit (bei Zugrundelegung von Schätzwerten sind die wahrscheinlichsten Werte anzugeben),
- der Klarheit (Posten in der Bilanz und GuV sind eindeutig zu bezeichnen) und
- der Vollständigkeit (alle buchungspflichtigen Geschäftsvorfälle sind erfasst)

gibt es im HGB (§ 252 HGB) für alle Kaufleute und Unternehmen geltende Bewertungsgrundsätze für die einzelnen Jahresabschlusspositionen, von denen nur in Ausnahmefällen abgewichen werden darf. Es handelt sich hierbei um

- den Grundsatz der Bilanzkontinuität (Schlussbilanz eines Geschäftsjahres ist identisch mit der Eröffnungsbilanz des Folgejahres),
- den Grundsatz der Einzelbewertung (jeder Vermögensgegenstand ist für sich zu bewerten),
- das Niederstwertprinzip (wenn der tatsächliche Wert eines Vermögensgegenstandes und der zuletzt in der Bilanz angesetzte Buchwert auseinanderfallen, ist der niedrigere Wert anzusetzen),
- den Grundsatz der Vorsicht, vor allem das Imparitätsprinzip (nur realisierte Gewinne, aber alle möglichen Verluste sind zu berücksichtigen),
- den Grundsatz der periodengerechten Zuordnung der Aufwendungen und Erträge (durch zeitliche Abgrenzung der Aufwendungen und Erträge wird sichergestellt, dass nur die das Geschäftsjahr betreffenden Aufwendungen und Erträge bei der Erfolgsermittlung berücksichtigt werden),
- den Grundsatz der Stetigkeit bei der Anwendung von Bewertungsmethoden (Beibehaltung einer einmal gewählten Bewertungsmethode für den jeweiligen Vermögensgegenstand).

Von diesen Grundsätzen kann nur in wenigen Ausnahmefällen abgewichen werden. Der Grund für das Abweichen und die daraus resultierenden Auswirkungen auf Bilanz und GuV-Rechnung sind im Anhang anzugeben (§ 284 Abs. 2 Nr. 3 f. HGB). In bestimmten Fällen verlangt das Gesetz sogar eine Abweichung von den vorstehend genannten GoB:

So durchbricht z. B. das in § 246 Abs. 2 S. 2 HGB eingeführte Saldierungsgebot bestimmter Vermögensgegenstände, die in engem Zusammenhang mit lang-

---

7 Vgl. Coenenberg/Haller/Schultze, Jahresabschluss und Jahresabschlussanalyse, S. 39 ff.

fristigen Verbindlichkeiten gehalten werden, mit den zugehörigen Schulden das Einzelbewertungsgebot sowie das Saldierungsverbot; die Bildung von Bewertungseinheiten gem. § 254 HGB) widerspricht dem Einzelbewertungsgebot; die Diskontierung von langfristigen Rückstellungen gem. § 253 HBG widerspricht dem Vorsichtsprinzip.

Ausdrücklich ist in § 252 Abs. 1 Punkt 2 HGB erwähnt, dass bei der Bewertung der Bilanzpositionen von der Fortführung der Unternehmenstätigkeit auszugehen ist, sofern dem nicht tatsächliche oder rechtliche Gegebenheiten entgegenstehen. Diese mit dem Bilanzrichtlinien-Gesetz eingeführte Generalnorm ist aus dem anglo-amerikanischen Rechnungslegungssystem übernommen worden (»Going-concern-Prinzip«).

Mit dem BiRiLiG wurde ebenfalls das aus dem anglo-amerikanischen Rechnungslegungssystem stammende »True-and-fair-view-Prinzip« in die deutsche Rechnungslegung übernommen. Für Kapitalgesellschaften ist ausdrücklich festgelegt, dass der Jahresabschluss »unter Beachtung der Grundsätze ordnungsmäßiger Buchführung ein den tatsächlichen Verhältnissen entsprechendes Bild der Vermögens-, Finanz- und Ertragslage der Kapitalgesellschaften (zu) vermitteln« hat (§ 264 Abs. 2 HGB). Diese Vorschrift steht damit als Generalnorm über sämtlichen Regelungen zur Bilanzierung von Kapitalgesellschaften (sowie »Kapitalgesellschaften & Co«) und »ist in der Praxis immer dann heranzuziehen, wenn Zweifel bei der Auslegung einzelner Vorschriften entstehen oder Lücken in der gesetzlichen Regelung zu schließen sind«.[8]

Da § 264 Abs. 2 HGB allerdings nur für Kapitalgesellschaften (und »Kapitalgesellschaften & Co«) gilt, bedeutet dies im Umkehrschluss, dass die Jahresabschlüsse von Personengesellschaften eben nicht dieser Generalnorm unterliegen. Doch selbst bei Kapitalgesellschaften kann man sich in der Praxis keineswegs darauf verlassen, dass der Jahresabschluss die tatsächlichen Verhältnisse der Vermögens-, Finanz- und Ertragslage widerspiegelt. Führen nämlich besondere Umstände dazu, dass der Jahresabschluss trotz Beachtung der GoB nicht ein den tatsächlichen Verhältnissen entsprechendes Bild der Vermögens-, Finanz- und Ertragslage vermittelt, so ist die Unternehmensleitung lediglich verpflichtet, im Anhang hierzu einige Angaben zu machen (§ 264 Abs. 2 HGB).

Neben den gesetzlichen Vorschriften (insb. des HGB) und den GoB sind insbesondere für die Konzernrechnungslegung auch die Rechnungslegungsstandards DRS des Deutschen Rechnungslegungs Standards Commitee von Bedeutung (§ 342 Abs. 1 Nr. 4 HGB).

Abb. 6 gibt einen groben Überblick über den Zusammenhang zwischen Buchführung und Jahresabschluss (Bilanz und GuV).

8 Coenenberg/Haller/Schultze, a. a. O., S. 39.

Abb. 6
Zusammenfassung zwischen Buchführung und Jahresabschluss

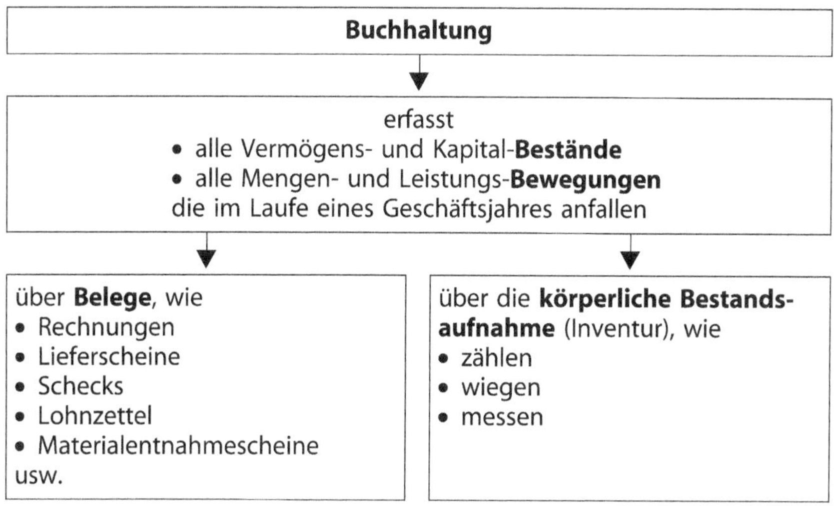

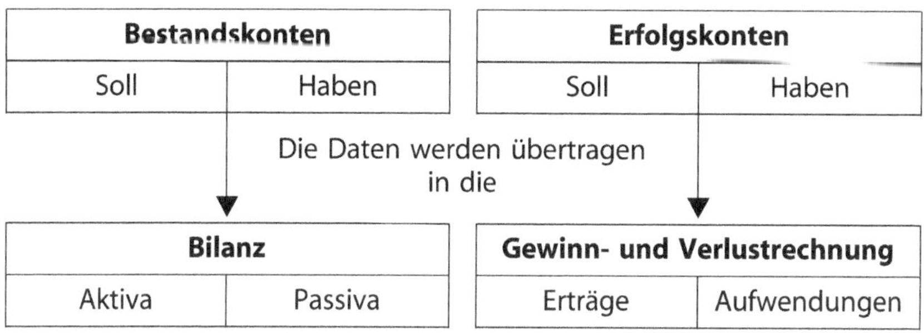

In der Buchhaltung eines Unternehmens werden alle Vermögensbestände (Immobilien, Maschinen, Vorräte, Bankguthaben etc.) und Kapitalbestände (Schulden = Fremdkapital und Eigenkapital) erfasst. Über Belege wie Rechnungen, Überweisungsbelege etc. werden Veränderungen der Bestände und die Mengen- und Leistungsbewegungen festgehalten, die innerhalb eines Geschäftsjahres (12 Monate, die nicht mit dem Kalenderjahr identisch sein müssen) anfallen. Diese Vorgänge werden mit dem System der »Doppelten Buchführung« erfasst.

Doppelte Buchführung heißt, dass bei einem Geschäftsvorfall der anfallende Betrag doppelt festgehalten wird. In der Buchhaltung werden Konten mit zwei

Seiten eingerichtet: die linke Seite heißt »Soll«, die rechte »Haben«.[9] Die Kontenführung geschah früher ausschließlich in Büchern aus richtigem Papier (daraus leitet sich auch der Begriff Buchhaltung ab), heute werden die Konten EDV-mäßig geführt. Tritt nun bspw. der Geschäftsvorfall »Kauf eines Firmenwagens auf Kredit i. H. v. 25 000 €« ein, dann wird dieser Betrag einmal auf einem Bestandskonto »Fuhrpark« (Soll) und ein weiteres Mal auf dem Bestandskonto »Verbindlichkeiten« (Haben) gebucht. Werden z. B. Waren i. H. v. 100 000 € auf Rechnung verkauft, dann führt dieser Geschäftsvorfall dazu, dass auf dem Bestandskonto »Forderungen auf der Soll-Seite 100 000 € gebucht werden und die Gegenbuchung auf dem Erfolgskonto »Umsatzerlöse« auf der Haben-Seite ebenfalls mit 100 000 € erfolgt. Das heißt, die Buchungen der Soll- und Haben-Seiten sind identisch, daher sind bei diesem »narrensicheren« System Falschbuchungen leicht zu erkennen.

Am Ende eines Geschäftsjahres sind die Konten allerdings durch die Ergebnisse der Inventur zu korrigieren. Dies ist deshalb notwendig, weil sich z. B. bei einer »körperlichen Bestandsaufnahme« zeigen könnte, dass die Vorräte im Lager beschädigt wurden, oder dass Vorräte fehlen (z. B. wegen Fehlern in der Lagerbuchhaltung oder Schwund) und deshalb die Werte des Bestandskontos »Vorräte« nicht mehr realistisch sind. In diesem Fall muss eine Wertberichtigung vorgenommen werden.

Nach den im Rahmen der Inventur vorgenommenen Korrekturen (Neubewertungen) werden die Bestands- und Erfolgskonten abgeschlossen. Die Nettowerte (Saldo aus Soll- und Haben-Seite) jedes einzelnen Bestandskontos gehen in die Bilanz als Bestandswerte zu einem bestimmten Stichtag (z. B. 31. 12. als letzten Tag des Geschäftsjahres) ein. Die Nettowerte jedes einzelnen Erfolgskontos gehen in die GuV als Ertrags- oder Aufwandsposten ein, die innerhalb eines Geschäftsjahres angefallen sind (z. B. Kalenderjahr oder abweichendes Geschäftsjahr).

II. Bestandteile des Jahresabschlusses

1. Die Bilanz

Die Bilanz ist eine Gegenüberstellung von Vermögen und Kapital zu einem bestimmten Stichtag (letzter Tag des Geschäftsjahres). Auf der Aktivseite der Bilanz (Aktiva) wird das Vermögen, bestehend aus einzelnen Vermögensgegenständen bzw. Gruppen von Vermögensgegenständen, dargestellt. Vermögensgegenstände

9 Über die Namensgebung der beiden Kontoseiten sollte man sich keine Gedanken machen, sondern sie einfach hinnehmen.

sind wirtschaftliche Werte, die selbstständig bewertbar und selbständig verkehrsfähig, d. h. einzeln veräußerbar sind.[10]
Auf der Passivseite der Bilanz (Passiva) wird das Kapital abgebildet. Es wird gezeigt, wie das Vermögen finanziert ist, nämlich mit wie viel und mit welcher Art von Fremdkapital/Schulden (z. B. Bankverbindlichkeiten, Lieferantenverbindlichkeiten) und mit wie viel Eigenkapital. Aus der Gliederung des Eigenkapitals ist auch ersichtlich, ob das Kapital (Geld oder Sacheinlage) von außen dem Unternehmen zugeführt wurde (enthalten in den Positionen »gezeichnetes Kapital« und »Kapitalrücklage«) oder intern durch die Einbehaltung von Gewinnen (Gewinnrücklage) entstanden ist.
Anders ausgedrückt zeigt die Passivseite der Bilanz die Mittelherkunft und beantwortet die Frage: Woher stammt das Geld/Kapital? Die Aktivseite der Bilanz zeigt die Mittelverwendung und beantwortet die Frage: In was wurde das Geld/Kapital investiert? Es handelt sich bei der Aktiva und Passiva um zwei Seiten derselben Medaille.

Abb. 7
Vereinfachter Bilanzaufbau

Aktiva			**Passiva**
Vermögensseite		**Kapitalseite**	
I. Anlagevermögen II. Umlaufvermögen (evtl. Rechnungs-abgrenzungsposten)	6 500 000 € 8 500 000 €	I. Eigenkapital II. Fremdkapital (evtl. Rechnungs-abgrenzungsposten)	4 500 000 € 10 500 000 €
Vermögen (Bilanzsumme)	15 000 000 €	**Kapital** (Bilanzsumme)	15 000 000 €
Wo ist das Kapital angelegt?		**Woher stammt das Kapital?**	

a) Bilanzgliederung

Für Gliederungsvorschriften Einzelkaufleute und Personenhandelsgesellschaften bestehen nach dem HGB nur grobe für die Bilanz. Nach § 247 Abs. 1 HGB sind das Anlage- und Umlaufvermögen, das Eigenkapital, die Schulden sowie evtl. anfallende Rechnungsabgrenzungsposten gesondert auszuweisen und hinreichend aufzugliedern. Der Maßstab für eine hinreichende Aufgliederung ist der in § 243 Abs. 2 HGB niedergelegte Grundsatz der Klarheit und Übersichtlichkeit.

10 Vgl. Coenenberg/Haller/Schultze, a. a. O., S. 84.

Für den Einzelabschluss einer »großen« und »mittelgroßen« Kapitalgesellschaft ist die in Abb. 8 aufgezeigte Bilanzgliederung vorgeschrieben.

Abb. 8
Grundschema der Bilanzgliederung für große und mittlere Kapitalgesellschaften (§ 266 Abs. 2 und 3 HGB)

Aktivseite	Passivseite
A. Anlagevermögen I. Immaterielle Vermögensgegenstände 1. Selbstgeschaffene gewerbliche Schutzrechte und ähnliche Rechte und Werte 2. Entgeltlich erworbene Konzessionen, gewerbliche Schutzrechte und ähnliche Rechte und Werte sowie Lizenzen an solchen Rechten und Werten 3. Geschäfts- und Firmenwert 4. Geleistete Anzahlungen II. Sachanlagen 1. Grundstücke, grundstücksgleiche Rechte und Bauten auf fremden Grundstücken 2. Technische Anlagen und Maschinen 3. Andere Anlagen, Betriebs- und Geschäftsausstattung 4. Geleistete Anzahlungen und Anlagen im Bau III. Finanzanlagen 1. Anteile an verbundenen Unternehmen 2. Ausleihungen an verbundene Unternehmen 3. Beteiligungen 4. Ausleihungen an Unternehmen, mit denen ein Beteiligungsverhältnis besteht 5. Wertpapiere des Anlagevermögens 6. sonstige Ausleihungen B. Umlaufvermögen I. Vorräte 1. Roh-, Hilfs- und Betriebsstoffe 2. Unfertige Erzeugnisse, unfertige Leistungen	A. Eigenkapital I. Gezeichnetes Kapital II. Kapitalrücklage III. Gewinnrücklagen 1. gesetzliche Rücklage 2. Rücklage für Anteile an einem herrschenden oder mehrheitlich beteiligten Unternehmen 3. Satzungsmäßige Rücklagen 4. Andere Gewinnrücklagen IV. Gewinnvortrag/Verlustvortrag V. Jahresüberschuss/Jahresfehlbetrag B. Rückstellungen 1. Rückstellungen für Pensionen und ähnliche Verpflichtungen 2. Steuerrückstellungen 3. sonstige Rückstellungen C. Verbindlichkeiten 1. Anleihen – davon konvertibel 2. Verbindlichkeiten gegenüber Kreditinstituten 3. Erhaltene Anzahlungen auf Bestellungen 4. Verbindlichkeiten aus Lieferungen und Leistungen 5. Verbindlichkeiten aus der Annahme gezogener Wechsel und der Ausstellung eigener Wechsel 6. Verbindlichkeiten gegenüber verbundenen Unternehmen 7. Verbindlichkeiten gegenüber Unternehmen, mit denen ein Beteiligungsverhältnis besteht 8. Sonstige Verbindlichkeiten – davon aus Steuern – davon im Rahmen der sozialen Sicherheit

Aktivseite	**Passivseite**
3. Fertige Erzeugnisse und Waren 4. Geleistete Anzahlungen II. Forderungen und sonstige Vermögensgegenstände 1. Forderungen aus Lieferungen und Leistungen 2. Forderungen gegen verbundene Unternehmen 3. Forderungen gegen Unternehmen, mit denen ein Beteiligungsverhältnis besteht 4. sonstige Vermögensgegenstände III. Wertpapiere 1. Anteile an verbundenen Unternehmen 2. sonstige Wertpapiere IV. Schecks, Kassenbestand, Bundesbank- und Postgiroguthaben, Guthaben bei Kreditinstituten C. Rechnungsabgrenzungsposten Disagio D. Aktive latente Steuern E. Aktiver Unterschiedsbetrag aus der Vermögensverrechnung F. Nicht durch Eigenkapital gedeckter Fehlbetrag (vgl. § 268 Abs. 3 HGB)	D. Rechnungsabgrenzungsposten E. Passive latente Steuern

Betragslose Posten können weggelassen werden, soweit sie nicht zum Ausweis eines Vorjahresbetrages erforderlich sind (§ 265 Abs. 8 HGB). »Kleinste« und »kleine« Kapitalgesellschaften sind allerdings nur verpflichtet, eine stark zusammengefasste Bilanz zu erstellen (§§ 266 Abs. 1, 274a HGB). Eine kleine Kapitalgesellschaft, die freiwillig ihre Bilanz tiefer aufgliedert als vorgeschrieben, muss diese Gliederung dann allerdings auch für die Zukunft beibehalten (§ 265 Abs. 1 HGB). Diese Vorschriften gelten wie bereits eingangs erwähnt auch für »Kapitalgesellschaften & Co.«, sofern ihnen keine natürliche Person als persönlich haftender Gesellschafter angehört. Im Folgenden ist, wenn von Kapitalgesellschaften die Rede ist, auch diese Form der »Kapitalgesellschaft & Co.« gemeint.

Im Folgenden werden die einzelnen Bilanzpositionen dargestellt. Diese Darstellung orientiert sich an der Gliederung, die für eine große Kapitalgesellschaft vorgeschrieben ist. Da im Rahmen der Globalisierung und Internationalisierung Arbeitnehmervertreter:innen zunehmend auch mit Jahresabschlüssen konfrontiert werden, die in englischer Sprache abgefasst sind, befinden sich im Anhang dieses Buches der Jahresabschluss und die GuV-Rechnung in englischer Sprache (vgl. Kapitel H.I und H.II).

Die Zusammenfassung von Bilanzposten, die in dem für Kapitalgesellschaften vorgeschriebenen Gliederungsschema arabische Ziffern tragen, ist zulässig, wenn die Posten unbedeutend sind und damit die Vermittlung eines den tatsächlichen Verhältnissen entsprechenden Bildes nicht beeinträchtigen oder dadurch die Klarheit der Darstellung vergrößert wird. In diesem Fall müssen aber die zusammengefassten Positionen im Anhang gesondert ausgewiesen werden (§ 265 Abs. 7 HGB).

Die Paul Hartmann AG, die später als Fallbeispiel für die Bilanzanalyse verwendet wird, macht von dieser Darstellungsform Gebrauch. Die Bilanz hat dann folgendes Aussehen:

Abb. 9
Bilanz der Paul Hartmann AG (Beispiel)

in Tausend €	Anhang	31.12.2019	31.12.2020
Aktiva			
A. Anlagevermögen	4		
I. Immaterielle Vermögensgegenstände	5	89 539	78 466
II. Sachanlagen	6	104 943	113 588
III. Finanzanlagen	7	426 819	426 055
		621 301	**618 109**
B. Umlaufvermögen			
I. Vorräte	8	96 195	97 995
II. Forderungen und sonstige Vermögensgegenstände	9	217 230	305 351
III. Wertpapiere		24	24
IV. Kassenbestand, Guthaben bei Kreditinstituten, Schecks	10	33 470	137 587
		346 920	**540 957**
C. Rechnungsabgrenzungsposten	11	**8 981 4782**	**8 087**
		977 201	**1 167 154**
Passiva			
A. Eigenkapital			
I. Gezeichnetes Kapital	12	91 328	91 328
abzüglich eigene Anteile		–529	–529

II. Kapitalrücklage	13	50828	50828
III. Gewinnrücklagen	14	214069	234069
IV. Bilanzgewinn		36321	61312
		392017	**437008**
B. Rückstellungen			
1. Rückstellungen für Pensionen und ähnliche Verpflichtungen	15	94557	99580
2. Übrige Rückstellungen	16	97547	128588
		192104	**228168**
C. Verbindlichkeiten	17	**393081**	**501978**
		977201	**1167154**

(Quelle: Jahresabschluss 2020 Paul Hartmann AG, Bundesanzeiger)

Die Ziffern in der Spalte Anhang verweisen auf die entsprechenden Aufschlüsselungen der einzelnen Bilanzpositionen im Anhang. So sind bspw. unter Ziffer 8 die Vorräte aufgeschlüsselt:

Abb. 10
Aufschlüsselung der Vorräte im Anhang (Beispiel)

8 Vorräte		
in Tausend €	31.12.2019	31.12.2020
Roh-, Hilfs- und Betriebsstoffe	26177	27383
Unfertige Erzeugnisse	2116	2054
Fertige Erzeugnisse	24969	19298
Waren	42854	47045
Anzahlungen für Vorräte	79	2215
	96195	**97995**

(Quelle: Jahresabschluss 2020 Paul Hartmann AG, Bundesanzeiger)

b) Aktivseite

aa) Anlagevermögen

Als Anlagevermögen sind nur die Gegenstände auszuweisen, die bestimmt sind, dauernd dem Geschäftsbetrieb zu dienen (§ 247 Abs. 2 HGB) und die dem Unternehmen wirtschaftlich zuzurechnen sind (§ 246 Abs. 1 S. 2f. HGB). In dem Abschluss einer Kapitalgesellschaft sind für jede Position des Anlagevermögens die ursprünglichen Anschaffungs- bzw. Herstellungskosten und die bislang er-

folgten Abschreibungen (kumulierte Abschreibungen) sowie die Abschreibungen des letzten Geschäftsjahres anzugeben. Dieser sog. *Anlagespiegel* kann Bestandteil der Bilanz sein oder aber im Anhang aufgeführt werden (§ 268 Abs. 2 HGB). In der Regel dürfte sich der Anlagespiegel im Anhang befinden und soll deshalb auch im Anhang ausführlich dargestellt werden. Kleine Kapitalgesellschaften wurden allerdings mit der Einführung des § 274a HGB, Punkt 1, von dieser Vorschrift befreit.
Für Gegenstände des Anlagevermögens gilt gem. § 253 Abs. 3 S. 4 HGB das sog. gemilderte Niedrigstwertprinzip: Bei voraussichtlich nicht dauerhafter Wertminderung besteht ein Abschreibungswahlrecht auf den niedrigeren Wert; bei voraussichtlich dauerhafter Wertminderung besteht eine Abschreibungspflicht. Nach § 253 Abs. 5 HGB besteht ein umfassendes und rechtsformunabhängiges Wertaufholungsgebot. Ausgenommen hiervon ist der entgeltlich erworbene Geschäfts- oder Firmenwert (»goodwill«).

I. Immaterielle Vermögensgegenstände

Unter dieser Position sind *entgeltlich erworbene* Konzessionen, gewerbliche Schutzrechte und ähnliche Rechte und Werte sowie Lizenzen an solchen Rechten und Werten zu ihren Anschaffungskosten abzüglich Abschreibungen aufzuführen. Für selbst geschaffene gewerbliche Schutzrechte und ähnliche Rechte und Werte besteht ein Aktivierungswahlrecht (§ 248 Abs. 2 S. 1 HGB). Allerdings dürfen nur Entwicklungsaufwendungen, nicht aber Forschungsaufwendungen aktiviert werden. Sofern eine Trennung nicht möglich ist, besteht ein Aktivierungsverbot (§ 255 Abs. 2a S. 4 HGB). Bezüglich der Forschungs- und Entwicklungskosten ist eine Angabe im Anhang obligatorisch (§ 285 S. 1 Nr. 28 HGB). Aus Gläubigerschutzgründen sieht § 268 Abs. 8 HGB vor, dass im Falle der Aktivierung von selbstgeschaffenen immateriellen Vermögensgegenständen Gewinne nur ausgeschüttet werden dürfen, wenn die nach der Ausschüttung frei verfügbaren Rücklagen zuzüglich eines Gewinnvortrages und abzüglich eines Verlustvortrages mindestens den angesetzten Beträgen entsprechen (Ausschüttungssperre). Darüber hinaus muss der käuflich erworbene Geschäfts- oder Firmenwert (kommt nur bei Kauf, Tausch oder Einbringung vor) in der Bilanz aktiviert und planmäßig abgeschrieben werden. (Diese Position wird ausführlich im Abschnitt VI behandelt.)

II. Sachanlagen

Sachanlagen stellen im Wesentlichen die dem Unternehmen gehörenden Grundstücke, Gebäude und Maschinen dar. Zum Posten *Technische Anlagen* zählen alle Anlagen und Maschinen, die unmittelbar der Produktion dienen. Unter dem Posten *Andere Anlagen, Betriebs- und Geschäftsausstattung* sind z. B. die Einrichtung der Werkstatt, der Fuhrpark, Werkzeuge sowie die Büroausstattung

zusammengefasst. Da Grundstücke, grundstücksgleiche Rechte und Bauten in einer Sammelposition zusammengefasst sind, ist die Information hinsichtlich sog. *stiller Reserven* eingeschränkt. Denn gerade die Grundstücke dürften in der Bilanz zu einem deutlich niedrigeren Wert als ihrem Verkehrswert bewertet sein. Dabei gilt der Grundsatz, dass die sog. *stillen Reserven* umso höher sein dürften, je länger sich die Grundstücke im Besitz des Unternehmens befinden.
Für geleaste Gegenstände des Anlagevermögens gilt seit dem 1. 1. 2019 gem. IFRS 16 Folgendes: Der Leasingnehmer bilanziert auf der Aktivseite ein Nutzungsrecht an dem geleasten Vermögenswert und nicht den Vermögenswert selbst. Auf der Passivseite werden im Gegenzug die Verpflichtungen aus dem Leasingvertrag.in Höhe des Barwerts erfasst. Die Diskontierung ist mit dem Zinssatz, der dem Leasingvertrag zugrunde liegt oder einem vergleichbaren Zinssatz über die Laufzeit des Vertrages vorzunehmen. Das aktivierte Nutzungsrecht wird über die Laufzeit des Vertrages planmäßig abgeschrieben. Bei kurzfristigen Leasingverträgen (Laufzeit max. 12 Monate) oder bei Leasingverträgen von geringem Wert besteht für den Leasingnehmer ein Wahlrecht zwischen Bilanzierung (wie vorstehend) oder Erfassung der Leasingraten als Aufwand in der GuV-Rechnung.

III. Finanzanlagen

Es wird zwischen Anteilen und Ausleihungen an verbundene Unternehmen und beteiligte Unternehmen unterschieden. Bei verbundenen Unternehmen handelt es sich um Mutter- oder Tochtergesellschaften (Definition in § 271 Abs. 2 HGB). »Beteiligungen sind Anteile an anderen Unternehmen, die bestimmt sind, dem eigenen Geschäftsbetrieb durch Herstellung einer dauerhaften Verbindung zu jenen Unternehmen zu dienen« (§ 271 Abs. 1 HGB). Maßgeblich ist somit die Beteiligungsabsicht, nicht die Beteiligungshöhe. Im Zweifelsfall handelt es sich dann um eine Beteiligung, wenn an einer Kapitalgesellschaft mehr als 20 % der Anteile (bezogen auf den Nennwert) gehalten werden. Wird die Beteiligungsabsicht widerlegt, sind die Anteile unter den »Wertpapieren des Anlagevermögens« auszuweisen. Anteile an Personengesellschaften gelten grundsätzlich als Beteiligungen, während die Mitgliedschaft in einer Genossenschaft nicht als eine Beteiligung i. S. d. HGB anzusehen ist (§ 271 Abs. 1 HGB). Aufgrund der zunehmenden Finanzverflechtungen ist die differenzierte Gliederung des Finanzanlagevermögens von besonderem Wert.
Für die bei den Finanzanlagen auszuweisenden Ausleihungen ist keine Mindestanlagezeit vorgeschrieben. Es gelten deshalb die allgemeinen Kriterien für das Anlagevermögen, die im § 247 Abs. 2 HGB festgelegt sind. (»Beim Anlagevermögen sind nur die Gegenstände auszuweisen, die dazu bestimmt sind, dauernd dem Geschäftsbetrieb zu dienen.«)
Die Entwicklung der Beteiligungen muss in der Bilanz oder im Anhang ausgewiesen werden (§ 268 Abs. 2 HGB). Bei einer GmbH müssen Ausleihungen

an unmittelbare Gesellschafter nach § 42 Abs. 3 GmbHG gesondert ausgewiesen werden.
Soweit Unternehmen derivate Finanzinstrumente, wie z. B. Optionen, Futures, Swaps, Forwards oder Warenterminkontrakte zur Absicherung von Preis-, Kurs- oder Zinsrisiken einsetzen, sind diese als schwebende oder auch sog. bilanzunwirksame Geschäfte nicht zu bilanzieren. Zu bilanzieren sind aber die damit verbundenen Prämien- und Margenzahlungen sowie Abgrenzungsbeträge z. B. in Form von Rückstellungen für drohende Verluste aus schwebenden Geschäften. Sämtliche Transaktionen sind jedoch in einer Nebenbuchhaltung zu erfassen. Im Rahmen der Erläuterung des Jahresabschlusses gem. § 108 Abs. 5 BetrVG hat der Unternehmer hierüber im Anhang zu informieren.

bb) Umlaufvermögen

Beim Umlaufvermögen handelt es sich um die Vermögensgegenstände, die ihrer Zweckbestimmung nach nicht dazu bestimmt sind, dem Geschäftsbetrieb dauerhaft zu dienen. Für sämtliche Gegenstände des Umlaufvermögens gilt das strenge Niederstwertprinzip (§ 253 Abs. 4 HGB). Von mehreren möglichen Wertansätzen ist der niedrigste Wert anzusetzen bzw. auf den niedrigsten Wert abzuschreiben. Es gilt außerdem ein zwingendes Wertaufholungsgebot (§ 253 Abs. 3 HGB), d. h. bei Wegfall des Grundes für die Abschreibung muss die Abschreibung wieder ganz oder teilweise rückgängig gemacht werden.

I. Vorräte

Hier haben Kapitalgesellschaften neben dem Vorratsvermögen (»Roh-, Hilfs- und Betriebsstoffe«, »unfertige Erzeugnisse, unfertige Leistungen«, »fertige Erzeugnisse und Waren«) auch die auf die Vorräte geleisteten Anzahlungen auszuweisen (§ 266 Abs. 2 HGB). Da kleinste und kleine Kapitalgesellschaften die Position Vorräte nicht unterteilen müssen (§ 266 Abs. 1 HGB), brauchen geleistete Anzahlungen auf Vorräte zwar nicht ausgewiesen zu werden, doch sind sie in der Gesamtposition enthalten. Der § 268 Abs. 5 HGB eröffnet überdies die Möglichkeit (Wahlrecht), erhaltene Anzahlungen offen von den Vorräten abzusetzen. Ansonsten sind die erhaltenen Anzahlungen auf Bestellungen unter der Position Verbindlichkeiten gesondert auszuweisen.
Kleinste und kleine Kapitalgesellschaften brauchen nur eine verkürzte Bilanz aufzustellen, in die nur die mit Buchstaben und römischen Zahlen bezeichneten Positionen aufgenommen werden (§ 266 Abs. 1 HGB).
Vorräte sind mit dem niedrigeren Wert aus Anschaffungs- oder Herstellungskosten und dem beizulegenden Wert anzusetzen. Soweit ein Börsenkurs oder Marktpreis nicht existiert, ist der beizulegende Wert mittels verlustfreier Bewertung aus dem Verkaufspreis oder den Wiederbeschaffungskosten abzuleiten. Die Anwendung von Bewertungsvereinfachungsverfahren ist zulässig (Gruppen-

oder Durchschnittsbewertung oder Fifo[11]-Verfahren). Allerdings sind nach dem BilMoG Abschreibungen auf zukünftige niedrigere Werte, auf einen niedrigeren steuerlichen (Teil-)Wert sowie aufgrund vernünftiger kaufmännischer Beurteilung nicht mehr zulässig.

II. Forderungen und sonstige Vermögensgegenstände

Hier sind bei Kapitalgesellschaften die Forderungen mit einer wichtigen Zusatzinformation zu versehen, nämlich mit ihrer Restlaufzeit. Nach § 268 Abs. 4 HGB müssen Forderungen mit einer Restlaufzeit von mehr als einem Jahr gesondert vermerkt werden (dies kann entweder in der Bilanz oder im Anhang geschehen). Für die Liquiditätsanalyse (Untersuchung der Zahlungsunfähigkeit eines Unternehmens) ist dies sehr hilfreich. Die Risiken für die Zukunft lassen sich damit besser einschätzen, da sich kurzfristige Verbindlichkeiten außer mit neuen Schulden nur mit liquiden Mitteln und kurzfristig fälligen Forderungen begleichen lassen.

III. Wertpapiere

Unter der Position »*Wertpapiere*« kann auch die Position »eigene Anteile« aufgeführt sein. Eine Gesellschaft kann aus ganz unterschiedlichen Gründen in den Besitz eigener Anteile kommen. So kann eine Aktiengesellschaft z. B. Aktien des eigenen Unternehmens kaufen, um das Eigenkapital herabzusetzen. In diesem Fall sind eigene Anteile ein reiner Korrekturposten zum Eigenkapital. Eine Aktiengesellschaft könnte aber auch eigene Aktien erwerben, um diese Belegschaftsmitgliedern zum Erwerb anzubieten (§ 71 Abs. 1 Nr. 2 AktG) oder um außenstehende Aktionäre abzufinden (§ 71 Abs. 1 Nr. 3 AktG). In diesem Fall verkörpern eigene Anteile durchaus Vermögenswerte.

Hinsichtlich der Bilanzierung eigener Anteile kommt es auf die Zielsetzung des Erwerbs an. Nach dem KonTraG ist die Verfahrensweise klar geregelt. § 272 Abs. 1 S. 4 HGB schreibt vor, dass Aktien, die zur Einziehung erworben werden, offen vom Eigenkapital abzusetzen sind. Das heißt, die Endsumme des Eigenkapitals (das sich ja aus mehreren Positionen zusammensetzt) reduziert sich. Werden allerdings eigene Anteile nicht mit der Absicht erworben, sie einzuziehen, werden sie im Umlaufvermögen ausgewiesen. Konkret: Werden z. B. Aktien des eigenen Unternehmens erworben, um sie später an die Belegschaft zu veräußern, dann werden diese Aktien im Umlaufvermögen in der Position Wertpapiere als eigene Anteile ausgewiesen. § 272 Abs. 4 HGB bestimmt in diesem Fall, dass entsprechend der Höhe der auf der Aktivseite der Bilanz ausgewiesenen eigenen Anteile auf der Passivseite der Bilanz in dem Posten Eigenkapital eine Rücklage

11 Fifo = First in, first out; die zuerst beschafften Vorräte gelten als zuerst verbraucht.

auf eigene Anteile gebildet werden muss. Die Dotierung dieser Rücklage erfolgt aus den im Eigenkapital ausgewiesenen Gewinnrücklagen.
Für die Bilanzanalyse ergibt sich hieraus folgende Überlegung: Zwar haben die im Umlaufvermögen ausgewiesenen eigenen Anteile einen Vermögenswert, da sie nicht zum Einzug bestimmt sind, jedoch sind diese eigenen Anteile am Bilanzstichtag noch nicht weiter veräußert worden. Im Sinne einer vorsichtigen Betrachtung der Vermögenssituation eines Unternehmens sollte man deshalb im Rahmen einer »Bilanzverkürzung« die eigenen Anteile mit der Rücklage auf eigene Anteile verrechnen (Abzug der auf der Aktivseite der Bilanz ausgewiesenen eigenen Anteile von dem auf der Passivseite der Bilanz stehenden Eigenkapital).

IV. Kassenbestand, Bundesbankguthaben, Guthaben bei Kreditinstituten und Schecks

Hier werden alle liquiden (flüssigen) Mittel zusammengefasst. Es handelt sich hier um jene Finanzmittel, die dem Unternehmen jederzeit zur Verfügung stehen. Das Vorhandensein nur geringer liquider Mittel ist nicht immer ein Zeichen drohender Zahlungsunfähigkeit (Illiquidität). Gerade in Konzernverbünden wird sehr häufig ein sog. Cash-Pooling praktiziert. Es handelt sich hierbei um ein Instrument zur Steuerung der Liquidität innerhalb der einzelnen Konzerngesellschaften, mit dem Ziel der zentralen Lenkung der Finanzmittel, der Reduktion des Kreditbedarfs und der Optimierung der Anlagemöglichkeiten. Dabei wird die Liquidität täglich von den Konten der einzelnen Konzerngesellschaften abgeschöpft und auf ein zentrales Masterkonto meist bei der Konzernobergesellschaft oder einer speziell dafür gegründeten Tochtergesellschaft transferiert. Im Gegenzug erhält die Gesellschaft eine Forderung in gleicher Höhe gegen die Konzernobergesellschaft. Umgekehrt wird bei einem Liquiditätsbedarf dem einzelnen Unternehmen die benötigte Liquidität zur Verfügung gestellt, entweder als Rückzahlung eines Guthabens oder als Kredit. Entsprechend werden Guthaben- oder Kreditzinsen berechnet. Das Praktizieren eines Cash-Pooling ist dem Wirtschaftsausschuss (unter Vorlage der entsprechenden Verträge) zu erläutern. Zu den Risiken des Cash-Pooling und worauf Wirtschaftsausschüsse achten sollten vgl. Laßmann/Mengay/Rupp.[12]

cc) Rechnungsabgrenzungsposten

»Als Rechnungsabgrenzungsposten sind auf der Aktivseite Ausgaben vor dem Abschlusstag auszuweisen, soweit sie Aufwand für eine bestimmte Zeit nach diesem Tag darstellen« (§ 250 Abs. 1 HGB). Typische Fälle, die die Grundlage für die Bildung eines aktiven Rechnungsabgrenzungspostens bilden, stellen im Voraus

12 Vgl. Laßmann/Mengay/Rupp, Handbuch Wirtschaftsausschuss, S. 345 ff.

bezahlte Versicherungsprämien, Beiträge, Mieten u. Ä. dar. Ein bei Kreditaufnahmen entstehendes Disagio (Kapitalbeschaffungskosten = Differenzbetrag zwischen den erhaltenen finanziellen Mitteln und der eingegangenen Verbindlichkeit) *kann* gem. § 250 Abs. 3 HGB ebenfalls in den Rechnungsabgrenzungsposten auf der Aktivseite der Bilanz aufgenommen werden (Aktivierungswahlrecht). Kapitalgesellschaften haben ein aktiviertes Disagio in der Bilanz gesondert auszuweisen oder im Anhang anzugeben (§ 268 Abs. 6 HGB).
Im Rahmen der Bilanzanalyse sollte man den Rechnungsabgrenzungsposten der Aktivseite der Bilanz nicht als Vermögenswert betrachten, sondern vom Eigenkapital abziehen.

dd) Aktivische latente Steuern

Wenn der Steueraufwand aufgrund steuerrechtlicher Vorschriften höher ist, als er nach dem handelsrechtlichen Ergebnis wäre, und sich dieser Steueraufwand in späteren Geschäftsjahren voraussichtlich ausgleicht, *darf* diese voraussichtliche *künftige* Steuerentlastung im Einzelabschluss einer Kapitalgesellschaft aktiviert werden (§ 274 Abs. 2 HGB). Der Hintergrund dieser Regelung ist der, dass die tatsächliche Steuerschuld aufgrund des steuerrechtlichen Jahresabschlusses ermittelt wird und in den handelsrechtlichen Jahresabschluss übernommen werden muss. Immer dann, wenn der Gewinnausweis im handelsrechtlichen Abschluss geringer ist als im steuerrechtlichen, wird das handelsrechtliche Ergebnis eigentlich mit einem zu hohen Steueraufwand belastet. Der Differenzbetrag zwischen tatsächlicher Steuerbelastung und fiktiver Steuerschuld aufgrund des nach Handelsrecht ermittelten Gewinns darf deshalb als Aktivposten (aktivische latente Steuer) in die Bilanz eingestellt werden, wenn in Zukunft entsprechend geringere Steuern auf den handelsrechtlich ermittelten Gewinn zu erwarten sind. Der Betrag ist aufzulösen, sobald die Steuerentlastung eintritt oder mit ihr voraussichtlich nicht mehr zu rechnen ist (§ 274 Abs. 2 HGB). Aktivische latente Steuern können separat ausgewiesen oder mit passivischen latenten Steuern verrechnet werden.
Aktivische latente Steuern sind in dem Umfang, in dem sie mögliche passivische latente Steuern übersteigen, mit einer Ausschüttungssperre zu versehen (§ 268 Abs. 8 S. 2 HGB). Es handelt sich hier um den Ausweis noch nicht realisierter Erträge, was einen Verstoß gegen das Realisierungsprinzip gem. § 252 Abs. 1 Nr. 4 HGB darstellt und deshalb zumindest dem Zugriff der Gesellschafter entzogen sein soll.
Fallen im Konzernabschluss aufgrund von Konsolidierungsmaßnahmen aktivische latente Steuern an, *müssen* diese auf jeden Fall in der Konzernbilanz ausgewiesen werden (§ 306 HGB). Der Ausweis der aktivischen latenten Steuern kann dann auch in der Weise erfolgen, dass sie in den Rechnungsabgrenzungsposten (RAP) auf der Aktivseite der Bilanz aufgenommen werden. Die genaue

Höhe der aktivischen latenten Steuern erfährt man in diesem Fall aus dem Anhang, in dem diese Position überdies zu erläutern ist.

ee) Nicht durch Eigenkapital gedeckter Fehlbetrag

Wenn das Eigenkapital durch Verluste aufgebraucht ist und die Passivposten (die nur noch aus Fremdkapital bestehen) größer als die Aktivposten (das Vermögen) sind, ist ein Unternehmen buchmäßig überschuldet. § 268 Abs. 3 HGB schreibt für diesen Fall vor, dass ein entsprechender Negativkapitalposten am Schluss der Aktivseite der Bilanz auszuweisen ist. Ein Unternehmen, das buchmäßig überschuldet ist, müsste eigentlich Insolvenz anmelden; es sei denn, dieses Unternehmen verfügt über sog. stille Reserven (also unter Marktpreisen bewertete Vermögensgegenstände), die i. d. R. in den Immobilien stecken oder die Fortführung des Unternehmens in den nächsten zwölf Monaten ist nach den Umständen überwiegend wahrscheinlich (positive Fortführungsprognose gem. § 19 Abs. 2 InsO). Auf jeden Fall kann man davon ausgehen, dass ein Unternehmen, das in seiner Bilanz einen nicht durch Eigenkapital gedeckten Fehlbetrag ausweist, in seiner Existenz akut gefährdet ist.

c) Passivseite

aa) Eigenkapital

Das Eigenkapital wird bei Kapitalgesellschaften sehr übersichtlich dargestellt (siehe § 272 HGB). Als erste Position erscheint im Eigenkapitalblock das *gezeichnete Kapital*. Hierbei handelt es sich bei einer Aktiengesellschaft um den Nennwert der ausgegebenen Aktien und/oder bei einer GmbH um den Nennbetrag der ausgegebenen gezeichneten Gesellschaftsanteile. Nach dem BilMoG sind erworbene eigene Anteile in einer Vorspalte offen von dem Posten »gezeichnetes Kapital« abzusetzen (§ 272 Abs. 1a S. 1 HGB). Besteht zwischen dem Nennbetrag der erworbenen Anteile und den Anschaffungskosten ein Wertunterschied, ist der Differenzbetrag mit den frei verfügbaren Rücklagen zu verrechnen (d. h. diese werden bei positiver Differenz um den entsprechenden Betrag vermindert). Die »frei verfügbaren Rücklagen« umfassen dabei alle Beträge aus der Kapital- und Gewinnrücklage, die weder durch Gesetz noch durch Satzung zweckgebunden sind bzw. einer Ausschüttungssperre unterliegen.
Die zweite Eigenkapitalposition stellt die *Kapitalrücklage* dar. In dieser Position werden z. B. Beträge eingestellt, die das Unternehmen bei der Ausgabe von Aktien erhielt, die über den Nennwert der Aktien hinausgingen (Agio).

> **Beispiel:**
> Eine Aktiengesellschaft gibt neue Aktien (Kapitalaufstockung im Nennwert von 1 €) zu einem Kurs von 2,50 € aus. Pro verkaufte Aktie fließen dem Unternehmen also

2,50 € zu, was auf der Aktivseite der Bilanz zu einem Anwachsen der liquiden Mittel von 2,50 € führt. Auf der Passivseite der Bilanz, die ja die Mittelherkunft aufzeigen soll, werden pro verkaufte Aktie 1 € unter der Position »gezeichnetes Kapital« und 1,50 € unter »Kapitalrücklage« verbucht.

Bei der dritten Eigenkapitalposition – den *Gewinnrücklagen* – handelt es sich um Gewinne, die im Geschäftsjahr oder früheren Geschäftsjahren angefallen sind und nicht an die Eigentümer ausgeschüttet wurden. Unter der Position »Gewinnrücklage« sind folgende Rücklagen gesondert auszuweisen (§ 266 Abs. 3 HGB):

- Gesetzliche Rücklage (nur bei AG bzw. KGaA gem. § 150 Abs. 1 AktG: Einstellung von jährlich 5 % des Jahresüberschusses, bis 10 % des gezeichneten Kapitals erreicht sind)
- Rücklage für Anteile an einem herrschenden oder mit Mehrheit beteiligten Unternehmen (in Höhe des Betrags, der dem Wert der erworbenen Anteile auf der Aktivseite der Bilanz entspricht)
- Satzungsmäßige Rücklagen (Einstellung erfolgt entsprechend der Satzung der Gesellschaft)
- Andere Rücklagen (Einstellung entsprechend den Beschlüssen von Vorstand, Aufsichtsrat und Gesellschafterversammlung unter Beachtung der gesetzlichen Bestimmungen (z. B. § 58 Abs. 1 S. 1 und 2 AktG))

Dem Eigenkapital ebenfalls zugerechnet wird bei einer Kapitalgesellschaft der im Geschäftsjahr erwirtschaftete Gewinn, der ja selbst bei einer beabsichtigten Auszahlung an die Aktionäre bzw. Gesellschafter zum Zeitpunkt der Bilanzerstellung noch im Unternehmen steckt. In der Regel werden Dividenden an die Aktionäre in der zweiten Hälfte des folgenden Geschäftsjahres ausgezahlt.

Wird die Bilanz *nach* teilweiser oder vollständiger Verwendung des Jahresüberschusses bzw. Jahresfehlbetrages aufgestellt (der Jahresüberschuss wird vollständig oder teilweise in die Gewinnrücklagen eingestellt oder der Jahresfehlbetrag wird durch die Auflösung von Rücklagen reduziert), dann erscheint als letzte Position innerhalb des Eigenkapitalblocks der *Bilanzgewinn* bzw. der *Bilanzverlust*. Ein vorhandener Gewinn- oder Verlustvortrag ist in den Posten »Bilanzgewinn/Bilanzverlust« einzubeziehen (§ 268 Abs. 1 HGB). Aktiengesellschaften haben ihre GuV nach § 158 Abs. 1 AktG mit der Position Bilanzgewinn bzw. Bilanzverlust abzuschließen. Entsprechend werden sie auch in der Bilanz im Eigenkapitalblock die Positionen Bilanzgewinn bzw. Bilanzverlust aufführen.

Die Reihenfolge der Dotierung sämtlicher Rücklagen im Rahmen der Ergebnisverwendungsrechnung zeigt Abb. 11.

Abb. 11
Rücklagendotierung in der Ergebnisverwendungsrechnung einer AG

<table>
<tr><td colspan="2">Jahresüberschuss</td></tr>
<tr><td colspan="2">– Verlustvortrag</td></tr>
<tr><td colspan="2">= Bemessungsgrundlage 1</td></tr>
<tr><td colspan="2">– Pflichtdotierung der gesetzlichen Rücklage (solange 5 % der Bemessungsgrundlage 1, bis die gesetzliche Rücklage und Kapitalrücklage zusammen 10 % des gezeichneten Kapitals erreicht haben)</td></tr>
<tr><td colspan="2">= Bemessungsgrundlage 2</td></tr>
<tr><td>a) Hauptversammlung stellt Jahresabschluss fest:
– lt. Satzungsbestimmung Einstellung von max. 50 % der Bemessungsgrundlage 2 in die anderen Gewinnrücklagen</td><td>b) Vorstand und Aufsichtsrat stellen Jahresabschluss fest:
– Einstellung von max. 50 % der Bemessungsgrundlage 2 immer möglich
– lt. Satzung mögliche zusätzliche Einstellungen von mehr als 50 % der Bemessungsgrundlage 2 in die anderen Gewinnrücklagen solange zulässig, bis diese 50 % des gezeichneten Kapitals erreicht haben</td></tr>
<tr><td colspan="2">= Bemessungsgrundlage 3</td></tr>
<tr><td colspan="2">– Einstellung in die Rücklagen für Anteile an einem herrschenden oder mit Mehrheit beteiligten Unternehmen</td></tr>
<tr><td colspan="2">– Einstellung in die satzungsmäßigen Rücklagen</td></tr>
<tr><td colspan="2">– Einstellung des Eigenkapitalanteils von</td></tr>
<tr><td colspan="2">– Wertaufholungen im Anlage- und Umlaufvermögen</td></tr>
<tr><td colspan="2">= Bemessungsgrundlage 4</td></tr>
<tr><td colspan="2">+ Gewinnvortrag</td></tr>
<tr><td colspan="2">= Bilanzgewinn (Bemessungsgrundlage für den Ergebnisverwendungsbeschluss der Hauptversammlung</td></tr>
</table>

(Quelle: Coenenberg/Haller/Schultze: a. a. O., S. 380)

Für die Darstellungen des Ausweises des Unternehmensergebnisses sieht das HGB drei Möglichkeiten vor: Die Bilanz kann grundsätzlich entweder unter Berücksichtigung der vollständigen oder teilweisen Verwendung des Jahresergebnisses, aber auch ohne Berücksichtigung der Ergebnisverwendung aufgestellt werden (§ 268 Abs. 1 HGB). Die zu wählende Darstellungsform ist nach herrschender Meinung von der tatsächlichen Situation der Ergebnisverwendung zum Zeitpunkt der Bilanzerstellung abhängig zu machen.

Die drei Ausweismöglichkeiten verdeutlicht nachfolgendes Beispiel:[13]

Variante 1: Aufstellung des Jahresabschlusses vor Gewinnverwendung

Aktiva	Mio. €	Passiva	Mio. €
Anlage- und Umlaufvermögen	100	Gezeichnetes Kapital	10
		Kapitalrücklage	3
		Gewinnrücklage	12
		Gewinnvortrag	2
		Jahresüberschuss	3
		Fremdkapital	70
	100		100

Variante 2: Aufstellung des Jahresabschlusses nach teilweiser Gewinnverwendung

Aktiva	Mio. €	Passiva	Mio. €
Anlage- und Umlaufvermögen	100	Gezeichnetes Kapital	10
		Kapitalrücklage	3
		Gewinnrücklage	13
		Bilanzgewinn	4
		Fremdkapital	70
	100		100

Variante 3: Aufstellung des Jahresabschlusses nach vollständiger Gewinnausschüttung

Aktiva	Mio. €	Passiva	Mio. €
Anlage- und Umlaufvermögen	100	Gezeichnetes Kapital	10
		Kapitalrücklage	3
		Gewinnrücklage	17
		Fremdkapital	70
	100		100

Derjenige Teil des Bilanzgewinns, der an die Gesellschafter ausgeschüttet werden soll (in unserem Beispiel 2 Mio. €) stellt eine Verbindlichkeit des Unternehmens

13 Entnommen: Coenenberg/Haller/Schultze, a. a. O., S. 388 f.

an die Gesellschafter dar und ist als Fremdkapital unter dem Posten »*sonstige Verbindlichkeiten*« zu verbuchen.
In den Bilanzen von Einzelunternehmen und Personengesellschaften wird das Eigenkapital durch konstante und variable Kapitalkonten abgebildet (Abb. 12).

Abb. 12
Typen von Eigenkapitalkonten bei Einzelunternehmen und Personengesellschaften

Rechtsform	Konstantes Eigenkapitalkonto	Variables Eigenkapitalkonto
Einzelunternehmen		Kapitalkonto des Einzelkaufmanns (oftmals mit vorgeschaltetem Privatkonto)
Offene Handelsgesellschaft (OHG)		Kapitalkonten der OHG-Gesellschafter mit den jeweiligen Einlagen
Kommanditgesellschaft	Kapitalkonten mit den Einlagen der Kommanditisten	Kapitalkonten mit den Einlagen der Komplementäre
Stille Gesellschaft	Einlage des stillen Gesellschafters	Kapitalkonto mit der Einlage des Firmeninhabers

(Quelle: Coenenberg/Haller/Schultze, a.a.O., S. 393)

bb) Rückstellungen

Den Rückstellungen liegen Zahlungsverpflichtungen zugrunde, die hinsichtlich der Höhe und/oder des Fälligkeitstermins noch nicht genau bekannt sind (§ 249 HGB). Somit sind Rückstellungen juristisch gesehen Fremdkapital. Die Höhe der zu bildenden Rückstellung richtet sich nach dem nach vernünftiger kaufmännischer Beurteilung notwendigen Erfüllungsbetrag (§ 253 Abs. 1 S. 2 HGB). Erwartete künftige Preis- und Kostensteigerungen bis zum Zeitpunkt der tatsächlichen Inanspruchnahme fließen in die Bewertung der Rückstellung ein. Rückstellungen mit einer Laufzeit von mehr als einem Jahr sind abzuzinsen. Die Abzinsung hat mit dem durchschnittlichen Marktzinssatz der vergangenen sieben Geschäftsjahre zu erfolgen (§ 253 Abs. 2 S. 1 HGB). Der anzuwendende Zinssatz wird von der Deutschen Bundesbank ermittelt und auf deren Internetseite zur Verfügung gestellt. Erträge und Aufwendungen aus der Abzinsung sind als Zinserträge bzw. -aufwendungen in der GuV-Rechnung unter dem Posten

»Sonstige Zinsen und Erträge« bzw. »Zinsen und ähnliche Aufwendungen« auszuweisen (§ 277 Abs. 5 HGB).

Bei den Rückstellungen unterscheidet man zwischen Rückstellungen aufgrund einer Verpflichtung gegenüber Dritten und Rückstellungen ohne Verpflichtung gegenüber Dritten.

Rückstellungen aufgrund einer Verpflichtung gegenüber Dritten sind vor allem

- Pensionsrückstellungen
- Steuerrückstellungen
- Rückstellungen für Garantieverpflichtungen
- Kulanzrückstellungen
- Rückstellungen für Umweltschutzmaßnahmen
- Weitere Rückstellungen, wie Provisionsrückstellungen, Prozessrisikorückstellungen, Sozialplanrückstellungen, Altersteilzeitrückstellungen, Rückstellungen für Mehrarbeits- und Urlaubsansprüche aus dem Berichtsjahr

Rückstellungen ohne Verpflichtung gegenüber Dritten können nur noch in den beiden folgenden Fällen gebildet werden:

- Rückstellungen für unterlassene Aufwendungen zur Instandsetzung, die innerhalb der ersten drei Monate des neuen Berichtsjahres begonnen und im Wesentlichen auch beendet werden
- Rückstellungen für unterlassene Abraumbeseitigung

Von den einzelnen Rückstellungsarten werden nur die Pensionsrückstellungen und die Steuerrückstellungen gesondert auf der Passivseite der Bilanz ausgewiesen. Alle anderen Rückstellungen werden als Sammelposten unter den sonstigen Rückstellungen ausgewiesen und die bedeutendsten dann im Anhang erläutert.

I. Pensionsrückstellungen

Möchte ein Unternehmer den Arbeitnehmer:innen zukünftige Versorgungsleistungen (Alters-, Invaliden-, Hinterbliebenenversorgung) gewähren, stehen ihm dazu mehrere Möglichkeiten zur Verfügung:

- Unmittelbare Versorgungszusage
- Mittelbare Versorgungszusage (Zuweisung zu einer Pensions- oder Unterstützungskasse) oder
- Abschluss einer Direktversicherung

Dabei sind die Mitbestimmungsrechte des Betriebsrats gem. § 87 Abs. 1 Nr. 10 BetrVG zu beachten.

Für unmittelbare Pensionszusagen müssen nach § 249 Abs. 1 HGB in jedem Fall Rückstellungen in der Bilanz gebildet werden, doch gilt für alle Zusagen und deren Erhöhungen, die bis zum 31. 12. 1986 erworben wurden, ein Bilanzierungswahlrecht (Passivierungswahlrecht). Allerdings müssen Kapitalgesellschaften die

nicht in der Bilanz ausgewiesenen Pensionsrückstellungen im Anhang in einem Betrag angeben (§ 285 Nr. 24 HGB).
Für mittelbare Pensionszusagen, die über Pensions- und Unterstützungskassen sowie über Versicherungsunternehmen abgewickelt werden, besteht neuerdings nach dem BilMoG ein Passivierungswahlrecht (Art. 28 Abs. 1 S. 2 EGHGB). Dieses Wahlrecht gilt auch dann, wenn mit Sicherheit eine bevorstehende Inanspruchnahme aufgrund einer Deckungslücke droht.
Das BilMoG sieht in § 246 Abs. 2 S. 2 HGB eine Saldierung von Vermögensgegenständen, die ausschließlich der Erfüllung von Schulden aus Altersversorgungsverpflichtungen oder vergleichbaren langfristig fälligen Verpflichtungen (z. B. Altersteilzeit, Lebensarbeitszeitmodelle) dienen (sog. Planvermögen), mit diesen Schulden vor. In der Bilanz erfolgt nur noch der Ausweis der Nettoverpflichtung, also der Belastung, die das Unternehmen tatsächlich wirtschaftlich trifft. Die Bewertung des Planvermögens erfolgt zum beizulegenden Zeitwert (§ 253 Abs. 1 S. 4 HGB). Ergibt sich nach der Saldierung des Planvermögens mit den entsprechenden Schulden ein positiver Nettobetrag, muss für diesen Betrag eine Ausschüttungssperre als gesonderter Posten »Aktiver Unterschiedsbetrag aus der Vermögensverrechnung« aktiviert werden (§ 268 Abs. 8 HGB).
Zur Ermittlung der Rückstellungswerte und der erforderlichen Rückstellungszuführung ist kein bestimmtes Bewertungsverfahren gesetzlich vorgeschrieben. Zur Anwendung können folgende Verfahren kommen: Projected unit credit method (nach IAS 19 zwingend vorgeschrieben), die Gegenwartswertmethode und die Teilwertmethode. Bei der Gegenwartswertmethode und der projected unit credit method wird der Aufwand über den Zeitraum von der Pensionszusage bis zum voraussichtlichen Eintritt des Versorgungsfalls verteilt; bei der Teilwertmethode wird der Aufwand über den Zeitraum zwischen Diensteintritt und Eintritt des Versorgungsfalls verteilt, also über einen (i. d. R. 5 Jahre) längeren Zeitraum. Steuerlich ist gemäß § 6a EStG ausschließlich das Teilwertverfahren zulässig, wobei der Diskontierungszinssatz auf der Grundlage des 10-Jahres-Durchschnittszinsatzes, der durch die Bundesbank ermittelt und veröffentlicht wird, zur Anwendung kommt (§ 253 Abs. 2 HGB).
Pensionsrückstellungen sind für ein Unternehmen nicht nur ein Kostenfaktor, sondern auch eine wichtige Finanzierungsquelle. Unterstellt man z. B. eine kontinuierliche Entwicklung der Pensionszusagen und kontinuierliche Zahlungsverpflichtungen durch die tatsächlich eingetretenen Pensionsfälle, dann stehen die Pensionsrückstellungen dem Unternehmen auf Dauer als Finanzierungsquelle zur Verfügung. Man kann in diesem Fall bei Pensionsrückstellungen auch von »eigenkapitalähnlichen Mitteln« sprechen. Auf jeden Fall können Pensionsrückstellungen als langfristig dem Unternehmen zur Verfügung stehende Mittel angesehen werden.

II. Steuerrückstellungen

Für Steuern und Abgaben muss dann eine *Steuerrückstellung* gebildet werden, wenn aufgrund der bisherigen wirtschaftlichen Tätigkeit Steuern und Abgaben zu entrichten sind, deren Höhe aber noch nicht bekannt ist. Am Bilanzstichtag bereits fällige Steuerzahlungen (aufgrund ergangener Steuerbescheide) sind allerdings als Verbindlichkeiten zu buchen.

III. Sonstige Rückstellungen

Unter den *sonstigen Rückstellungen* sind z. B. folgende Rückstellungen auszuweisen: für Gewährleistungen (mit und ohne rechtliche Verpflichtung), für drohende Verluste aus schwebenden Geschäften (Verbindlichkeiten übersteigen die korrespondierenden Forderungen: Rückstellung in Höhe des Differenzbetrags), für Umweltschutzmaßnahmen, Rückstellungen für unterlassene Aufwendungen zur Instandhaltung (nur sofern die Instandhaltung innerhalb von drei Monaten nach dem Bilanzstichtag ausgeführt wird), für Urlaubsansprüche aus nicht genommenem Urlaub, für Mehrarbeit und Überstunden (deren Ausgleich oder Bezahlung erst im nächsten Jahr erfolgt), für Sozialpläne (sobald ernsthaft mit einer Betriebsänderung gem. § 111 BetrVG zu rechnen ist).
Unter den sonstigen Rückstellungen sind die Rückstellungen für Sozialpläne und für Altersteilzeit für die Interessenvertretungen von besonderer Bedeutung.
Eine Sozialplanrückstellung ist zu bilden, sobald ernsthaft mit einer Betriebsänderung (z. B. Massenentlassung, Betriebseinschränkung, Betriebsstilllegung, Betriebsverlagerung) zu rechnen ist, die nach §§ 111ff. BetrVG eine Pflicht zur Aufstellung eines Sozialplans zur Folge hat. Die Rückstellung ist in dem Berichtsjahr zu bilden, in dem die Interessenausgleichs- und Sozialplanverhandlungen mit dem Betriebsrat aufgenommen werden.
Befindet sich ein Betriebsrat in Verhandlungen über einen Sozialplan (§ 112 BetrVG), kann es hilfreich sein zu wissen, in welcher Höhe der Arbeitgeber bereits durch Rückstellungsbildung Vorsorge getroffen hat. Ein Sozialplan mit einem Volumen in Höhe der gebildeten Rückstellung belastet das Ergebnis des laufenden Geschäftsjahres in keiner Weise. Ein Sozialplanvolumen, das in seiner Höhe über der gebildeten Rücklage liegt, belastet das laufende Geschäftsjahr nur mit dem Differenzbetrag. Dies kann für die Beurteilung der wirtschaftlichen Vertretbarkeit eines Sozialplans von erheblicher Bedeutung sein.[14]
Eine Rückstellung für Altersteilzeit ist immer dann zu bilden für zum Bilanzstichtag bereits abgeschlossene Altersteilzeitverträge sowie für zukünftig wahrscheinliche Altersteilzeitverträge (nur bei unwiderruflich eingeräumtem Wahlrecht z. B. aufgrund eines Tarifvertrags oder einer Betriebsvereinbarung). Die voraussichtliche Inanspruchnahme des Wahlrechts ist vorsichtig zu schätzen. Die

14 Vgl. Laßmann/Mengay/Riegel/Rupp, Interessenausgleich und Sozialplan, S. 402ff.

tatsächlichen und die voraussichtlich zu leistenden Aufstockungsbeträge sind nach versicherungsmathematischen Grundsätzen zu ermitteln und abzuzinsen (§ 253 Abs. 1 S. 2 HGB).

cc) Verbindlichkeiten

Verbindlichkeiten sind Verpflichtungen des Unternehmens gegenüber einem Dritten. Sie sind mit ihrem Erfüllungsbetrag anzusetzen (§ 253 Abs. 1 HGB). Verbindlichkeiten mit einer Restlaufzeit bis zu einem Jahr sind von Kapitalgesellschaften in der Bilanz gesondert auszuweisen (§ 268 Abs. 5 HGB). Alle Kapitalgesellschaften haben überdies im Anhang den Gesamtbetrag der Verbindlichkeiten mit einer Restlaufzeit von mehr als fünf Jahren anzugeben (§ 285 Ziffer 1 HGB). Für die Beurteilung der Zahlungsfähigkeit des Unternehmens sind diese Angaben sehr wichtig.

dd) Rechnungsabgrenzungsposten

»Auf der Passivseite sind als Rechnungsabgrenzungsposten Einnahmen vor dem Abschlussstichtag aufzuweisen, soweit sie Erträge für eine bestimmte Zeit nach diesem Tag darstellen.« (§ 250 HGB)

> **Beispiel:**
> Ein Unternehmen, dessen Geschäftsjahr zum 31.12. endet, erhält bereits im Monat Dezember Mietvorauszahlungen für den Monat Januar des Folgejahres. Das heißt, die Mietzahlung hat zu einer Erhöhung der Vermögensseite der Bilanz beigetragen (Aktiva: Erhöhung Bankguthaben). Auf der anderen Seite ist die Leistung für diese Zahlung (das Überlassen von Räumlichkeiten) noch gar nicht erfolgt.

Im Rahmen der Bilanzanalyse kann man also den Rechnungsabgrenzungsposten der Passivseite der Bilanz dem Fremdkapital zuordnen.

ee) Passivische latente Steuern

Ist der Steueraufwand nach den steuerrechtlichen Vorschriften niedriger, als er nach dem handelsrechtlichen Ergebnis wäre, besteht in Höhe der voraussichtlichen Steuerbelastung nachfolgender Geschäftsjahre eine Passivierungspflicht. Das heißt, eine Kapitalgesellschaft muss in diesem Fall einen Sonderposten für sog. passivische latente Steuern vornehmen. Dieser Posten ist aufzulösen, sobald die höhere Steuerbelastung eintritt oder mit ihr voraussichtlich nicht mehr zu rechnen ist. Aktivische und passivische latente Steuern können gegenseitig verrechnet oder auch separat ausgewiesen werden (§ 274 Abs. 1 HGB).

2. Die Gewinn- und Verlustrechnung

Nach § 242 Abs. 2 HGB stellt die Gewinn- und Verlustrechnung (GuV) eine Gegenüberstellung von Aufwendungen und Erträgen des Geschäftsjahres dar. Als Aufwendungen gilt der in Geldgrößen bewertete Verbrauch von Gütern und Dienstleistungen. (So erscheint der geldlich bewertete Materialeinsatz, der für die Produktion von Gütern in einem Unternehmen aufgewandt wurde, in der GuV dieses Unternehmens als Materialaufwand). Die Erträge sind die einem Unternehmen zuzurechnenden Einnahmen. Das heißt aber auch, dass Erträge mehr sind als nur die tatsächlich erhaltenen Einnahmen. Dies wird an dem größten Ertragsposten der GuV, den Umsatzerlösen, deutlich. Umsatzerlöse sind alle im Geschäftsjahr *verkauften*, geldlich bewerteten Güter- und Dienstleistungsmengen und nicht nur die bezahlten. Sind innerhalb eines Geschäftsjahres die Erträge größer als die Aufwendungen, so stellt die Differenzgröße den Gewinn (den sog. Jahresüberschuss) dar. Sind hingegen innerhalb eines Geschäftsjahres die Aufwendungen größer als die Erträge, so muss in der GuV ein Verlust (der sog. Jahresfehlbetrag) ausgewiesen werden.
Als grundsätzliche Vorschrift für die Erstellung der GuV-Rechnung gilt das Verbot der Verrechnung von Aufwendungen und Erträgen (§ 246 Abs. 2 HGB). Ein konkretes Gliederungsschema der GuV ist aber nur für Kapitalgesellschaften (und Kapitalgesellschaften & Co) vorgeschrieben (§ 275 HGB), an das sich fast alle Nicht-Kapitalgesellschaften aber auch halten.
Die GuV-Rechnung ist zunächst einmal in der sog. Staffelform aufzustellen (§ 275 Abs. 1 HGB). Konkret bedeutet dies: Die Aufwendungen und Erträge sind untereinander anzuordnen, wobei hierbei bestimmte Aufwendungen von bestimmten Erträgen abgezogen werden. Das HGB räumt jedoch den Kapitalgesellschaften bei der Aufstellung der GuV ein Wahlrecht zwischen zwei verschiedenen Darstellungsformen (Gliederungen) ein. Die eine Form der Aufstellung der GuV heißt *Gesamtkostenverfahren*, die andere *Umsatzkostenverfahren* (siehe Abb. 13).
Beim Gesamtkostenverfahren dürfen Kleinste, kleine und mittelgroße Kapitalgesellschaften die Positionen 1–5 zum Rohergebnis zusammenfassen; beim Umsatzkostenverfahren dürfen kleine und mittelgroße Kapitalgesellschaften die Positionen 1–3 und 6 zum Rohergebnis zusammenfassen (§ 276 HGB).
In Deutschland erstellen die meisten Unternehmen eine GuV nach dem Gesamtkostenverfahren, zumal dies bis 1985 auch das einzig zulässige Verfahren war. Allerdings ist im anglo-amerikanischen Bereich das Umsatzkostenverfahren das übliche Verfahren zur Aufstellung der GuV. Deshalb sind es in Deutschland vor allem die Tochtergesellschaften internationaler Konzerne, die das Umsatzkostenverfahren anwenden.[15] Darüber hinaus wenden aber auch jene in Deutschland

15 In der Anlage ist deshalb das Umsatzkostenverfahren auch in englischer Sprache wiedergegeben.

Abb. 13
Gliederungsschema der GuV-Rechnung nach dem Gesamtkosten- und dem Umsatzkostenverfahren für große Kapitalgesellschaften (§ 275 Abs. 2 und 3 HGB)

Gesamtkostenverfahren	Umsatzkostenverfahren
1. Umsatzerlöse 2. Erhöhung oder Verminderung des Bestands an fertigen und unfertigen Erzeugnissen 3. andere aktivierte Eigenleistungen 4. sonstige betriebliche Erträge 5. Materialaufwand: a) Aufwendungen für Roh-, Hilfs- und Betriebsstoffe und für bezogene Waren b) Aufwendungen für bezogene Leistungen 6. Personalaufwand: a) Löhne und Gehälter b) soziale Abgaben und Aufwendungen für Altersversorgung und für Unterstützung – davon für Altersversorgung 7. Abschreibungen: a) auf immaterielle Vermögensgegenstände des Anlagevermögens und Sachanlagen b) auf Vermögensgegenstände des Umlaufvermögens, soweit diese die in der Kapitalgesellschaft üblichen Abschreibungen überschreiten 8. sonstige betriebliche Aufwendungen 9. Erträge aus Beteiligungen – davon aus verbundenen Unternehmen 10. Erträge aus anderen Wertpapieren und Ausleihungen des Finanzanlagevermögens – davon aus verbundenen Unternehmen 11. sonstige Zinsen und ähnliche Erträge – davon aus verbundenen Unternehmen 12. Abschreibungen auf Finanzanlagen und auf Wertpapiere des Umlaufvermögens 13. Zinsen und ähnliche Aufwendungen – davon an verbundene Unternehmen 14. Steuern vom Einkommen und vom Ertrag 15. Ergebnis nach Steuern 16. sonstige Steuern 17. Jahresüberschuss/Jahresfehlbetrag	1. Umsatzerlöse 2. Herstellungskosten der zur Erzielung der Umsatzerlöse erbrachten Leistungen 3. Bruttoergebnis vom Umsatz 4. Vertriebskosten 5. allgemeine Verwaltungskosten 6. sonstige betriebliche Erträge 7. sonstige betriebliche Aufwendungen 8. Erträge aus Beteiligungen – davon aus verbundenen Unternehmen 9. Erträge aus anderen Wertpapieren und Ausleihungen des Finanzanlagevermögens – davon aus verbundenen Unternehmen 10. sonstige Zinsen und ähnliche Erträge – davon aus verbundenen Unternehmen 11. Abschreibungen auf Finanzanlagen und auf Wertpapiere des Umlaufvermögens 12. Zinsen und ähnliche Aufwendungen – davon an verbundene Unternehmen 13. Steuern vom Einkommen und vom Ertrag 14. Ergebnis nach Steuern 15. sonstige Steuern 16. Jahresüberschuss/Jahresfehlbetrag

ansässigen Unternehmen das Umsatzkostenverfahren an, deren Geschäfts- und/ oder Aktionärsstruktur international geprägt ist. Vor dem Hintergrund der Globalisierung ist davon auszugehen, dass zukünftig weitaus mehr in Deutschland ansässige Unternehmen das Umsatzkostenverfahren anwenden werden. Dies, obwohl – wie im Folgenden noch zu zeigen ist – dem Leser eines Jahresabschlusses mit einer nach dem Umsatzkostenverfahren erstellten GuV zunächst einmal weniger Informationen geboten werden.

Beim **Gesamtkostenverfahren** wird die in der Abrechnungsperiode (Geschäftsjahr) insgesamt erstellte Leistung erfasst, von der die in dieser Abrechnungsperiode entstandenen Aufwendungen abgezogen werden. Damit werden die im Unternehmen in dem Geschäftsjahr erstellten Erzeugnisse bereits dann als Ertrag erfasst, wenn sie sich noch auf dem Lager befinden, d.h. noch nicht verkauft sind. Damit ergibt sich natürlich ein Bewertungsrisiko.

Das Gesamtkostenverfahren ist leicht anwendbar, da sich die gesondert auszuweisenden Posten unmittelbar aus den Aufwendungen und Erträgen der Finanzbuchhaltung ergeben. Die GuV-Rechnung nach dem Gesamtkostenverfahren beginnt zunächst mit den *Umsatzerlösen.* Der Umsatzbegriff des § 275 Abs. 2 und 3 HGB ist enger als der des Umsatzsteuerrechts (§ 1 Abs. 1 UStG). Als Umsatzerlöse werden nur Erlöse aus dem Verkauf und der Vermietung und Verpachtung von für die gewöhnliche Geschäftstätigkeit (Betriebszweck) des Unternehmens typische Erzeugnisse und Waren sowie Dienstleistungen ausgewiesen. Erträge aus betriebsfremden Nebenleistungen (z. B. Erlöse aus Werkskantinen, Werkswohnungen) zählen dagegen zu den sonstigen betrieblichen Erträgen. Nach § 277 Abs. 1 HGB sind die Umsatzerlöse als Nettobeträge auszuweisen, d.h. von den Bruttoumsatzerlösen sind die Erlösschmälerungen (Boni, Skonti, Rabatte) und die Umsatzsteuer abzuziehen.

Mengen- und Wertänderungen der unfertigen und fertigen Erzeugnisse sowie der hierauf üblichen Abschreibungen sind in der GuV-Position *Erhöhung oder Verminderung des Bestandes an fertigen und unfertigen Erzeugnissen* zu erfassen (§ 277 Abs. 2 HGB). Sind aber Abschreibungen bei den unfertigen und fertigen Erzeugnissen vorgenommen worden, die über das übliche Maß hinausgehen (z.B. ein im Kundenauftrag gefertigtes Spezialerzeugnis wird aufgrund der Zahlungsunfähigkeit des Kunden weitgehend abgeschrieben), so sind diese in der GuV gesondert auszuweisen. Die entsprechende Position lautet: *Abschreibungen auf Vermögensgegenstände des Umlaufvermögens, soweit diese die in der Kapitalgesellschaft üblichen Abschreibungen überschreiten.* Hieraus ergibt sich, dass in diesem Fall die in der Bilanz abzulesenden Veränderungen der unfertigen und fertigen Erzeugnisse nicht mit der GuV-Position »Erhöhung oder Verminderung des Bestandes an unfertigen und fertigen Erzeugnissen« übereinstimmen müssen.

Aus den Positionen »Umsatzerlöse«, »Erhöhung oder Verminderung des Bestandes an fertigen und unfertigen Erzeugnissen« sowie aktivierte »Eigenleistungen«

ergibt sich die im Geschäftsjahr erzielte *Gesamtleistung*. Der Ausweis der Zwischensumme »Gesamtleistung« ist zwar nach dem HGB nicht gefordert, gleichwohl weisen viele Unternehmen diese Position freiwillig aus. Der Gesamtleistung folgt die Position *sonstige betriebliche Erträge*. (Manche Unternehmen weisen in der GuV auch eine Gesamtleistung aus, die die Position sonstige betriebliche Erträge enthält.) Von diesen betrieblichen Gesamterträgen werden die sog. betrieblichen Aufwendungen *Materialaufwand, Personalaufwand, Abschreibungen* und *sonstige betriebliche Aufwendungen* abgezogen. Es folgen in der GuV die Finanzerträge und Finanzaufwendungen sowie die Steuern auf Einkommen und vom Ertrag. Das Zwischenergebnis ist das Ergebnis nach Steuern. Von diesem werden noch die sonstigen Steuern abgezogen und man erhält als Ergebnis den *Jahresüberschuss* bzw. *Jahresfehlbetrag*.

Beim **Umsatzkostenverfahren** werden den Umsatzerlösen des Geschäftsjahres, die identisch mit denen des Gesamtkostenverfahrens sind, die auf diesen Umsatz entfallenden Kosten gegenüberstellt. Aktivierungsfähige Kosten, die für die Produktion noch nicht verkaufter Erzeugnisse oder für Eigenleistungen entstanden sind, treten in der GuV nach dem Umsatzkostenverfahren nicht in Erscheinung.

Das Umsatzkostenverfahren beginnt zunächst mit den Umsatzerlösen des Geschäftsjahres.[16] Von diesen werden die *Herstellungskosten der zur Erziehung des Umsatzes erbrachten Leistungen* abgezogen und ein Zwischenergebnis gebildet, das als *Bruttoergebnis vom Umsatz* ausgewiesen werden muss. In den »Herstellungskosten der zur Erzielung des Umsatzes erbrachten Leistungen« sind die Material- und Personalaufwendungen des Geschäftsjahres enthalten; allerdings nicht vollständig, da in dieser Position nur die Material- und Personalaufwendungen enthalten sind, die durch den tatsächlich erzielten Umsatz angefallen sind, und nicht die Aufwendungen für Eigenleistungen und noch nicht verkaufte Erzeugnisse. Die in einem Geschäftsjahr von einem Unternehmen erstellte Gesamtleistung wird damit nicht mehr sichtbar.

Vom »Bruttoergebnis vom Umsatz« werden dann *Vertriebskosten* und *allgemeine Verwaltungskosten* abgezogen. Auch in diesen beiden Kostenblöcken sind wiederum Materialaufwendungen und Personalaufwendungen enthalten. Zwar sollen die gesamten Personal- und Materialkosten bei Anwendung des Umsatzkostenverfahrens von den Kapitalgesellschaften im Anhang genannt werden (§ 285 Nr. 8 HGB), doch werden die Abschreibungen (ohne Finanzabschreibungen) nicht dargestellt. Darüber hinaus brauchen kleine Kapitalgesellschaften auch den Materialaufwand im Anhang nicht ausweisen (§ 288 HGB), da sie die Position »Umsatzerlöse«, »Herstellungskosten der zur Erzielung der Umsatzerlöse erbrachten Leistungen« und »sonstige betriebliche Erträge« zu einem Rohergebnis zusammenfassen dürfen (§ 276 HGB). Die Positionen »Herstellungskosten«,

16 Die Definition der Umsatzerlöse entspricht der des Gesamtkostenverfahrens.

»Vertriebskosten« und »allgemeine Verwaltungskosten« sind überdies weder aussagefähig noch vergleichbar, da die Kostenabgrenzung von Unternehmen zu Unternehmen verschieden sein kann.
Die Posten »sonstige betriebliche Erträge« und »sonstige betriebliche Aufwendungen« sind beim Umsatzkostenverfahren zwar gleichlautend wie beim Gesamtkostenverfahren, dennoch können bei identischen Daten für ein Geschäftsjahr beim Umsatzkostenverfahren andere Beträge ausgewiesen werden als beim Gesamtkostenverfahren. So können z. B. beim Umsatzkostenverfahren in der Position sonstige Aufwendungen auch Abwertungen von Vorratsbeständen enthalten sein. Insgesamt wird bei identischen Aufwendungen und Erträgen die Anwendung des Umsatzkostenverfahrens dazu führen, dass geringere *sonstige betriebliche Aufwendungen* ausgewiesen werden als nach dem Gesamtkostenverfahren. Viele Aufwendungen, die beim Gesamtkostenverfahren in der »Rest«-Position *sonstige betriebliche Aufwendungen* verbucht werden (z. B. Telekommunikationskosten) landen beim Umsatzkostenverfahren in den Positionen *allgemeine Verwaltungskosten* und/oder *Vertriebskosten.* Zur Verdeutlichung wird der unterschiedliche Ausweis identischer Aufwendungen und Erträge je nach GuV-Verfahren in den Abb. 14 und 15 dargestellt. Ab der Position *Erträge aus Beteiligungen* sind bei beiden GuV-Verfahren alle Positionen nicht nur namentlich, sondern auch inhaltlich identisch.
Bei der GuV nach dem Gesamtkostenverfahren wie nach dem Umsatzkostenverfahren werden wichtige Einzelpositionen, die den Aufwand oder den Ertrag erhöhen, nicht einzeln ausgewiesen, sondern in der Sammelposition »sonstige betriebliche Erträge« oder »sonstige betriebliche Aufwendungen« zusammengefasst. So sind in den »sonstigen betrieblichen Erträgen« enthalten:

- Erträge aus der Auflösung von Rückstellungen,
- Erträge aus dem Abgang von Anlagevermögen,
- Erträge aus der Korrektur von Wertberichtigungen auf Forderungen.

In der Position »sonstige betriebliche Aufwendungen« sind enthalten:

- Aufwendungen aus dem Abgang von Anlagevermögen,
- Verluste aus dem Abgang von Umlaufvermögen.

Die sog. »betrieblichen« Aufwendungen und Erträge beinhalten also Erträge und Aufwendungen, die außerhalb der eigentlichen Aufgabe eines Unternehmens liegen. Z. B. hat ein Textilunternehmen die Zielsetzung, Textilien zu produzieren und nicht Grundstücke und Maschinen zu verkaufen. Kleine und mittelgroße Kapitalgesellschaften dürfen bei der Anwendung des *Gesamtkostenverfahrens* die Positionen

- Umsatzerlöse,
- Erhöhung oder Verminderung des Bestandes an fertigen und unfertigen Erzeugnissen,
- andere aktivierte Eigenleistungen,

Abb. 14
Die GuV-Rechnung nach dem Gesamtkostenverfahren

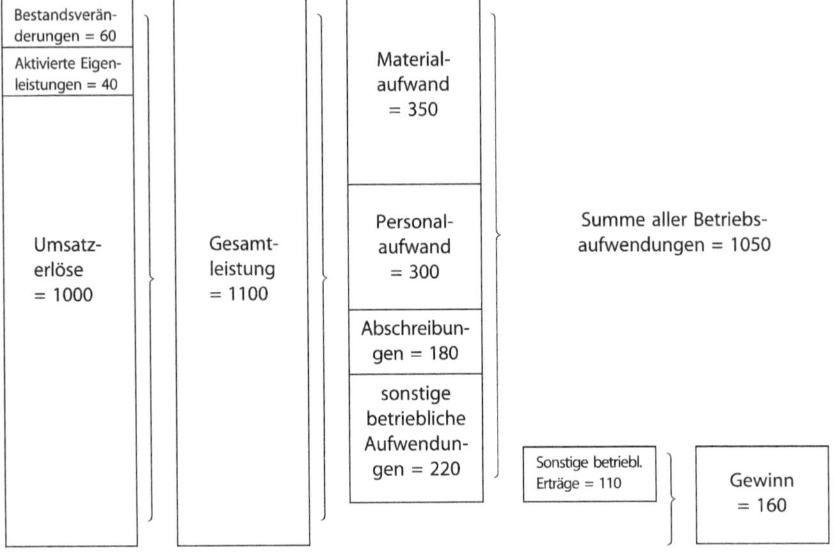

(Quelle: In Anlehnung an Prangenberg: Konzernabschluss International, Stuttgart 2000, S. 38)

- sonstige betriebliche Erträge und
- Materialaufwand

zu einer Position *Rohergebnis* zusammenfassen.
Bei Anwendung des *Umsatzkostenverfahrens* dürfen die Positionen

- Umsatzerlöse,
- Herstellungskosten der zur Erzielung der Umsatzerlöse erbrachten Leistungen und
- sonstige betriebliche Erträge

zur Position *Rohergebnis* zusammengefasst werden (§ 276 HGB).

Eigentlich müsste man annehmen können, dass, unabhängig vom angewandten GuV-Verfahren, die Position »Rohergebnis« beim Umsatzkosten- wie beim Gesamtkostenverfahren identisch ist, wenn gleiche Ausgangsdaten aus dem Rechnungswesen vorliegen. Schließlich käme in solch einem Fall unabhängig von angewandten GuV-Verfahren ja auch das gleiche Endergebnis (Jahresüberschuss/Jahresfehlbetrag) heraus. Da aber wesentliche Teile der Personalkosten, der Abschreibungen und der sonstigen betrieblichen Aufwendungen zu den umsatzbezogenen Herstellungskosten zählen, fällt das Rohergebnis nach dem Umsatzkostenverfahren regelmäßig sehr viel niedriger aus als nach dem Gesamt-

Abb. 15
Die GuV-Rechnung nach dem Umsatzkostenverfahren

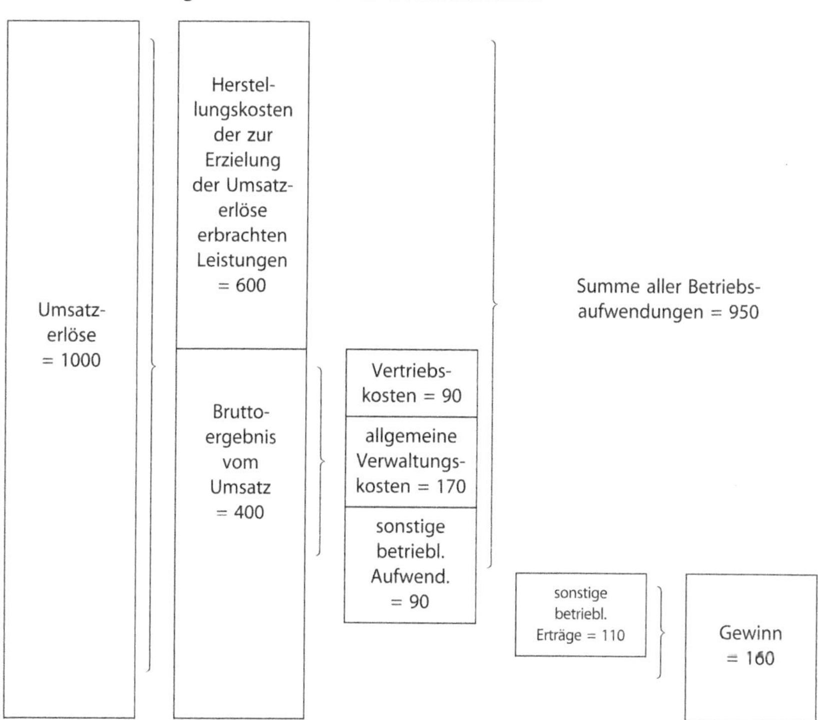

(Quelle: In Anlehnung an Prangenberg: Konzernabschluss International, Stuttgart 2000, S. 41)

kostenverfahren. Dies wird aus Abb. 16 deutlich. Ein Vergleich der »Rohergebnisse« von Unternehmen, die unterschiedliche GuV-Verfahren anwenden, ist damit sinnlos.

Sollte in der Praxis eine GuV dahingehend verkürzt werden, dass sie mit der Position »Rohergebnis« beginnt, muss sich der Wirtschaftsausschuss nicht mit der Kenntnisnahme dieses Sammelpostens begnügen (§ 267 Abs. 6 HGB). Auch Wirtschaftsausschussmitglieder aus kleinen und mittleren Kapitalgesellschaften haben Anspruch darauf, über alle Einzelpositionen, die in einer Sammelposition enthalten sind, informiert zu werden. Schließlich wird sogar jedem Aktionär nach § 131 Abs. 1 AktG das Recht eingeräumt, die bei einem verkürzten Jahresabschluss entfallenden Angaben zu verlangen. Entsprechend können und sollten auch die Wirtschaftsausschussmitglieder und die Arbeitnehmervertreter:innen im Aufsichtsrat eine volle Aufgliederung des Jahresabschlusses stets fordern und sich diese zusätzlich erläutern lassen.

Abb. 16
Unterschiedliche Definition des Rohergebnisses beim Gesamtkosten- und Umsatzkostenverfahren

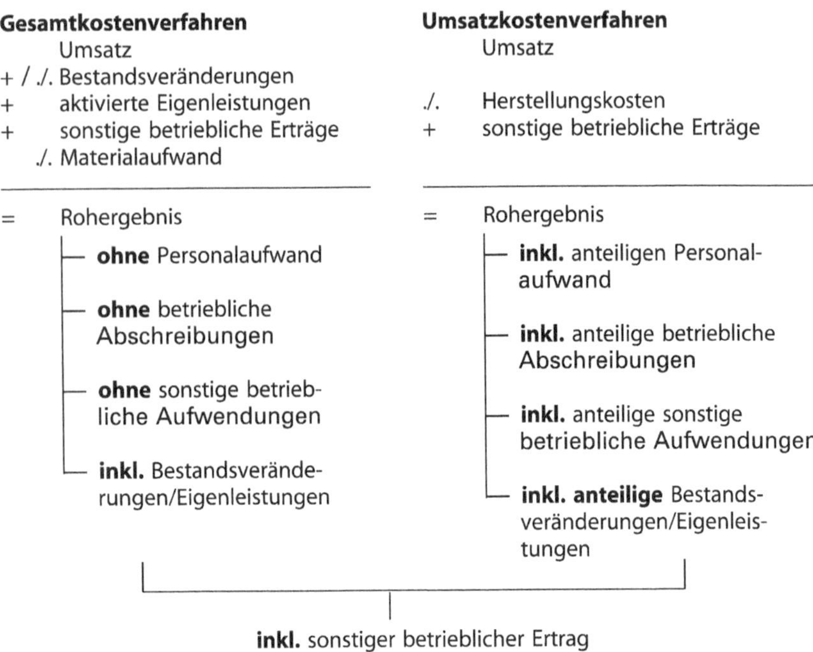

Nachzutragen bleibt, dass Aktiengesellschaften nach dem Aktiengesetz die GuV erweitern müssen. Nach § 158 Abs. 1 AktG sind nach der Position Jahresüberschuss bzw. Jahresfehlbetrag ergänzende Pflichtangaben zu machen, und zwar:

1. Gewinnvortrag/Verlustvortrag aus dem Vorjahr
2. Entnahmen aus der Kapitalrücklage
3. Entnahmen aus Gewinnrücklagen
   a) aus der gesetzlichen Rücklage
   b) aus der Rücklage für eigene Aktien
   c) aus satzungsmäßigen Rücklagen
   d) aus anderen Gewinnrücklagen
4. Einstellung in Gewinnrücklagen
   a) in die gesetzliche Rücklage
   b) in die Rücklage für eigene Aktien
   c) in satzungsmäßige Rücklagen
   d) in andere Gewinnrücklagen
5. Bilanzgewinn/Bilanzverlust

Diese Angaben können nach § 158 Abs. 2 AktG statt in der Bilanz auch im Anhang gemacht werden.
Die Paul Hartmann AG verwendet für die GuV-Rechnung das Umsatzkostenverfahren (Abb. 17).

Abb. 17
Die GuV-Rechnung der Paul Hartmann AG nach dem Umsatzkostenverfahren

in Tausend €	Anhang	31.12.2019	31.12.2020
1. Umsatzerlöse	22	935 099	1 189 964
2. Veränderung des Bestands an fertigen und unfertigen Erzeugnissen	23	−1191	−5733
3. Andere aktivierte Eigenleistungen		2954	3661
4. Gesamtleistung		**936 862**	**1 187 892**
5. Sonstige betriebliche Erträge	24	44 350	36 808
6. Materialaufwand	25	−557 650	−694 730
7. Personalaufwand	26	−194 174	−221 331
8. Abschreibungen auf immaterielle Vermögensgegenstände des Anlagevermögens und Sachanlagen	27	−29 476	−39 491
9. Sonstige betriebliche Aufwendungen	28	−218 189	−227 696
10. Finanzergebnis	29	47 978	56 705
11. Steuern vom Einkommen und vom Ertrag		−3443	−27 011
12. Ergebnis nach Steuern		**26 257**	**71 147**
13. Sonstige Steuern	31	−1238	−1293
14. Jahresüberschuss	**32**	**25 020**	**69 853**
15. Einstellung in Gewinnrücklagen		0	−20 000
16. Gewinnvortrag		11 301	11 459
17. Bilanzgewinn		**36 321**	**61 312**

(Quelle: Jahresabschluss Paul Hartmann AG 2020, Bundesanzeiger)

Die Ziffern in der Spalte Anhang verweisen auf die entsprechend aufgeschlüsselten Angaben im Anhang. So sind unter den Nummern 25 und 26 der Material- und der Personalaufwand aufgeschlüsselt (Abb. 18).

Abb. 18
Aufschlüsselung des Material- und Personalaufwands der Paul Hartmann AG im Anhang

25 Materialaufwand		
in Tausend €	**2019**	**2020**
Aufwendungen für Roh-, Hilfs- und Betriebsstoffe und für bezogene Waren	552 096	666 220
Bezogene Leistungen	5554	28 510
	557 650	**694 730**
26 Personalaufwand		
in Tausend €	**2019**	**2020**
Löhne und Behälter	159 045	184 332
Soziale Abgaben und Aufwendungen für Unterstützung	25 043	27 108
Aufwendungen für Altersversorgung	10 086	9891
	194 174	**221 331**

(Quelle: Jahresabschluss Paul Hartmann AG 2020, Bundesanzeiger)

3. Der Anhang

Der Anhang ist nach dem § 264 Abs. 1 HGB zwingender Bestandteil des Jahresabschlusses von Kapitalgesellschaften. Er hat die Funktion, entweder ergänzend oder aber entlastend zur Bilanz und GuV-Rechnung zu wirken Dabei besteht für bestimmte Informationen im Anhang eine Angabepflicht für alle Kapitalgesellschaften sowie Gesellschaften, die unter das Publizitätsgesetz fallen, die sich allerdings größenabhängig unterscheiden (Abschn. B.II.3.a). Darüber hinaus gibt es rechtsformspezifische Angabepflichten (Abschn. B.II.3.b).
Kapitalmarktorientierte Kapitalgesellschaften, die keinen Konzernabschluss aufstellen müssen, sind verpflichtet, eine Kapitalflussrechnung (Abschn. B.II.3.c) und einen Eigenkapitalspiegel (Abschn. B.II.3.d) aufzustellen. Große Kapitalgesellschaften und Konzerne sind außerdem zu einer sog. Segmentberichterstattung (Abschn. B.II.3.e) verpflichtet.
Nach § 284 Abs. 1 HGB müssen die Angaben im Anhang in der Reihenfolge der einzelnen Posten in Bilanz und GuV-Rechnung erfolgen.

a) Angabepflichten im Anhang für Kapitalgesellschaften und Gesellschaften, die unter das Publizitätsgesetz fallen

Die Angaben im Anhang werden im Folgenden tabellarisch aufgelistet. Dabei wird zwischen allgemeinen Angaben zur Bilanzierung, Bewertung und Währungsumrechnung (Abb. 19), zwischen Informationen zur Bilanz (Abb. 20) und GuV-Rechnung (Abb. 24) sowie zwischen sonstigen Angaben (Abb. 25) unterschieden.

Bei der Angabe der Bewertungsmethoden ist darzustellen, in welchem Sinne die Bewertungswahlrechte genutzt werden. Hierdurch soll deutlich werden, ob durch die Anwendung von Bewertungswahlrechten die Vermögenswerte tendenziell höher oder niedriger ausgewiesen wurden. Eine Änderung einer Bewertungsmethode liegt dann vor, wenn in Ausübung eines Wahlrechts von einer zulässigen Bewertungsmethode (z. B. Bewertung der fertigen und unfertigen Erzeugnisse zu Einzelkosten) zu einer anderen zulässigen Bewertungsmethode gewechselt wird (z. B. Bewertung der fertigen und unfertigen Erzeugnisse zu Einzelkosten plus anteiliger Gemeinkosten).

Abb. 19
Allgemeine Angaben zur Bilanzierung, Bewertung und Währungsumrechnung

Sachverhalt	Rechtsgrundlage	Kleine Kapitalgesellschaft	Mittelgroße und große Kapitalgesellschaft	Vom PublG erfasste Gesellschaften	Ausweis fakultativ in ...
(1) Angaben der angewandten Bilanzierungs- und Bewertungsmethoden	§ 284 Abs. 2 Nr. 1 HGB	×	×	×	–
(2) Begründung für das Abweichen von Bilanzierungs- und Bewertungsmethoden; gesonderte Darstellung der Auswirkungen auf die Vermögens-, Finanz- und Ertragslage	§ 284 Abs. 2 Nr. 2 HGB	×	×	×	–
(3) Angabe, falls Fremdkapitalzinsen in die Herstellungskosten einbezogen wurden	§ 284 Abs. 2 Nr. 4 HGB	×	×	×	–

Sachverhalt	Rechts-grundlage	Kleine Kapital-gesell-schaft	Mittelgroße und große Kapitalge-sellschaft	Vom PublG erfasste Gesell-schaften	Ausweis fakultativ in …
(4) Angabe und Begründung bei Unterbrechung der Darstellungsstetigkeit	§ 265 Abs. 1 S. 2 HGB	×	×	×	–
(5) Angabe und Begründung, falls verschiedene Glie-derungsvorschriften zu beachten sind	§ 265 Abs. 4 S. 2 HGB	-	×	×	–

(Quelle: Coenenberg/Haller/Schultze, a. a. O., S. 908)

Abb. 20
Pflichtangaben zur Bilanz

Sachverhalt	Rechts-grundlage	Kleine Kapital-gesell-schaft	Mittelgroße und große Kapitalge-sellschaft	Vom PublG erfasste Gesell-schaften	Ausweis fakultativ in …
(1) Angaben, wenn ein Vermögensgegenstand unter mehrere Posten fällt	§ 265 Abs. 3 HGB	×	×	×	Bilanz
(2) Erläuterung von in der Bilanz zusammen-gefasste Posten	§ 265 Abs. 7 Nr. 2 HGB	×	×	×	–
(3) Angabe und Er-läuterung, wenn in der Bilanz Vorjahresbeträge mit den aktuellen Be-trägen nicht vergleich-bar sind	§ 265 Abs. 2 S. 2, 3 HGB	×	×	×	–
(4) Angabe der An-schaffungskosten und des beizulegenden Zeitwerts der verrech-neten Vermögens-gegenstände und des Erfüllungsbetrags der verrechneten Schulden	§ 285 Nr. 25 HGB	-	×	×	–

Sachverhalt	Rechts-grundlage	Kleine Kapital-gesell-schaft	Mittelgroße und große Kapitalge-sellschaft	Vom PublG erfasste Gesell-schaften	Ausweis fakultativ in …
(5) Erläuterung von Beträgen größeren Umfangs unter den »sonstigen Vermögens-gegenständen«, wenn diese erst nach dem Abschlussstichtag rechtlich entstehen	§ 268 Abs. 4 S. 2 HGB	–	×	×	–
(6) Darstellung der Ent-wicklung der einzelnen Posten des Anlage-vermögens (Anlage-spiegel)	§ 284 Abs. 3 HGB	–	×	×	Bilanz
(7) Angabe bestimmter Posten, wenn von der Erleichterung des § 327 HGB Gebrauch gemacht wird	§ 327 HGB	–	Nur für mittelgroße Kapitalge-sellschaften	–	Bilanz
(8) Angabe eines in die RAP aufgenommenen Unterschiedsbetrags (Damnum, Disagio)	§ 268 Abs. 6 HGB	–	×	×	Bilanz
(9) Erläuterung der latenten Steuern und Angabe des Steuer-satzes	§ 285 Nr. 29 u. 30 HGB	–	Nur für große Kapitalge-sellschaften	×	–
(10) Ausweis des Differenzbetrags zum Börsen- oder Markt-preis bei Bewertung der Vorräte mittels Durch-schnittsbewertung oder Fifo	§ 284 Abs. 2 Nr. 3 HGB	–	×	×	–
(11) Erläuterung des Zeitraums, über den ein entgeltlich erworbener Geschäfts- oder Firmen-wert abgeschrieben wird	§ 285 Nr. 13 HGB	×	×	×	–

Sachverhalt	Rechts-grundlage	Kleine Kapital-gesell-schaft	Mittelgroße und große Kapitalge-sellschaft	Vom PublG erfasste Gesell-schaften	Ausweis fakultativ in …
(12) Begründung der Unterlassung einer Abschreibung bei Finanzinstrumenten sowie Angabe des Buchwerts und des niedrigeren beizulegenden Werts	§ 285 Nr. 18 HGB	×	×	×	–
(13) Angabe zu Anteilen an Investmentvermögen	§ 285 Nr. 26 HGB	×	×	×	–
(14) Angaben zu nicht zum Zeitwert bilanzierten derivaten Finanzinstrumenten	§ 285 Nr. 19 HGB	–	×	×	–
(15) Angaben zu den angewandten Bewertungsmethoden und Risiken bei derivaten Finanzinstrumenten	§ 285 Nr. 20 HGB	×	×	×	–
(16) Erläuterung von Verbindlichkeiten, wenn diese erst nach dem Abschlussstichtag rechtlich entstehen	§ 268 Abs. 5 S. 3 HGB	–	×	×	–
(17) Gesonderte Angabe eines Gewinn- oder Verlustvortrags bei Bilanzerstellung nach teilweiser Gewinnverwendung	§ 268 Abs. 1 S. 3 HGB	×	×	×	Bilanz
(18) Annahmen und Berechnungsverfahren bei der Berechnung der Pensionsrückstellungen	§ 285 Nr. 24 HGB	×	×	×	–
(19) Aufschlüsselung der in dem Sammelposten »sonstige Rückstellungen« zusammengefassten Rückstellungen	§ 285 Nr. 12 HGB	–	×	×	–

Sachverhalt	Rechtsgrundlage	Kleine Kapitalgesellschaft	Mittelgroße und große Kapitalgesellschaft	Vom PublG erfasste Gesellschaften	Ausweis fakultativ in …
(20) Angabe des Gesamtbetrags der bilanzierten Verbindlichkeiten mit einer Restlaufzeit von mehr als fünf Jahren	§ 285 Nr. 1a HGB	×	×	×	–
(21) Angabe des Gesamtbetrags der durch Pfandrechte o. Ä. gesicherten Verbindlichkeiten unter Angabe von Art und Form der Sicherheit	§ 285 Nr. 1b HGB	×	×	×	–
(22) Aufgliederung der einzelnen Posten der Verbindlichkeiten	§ 285 Nr. 2 HGB	–	×	×	–
(23) Angabe der Fehlbeträge nicht passivierter Pensionsrückstellungen	Art. 28 Abs. 2 EGHGB	×	×	×	Bilanz
(24) Angabe des gezeichneten Kapitals	Art. 42 Abs. 3 S. 3 EGHGB	×	×	×	Bilanz

(Quelle: Coenenberg/Haller/Schultze, a. a. O., S. 908 f.)

In den Abb. 21 und 22 sind mögliche Darstellungsformen vom Anlagespiegel einer Kapitalgesellschaft gem. Nr. 6 in Abb. 20 dargestellt.
Der in Abb. 21 dargestellte Anlagespiegel weist in Spalte 1 die ursprünglichen (historischen) Anschaffungs- und Herstellungskosten der insgesamt im Unternehmen vorhandenen Anlagegegenstände aus. In der Zusammenschau von Spalte 9 (kumulierte Abschreibungen) und Spalte 10 (Restbuchwert) können Rückschlüsse auf Umfang, Alter und Verschleiß und damit über die Bildung von stillen Reserven in diesem Bereich gezogen werden. Hierzu müssen allerdings auch noch die Erläuterungen über Bewertungsmethoden sowie die Angaben über die Reparaturaufwendungen (in der GuV-Position »sonstige betriebliche Aufwendungen« enthalten) herangezogen werden.

Abb. 21
Beispiel für eine gebräuchliche Darstellungsform des Anlagespiegels (Nettomethode)

(1) Anlage-vermögen	(2) Anschaffungs-, Herstellungskosten der Vorjahre	(3) Zugänge	(4) Abgänge	(5) Umbuchungen	(6) Zuschreibungen	Abschreibungen			(10) Buchwert Bilanzstichtag
						(7) in Vorjahren	(8) im Abschlussjahr	(9) Insgesamt	
Maschinen	200 000,–	10 000,–	2 000,–	–	5 000,–	85 000,–	22 000,–	107 000,–	106 000,–

Ausgehend von den ursprünglichen Anschaffungs- und Herstellkosten lässt sich der Buchwert wie folgt ermitteln:

	Anschaffungs- und Herstellkosten vom 31. 12. des Vorjahres	200 000,– €
+	**Zugänge** im Abschlussjahr (Investitionen)	10 000,– €
–	**Abgänge** im Abschlussjahr	2 000,– €
+ / –	**Umbuchungen** im Abschlussjahr (z. B. bei Anlagen im Bau)	–
+	**Zuschreibungen** (werterhöhende Korrekturen) im Abschlussjahr	5 000,– €
–	Kumulierte **Abschreibungen**	107 000,– €
=	**Buchwert zum 31. 12. in der Bilanz des Abschlussjahres**	**106 000,– €**

Abb. 22
Beispiel für eine gebräuchliche Darstellungsform des Anlagespiegels (Bruttomethode)

	Anschaffungs- oder Herstellungskosten Bruttowerte				Abschreibungen oder Wertberichtigungen				Bilanzwerte (Nettowerte)	
	1.1.2020	Zugänge[1]	Abgänge[2]	31.12.2020	1.1.2020	Zugänge[3]	Abgänge[4]	31.12.2020	31.12.2019	31.12.2020
Immaterielle Vermögensgegenstände										
Gewerbliche Schutzrechte		250		250		50		50	0	200
Sachanlagen										
Grundstücke und Bauten	10000	5000		15000	2000	500		2500	8000	12500
Technische Anlagen und Maschinen	30000	10000	5000	35000	15000	3000	4000	14000	15000	21000
Summe Sachanlagen	40000	15000	5000	50000	17000	3500	4000	16500	23000	33500
Finanzanlagen										
Anteile an verbundenen Unternehmen	20000	8000	4000	24000	5000	1000	2000	4000	15000	20000
Summe Anlagevermögen	60000	23250	9000	74250	22000	4550	6000	20550	38000	53700

1 Investitionen
2 Desinvestitionen
3 Abschreibungen des Geschäftsjahres
4 historische Abschreibungen der im Geschäftsjahr abgegangenen Anlagegüter

Abb. 23
Verbindlichkeitenspiegel

Verbindlichkeiten	Insgesamt	davon				
		Restlaufzeit			gesicherte Beträge	Art der Sicherheit
		unter 1 Jahr	1–5 Jahre	über 5 Jahre		
	€	€	€	€	€	
Anleihen						
Verbindlichkeiten gegenüber Kreditinstituten						
Verbindlichkeiten gegenüber verbundenen Unternehmen						
Verbindlichkeiten gegenüber Unternehmen, mit denen ein Beteiligungsverhältnis besteht						
Sonstige Verbindlichkeiten						
Verbindlichkeiten insgesamt						

Besonderes Augenmerk ist auf Spalte 6 (Zuschreibungen) zu legen, weil diese unmittelbar den Gewinn erhöhen, obwohl ein mengenmäßiger Zugang an Anlagevermögen nicht zu verzeichnen ist. Zuschreibungen können u. a. vorgenommen werden, um (überhöhte) Abschreibungen der Vergangenheit wieder rückgängig zu machen. Aus dieser Rückgängigmachung lassen sich im laufenden Geschäftsjahr Verluste reduzieren. Die Erträge aus Zuschreibungen sind in der GuV in der Sammelposition »sonstige betriebliche Erträge« enthalten. Sofortigen Aufschluss über die Höhe der Zuschreibungen erhält man also direkt aus dem Anlagespiegel.

Für die Beurteilung der Zahlungsfähigkeit des Unternehmens sind die im Anhang zu machenden Angaben des Gesamtbetrags der Verbindlichkeiten sowie die Angaben über die Restlaufzeiten hilfreich. Der Verbindlichkeitenspiegel (Abb. 23) ist zwar nicht vorgeschrieben, aber von jedem Leser eines Jahresabschlusses einer Kapitalgesellschaft leicht aus den Daten der Bilanz und dem Anhang auszufüllen. Die im Rahmen einer Bilanzanalyse zu ermittelnden Liquiditätskennzahlen lassen sich so viel leichter ermitteln.

Bilanzanalytiker können den Informationen über die Bilanzierungs- und Bewertungsmethoden im Anhang entnehmen, ob das Unternehmen mehr zu einer vorsichtigen Bilanzierung und Bewertung neigt mit der Folge eines geringeren Gewinnausweises oder umgekehrt Bilanzierungs- und Bewertungsspielräume auf der Aktiv- und Passivseite nutzt, um den Gewinn tendenziell höher auszuweisen.

Abb. 24
Erläuterungen zur GuV-Rechnung

Sachverhalt	Rechtsgrundlage	Kleine Kapitalgesellschaft	Mittelgroße und große Kapitalgesellschaft	Vom PublG erfasste Gesellschaften	Ausweis fakultativ in …
(1) Erläuterung von Posten in der GuV, aus Klarheitsgründen zusammengefasst ausgewiesene Posten	§ 265 Abs. 7 Nr. 2 HGB	×	×	×	–
(2) Angaben der außerplanmäßigen Abschreibungen gem. § 253 Abs. 3 S. 3, 4 HGB im Anlagevermögen	§ 277 Abs. 3 S. 1 HGB	×	×	×	GuV
(3) Erläuterungen der einzelnen Erträge und Aufwendungen von außerordentlicher Bedeutung hinsichtlich Betrag und Art, soweit sie nicht für die Beurteilung der Ertragslage von untergeordneter Bedeutung sind	§ 285 Nr. 31 HGB	–	×	×	–
(4) Erläuterungen der aperiodischen Erträge und Aufwendungen hinsichtlich Betrag und Art, soweit sie nicht für die Beurteilung und Ertragslage von untergeordneter Bedeutung sind	§ 285 Nr. 32 HGB	–	–	×	–
(5) Angaben bei Anwendung des Umsatzkostenverfahrens					
• Materialaufwand des Geschäftsjahres gegliedert nach § 275 Abs. 2 Nr. 5 HGB	§ 285 Nr. 8a HGB	–	×	×	–
• Personalaufwand des Geschäftsjahres, gegliedert nach § 275 Abs. 2 Nr. 6 HGB	§ 285 Nr. 8b HGB	–	×	×	–

Sachverhalt	Rechtsgrundlage	Kleine Kapitalgesellschaft	Mittelgroße und große Kapitalgesellschaft	Vom PublG erfasste Gesellschaften	Ausweis fakultativ in …
(6) Aufgliederung der Umsatzerlöse nach Tätigkeitsbereichen sowie geografisch bestimmten Märkten, soweit sich unter Berücksichtigung der Organisation des Verkaufs von für die gewöhnliche Geschäftstätigkeit der Kapitalgesellschaft typischen Erzeugnissen und der für die gewöhnliche Geschäftstätigkeit der Kapitalgesellschaft typischen Dienstleistungen die Tätigkeitsbereiche und geografisch bestimmten Märkte untereinander erheblich unterscheiden	§ 285 Nr. 4 HGB unter Beachtung der Schutzklausel gem. § 286 Abs. 2 HGB	–	Angabepflicht für große Kapitalgesellschaft	×	–
(7) Angabe des vom Abschlussprüfer für das Geschäftsjahr berechneten Gesamthonorars, aufgeschlüsselt für Abschlussprüfungs-, andere Bestätigungs- und Steuerberatungsleistungen und sonstige Leistungen, soweit keine Berichterstattung auf übergeordneter Konzernebene erfolgt	§ 285 Nr. 17 HGB	–	× Unterlassen für mittelgroße Kapitalgesellschaften unter bestimmten Voraussetzungen möglich	×	–
(8) Angabe des Gesamtbetrags der Beträge gem. § 268 Abs. 8 HGB, gegliedert in Beträge aus Aktivierung selbst geschaffener immaterieller Vermögensgegenstände des Anlagevermögens, aus latenten Steuern und aus der Aktivierung von Vermögensgegenständen zum beizulegenden Zeitwert	§ 285 Nr. 28 HGB	-	×	×	–

(Quelle: Coenenberg/Haller/Schultze, a. a. O., S. 909 f.)

Abb. 25
Sonstige Angaben

Sachverhalt	Rechtsgrundlage	Kleine Kapitalgesellschaft	Mittelgroße und große Kapitalgesellschaft	Vom PublG erfasste Gesellschaften	Ausweis fakultativ in …
I. Außerbilanzielle Geschäfte, Haftungsverhältnisse und sonstige finanzielle Verpflichtungen					
(1) Gesonderte Angaben der in § 251 HGB bezeichneten Haftungsverhältnisse jeweils unter Angabe gewährter Pfandrechte oder sonstiger Sicherheiten	§ 268 Abs. 7 HGB	×	×	×	-
(2) Angabe der Gründe der Einschätzung des Risikos der Inanspruchnahme für nach § 268 Abs. 7 Halbsatz 1 HGB im Anhang ausgewiesenen Verbindlichkeiten und Haftungsverhältnisse	§ 285 Nr. 27 HGB	-	×	×	–
(3) Angabe von Art und Zweck, sowie Risiken und Vorteile von nicht in der Bilanz enthaltenen Geschäften, soweit dies für die Beurteilung der Finanzlage notwendig ist	§ 285 Nr. 3 HGB	–	×	×	–
(4) Angaben des Gesamtbetrags der sonstigen finanziellen Verpflichtungen, die nicht in der Bilanz enthalten und auch nicht nach § 251 HGB oder § 285 Nr. 3 HGB (s. o.) anzugeben sind, sofern diese Angaben für die Beurteilung der Finanzlage von Bedeutung sind	§ 285 Nr. 3a HGB	x	×	×	–

Sachverhalt	Rechts-grundlage	Kleine Kapitalge-sellschaft	Mittelgro-ße und große Kapital-gesell-schaft	Vom PublG erfasste Gesell-schaften	Ausweis fakulta-tiv in …
II. Zusätzliche Angaben zur Erreichung der Ge-neralnorm					
Zusätzliche Angaben, wenn der Jahresabschluss trotz Beachtung der GoB ein den tatsächlichen Verhältnissen entsprechendes Bild der Vermögens-, Finanz- und Ertragslage nicht vermittelt	§ 264 Abs. 2 S. 2 HGB	×	×	–	–
III. Beziehungen zu ver-bundenen Unternehmen					
(1) Gesonderte Angabe der in § 251 HGB (s. o.) bezeichneten Haftungsver-hältnisse gegenüber ver-bundenen Unternehmen	§ 268 Abs. 7 Nr. 3 HGB	×	×	×	-
(2) Angabe des Gesamt-betrags der sonstigen finanziellen Verpflichtun-gen, die nicht in der Bilanz enthalten und nicht nach § 251 HGB oder § 285 Nr. 3 HGB anzugeben sind, sondern diese Angabe für die Beurteilung der Finanz-lage von Bedeutung ist.	§ 285 Nr. 3a HGB	–	×	×	–
(3) Name und Sitz derjeni-gen Mutterunternehmen, die den Konzernabschluss mit dem jeweils größten bzw. kleinsten Konsolidie-rungskreis aufstellen.	§ 285 Nr. 14 u. 14a HGB	vollständige Befreiung von Nr. 14; bei Nr. 14a braucht nur der Ort nicht angegeben werden	×	–	–

Sachverhalt	Rechtsgrundlage	Kleine Kapitalgesellschaft	Mittelgroße und große Kapitalgesellschaft	Vom PublG erfasste Gesellschaften	Ausweis fakultativ in …
IV. Organe, Organkredite und Aufwendungen für Organe					
(1) Angaben aller Mitglieder des Geschäftsführungsorgans und des Aufsichtsrats mit Angabe der Funktion	§ 285 Nr. 10 HGB	–	×	×	×
(2) Angabe der Gesamtbezüge (inkl. Bezugsrechte) jeweils des – Geschäftsführungsorgans – Aufsichtsrats – Beirats o. ähnl. Einrichtungen	§ 285 Nr. 9a HGB unter Beachtung der Schutzklausel gem. § 286 Abs. 4 HGB	–	×	×	×
(3) Angabe der Gesamtbezüge der früheren Mitglieder der oben bezeichneten Organe und ihrer Hinterbliebene	§ 285 Nr. 9b HGB unter Beachtung der Schutzklausel gem. § 286 Abs. 4 HGB	–	×	×	×
(4) Angabe über Vorschüsse und Kredite der oben bezeichneten Organe und ihrer Hinterbliebenen	§ 285 Nr. 9c HGB	–	×	×	×
V. Angabe der – nach Gruppen getrennten – durchschnittlichen Zahl der während des Geschäftsjahres beschäftigten Arbeitnehmer	§ 285 Nr. 7 HGB	–	×	×	–

Sachverhalt	Rechtsgrundlage	Kleine Kapitalgesellschaft	Mittelgroße und große Kapitalgesellschaft	Vom PublG erfasste Gesellschaften	Ausweis fakultativ in …
VI. Angabe zum Anteilsbesitz					
(1) Angabe von Name, Besitz, Beteiligungsquote, Eigenkapital und letztem Jahresergebnis von Unternehmen, an denen die Kapitalgesellschaft oder eine für deren Rechnung handelnden Person mindestens den fünften Teil der Anteile besitzt; von börsenorientierten Kapitalgesellschaften sind zusätzlich alle Beteiligungen an große Kapitalgesellschaften anzugeben, die fünf vom Hundert der Stimmrechte überschreiten	§ 285 Nr. 11 HGB unter Beachtung der Schutzklausel gem. § 286 Abs. 3 HGB, deren Anwendung im Anhang zu erläutern ist	×	×	×	–
VII. Angabe über wesentliche, nicht zu marktüblichen Bedingungen zustande gekommene Geschäfte mit nahe stehenden Unternehmen und Personen, einschließlich Angaben zur Art der Beziehung zum Wert der Geschäfte sowie weitere zur Beurteilung der Finanzlage notwendigen Angaben	§ 285 Nr. 21 HGB	–	× für mittelgroße Kapitalgesellschaft Befreiungsmöglichkeit gem. § 268 Abs. 2 S. 3 HGB	×	–

Sachverhalt	Rechtsgrundlage	Kleine Kapitalgesellschaft	Mittelgroße und große Kapitalgesellschaft	Vom PublG erfasste Gesellschaften	Ausweis fakultativ in …
VIII. Angabe des Gesamtbetrags der Forschungs- und Entwicklungskosten des Geschäftsjahres sowie des davon auf die selbst geschaffenen immateriellen Vermögensgegenstände des Anlagevermögens entfallenden Betrags im Falle der Aktivierung nach § 248 Abs. 2 HGB	§ 285 Nr. 22 HGB	–	×	×	–
IX. Erläuterung bei Anwendung des § 254 HGB					
• mit welchem Betrag jeweils Vermögensgegenstände, Schulden, schwebende Geschäfte und mit hoher Wahrscheinlichkeit erwartete Transaktionen zur Absicherung welcher Risiken in welche Arten von Bewertungseinheiten einbezogen sind, sowie die Höhe der mit Bewertungseinheiten abgesicherten Risiken	§ 285 Nr. 23a HGB	×	×	×	Lagebericht
• für die jeweils abgesicherten Risiken, warum, in welchem Umfang und für welchen Zeitraum sich die gegenläufigen Wertänderungen oder Zahlungsströme künftig voraussichtlich ausgleichen, einschließlich der Methoden der Ermittlung	§ 285 Nr. 23b HGB	×	×	×	Lagebericht

Sachverhalt	Rechts-grundlage	Kleine Kapitalge-sellschaft	Mittelgro-ße und große Kapital-gesell-schaft	Vom PublG erfasste Gesell-schaften	Ausweis fakulta-tiv in …
• der mit hoher Wahr-scheinlichkeit erwarte-ten Transaktionen, die in Bewertungseinheiten einbezogen werden	§ 285 Nr. 23c HGB	×	×	×	Lagebe-richt
X. Ergebnisverwendungs-vorschlag oder -beschluss	§ 285 Nr. 34 HGB	–	×	×	
XI. Angaben von Firma, Sitz, Registergericht und -nummer	§ 264 Abs. 1c HGB	×	×	×	Angabe kann auch an anderer Stelle im Ab-schluss erfolgen

(Quelle: Coenenberg/Haller/Schultze, a. a. O., S. 910ff.)

b) Rechtsformspezifische Angabepflichten im Anhang

In den folgenden tabellarischen Übersichten werden die Pflichtangaben für die Rechtsform der Aktiengesellschaft einschließlich KGaA (Abb. 26), der GmbH (Abb. 27), Genossenschaften (Abb. 28) und Personenhandelsgesellschaften (Abb. 29) im Anhang dargestellt.

Abb. 26
Angabepflichten für Aktiengesellschaften, KGaA und SE

Aufzunehmender Sachverhalt	Rechts-grundlage	Ausweis fakultativ in
(1) Angabe des nach § 58 Abs. 2a AktG in den Posten »andere Rücklagen« eingestellten Eigen-kapitalanteils von Wertaufholung	§ 58 Abs. 2a S. 2 AktG	Bilanz
(2) Gesonderte Angabe des während des Ge-schäftsjahres in die »Kapitalrücklage« eingestellten oder aus ihr entnommenen Betrags	§ 152 Abs. 2 AktG	Bilanz; für kleine Kap. Ges. ver-pflichtend in Bilanz

Aufzunehmender Sachverhalt	Rechts-grundlage	Ausweis fakultativ in
(3) Gesonderte Angabe zu den einzelnen Posten der Gewinnrücklagen • bezüglich der von der Hauptversammlung aus dem Bilanzgewinn des Vorjahres eingestellten Beträge • bezüglich der aus dem Jahresüberschuss des Geschäftsjahres eingestellten bzw. entnommenen Beträge	§ 152 Abs. 3 AktG	Bilanz; für kleine Kap. Ges. verpflichtend in Bilanz
(4) Darstellung der Entwicklung vom »Jahresüberschuss/Jahresfehlbetrag« zum »Bilanzgewinn/Bilanzverlust«	§ 158 Abs. 1 AktG	GuV
(5) Zusätzliche Vorschriften zum Anhang: • Angaben über Bestand und Zugang an Aktien, die ein Aktionär der Aktiengesellschaft oder eines ihr anhängenden oder in Mehrheitsbesitz stehenden Unternehmens oder ein solches Unternehmen selbst übernommen hat; auch über die Verwertung solcher Aktien unter Angaben des Erlöses und seiner Verwendung ist zu berichten	§ 160 Abs. 1 Nr. 1 AktG	–
• Angaben über Bestand an eigenen Aktien, die von der Kapitalgesellschaft selbst, von einem ihr abhängigen oder in Mehrheitsbesitz stehenden Unternehmen oder für die Rechnung der Aktiengesellschaft oder eines solchen Unternehmens von einem anderen erworben werden. Anzugeben sind: Zahl und Nennbetrag, Anteil am Grundkapital, Zeitpunkt und Gründe des Erwerbs. Dieselben Angaben sind zu machen bei Erwerb oder Veräußerung solcher Aktien im Geschäftsjahr, weiter über den Erwerbs- bzw. Veräußerungspreis und die Verwendung des Erlöses.	§ 160 Abs. 1 Nr. 2 AktG	–
• Angaben über das genehmigte Kapital • Angaben über die Zahl der Bezugsrechte • Angaben über das Bestehen wechselseitiger Beteiligungsverhältnisse unter Angabe der Unternehmen	§ 160 Abs. 1 Nr. 4 Nr. 5 Nr. 7	–
(6) Angabe für börsennotierte Aktiengesellschaften und Unternehmen i. S. v. § 161 Abs. 1 S. 2 AktG über die Erklärung zum Corporate Governance Kodex nach § 161 AktG	§ 285 Nr. 16 HGB	–

(Quelle: Coenenberg/Haller/Schultze, a. a. O., S. 912 f.)

Abb. 27
Angabepflichten für GmbH

Aufzunehmender Sachverhalt	Rechtsgrundlage	Ausweis fakultativ in
(1) Angabe des Betrags der Rücklagen, die aufgrund von Wertaufholung und steuerlichen Rücklagen in Gewinnrücklagen eingestellt werden	§ 29 Abs. 4 S. 2 GmbHG	Bilanz
(2) Angabe der Ausleihungen, Forderungen und Verbindlichkeiten gegenüber Gesellschaftern	§ 42 Abs. 3 GmbHG	Bilanz

(Quelle: Coenenberg/Haller/Schultze, a.a.O., S. 913)

Abb. 28
Angabepflichten für eingetragene Genossenschaften

Aufzunehmender Sachverhalt	Rechtsgrundlage	Ausweis fakultativ in
(1) Angaben über die Zahl der im Laufe des Geschäftsjahres eingetretenen oder ausgeschriebenen, sowie die Zahl der am Schluss des Geschäftsjahres der Genossenschaft angehörenden Genossen; Angabe des Gesamtbetrags, um den sich Geschäftsguthaben und Haftsummen der Genossen vermehrt oder vermindert haben, sowie die zum Ende des Geschäftsjahres bestehende Haftsumme	§ 338 Abs. 1 HGB	–
(2) Angabe von Namen und Anschrift des für die Genossenschaft zuständigen Prüfungsverbands	§ 338 Abs. 2 Nr. 1 HGB	–
(3) Angabe aller Mitglieder des Vorstands und Aufsichtsrats, auch wenn sie im Geschäftsjahr ausgeschieden sind, mit Familien- und mindestens einem ausgeschriebenen Vornamen; ein etwaiger Vorsitzender des Aufsichtsrats ist als solcher zu bezeichnen	§ 338 Abs. 2 Nr. 2 HGB	–

Aufzunehmender Sachverhalt	Rechtsgrundlage	Ausweis fakultativ in
(4) Anstelle der Angaben nach § 285 Nr. 9 HGB Angabe der Forderungen der Genossenschaft gegen Mitglieder des Vorstands oder Aufsichtsrats, die Beiträge für jedes Organ können in einer Stimme ausgewiesen werden	§ 338 Abs. 3 HGB	–

(Quelle: Coenenberg/Haller/Schultze, a.a.O., S. 913f.)

Abb. 29
Angabepflichten für Personenhandelsgesellschaften

Aufzunehmender Sachverhalt	Rechtsgrundlage	Ausweis fakultativ in
(1) Angabe von Name, Sitz und gezeichnetem Kapital der Gesellschaften, die persönlich haftende Gesellschafter einer Personengesellschaft i.S.v. § 264a Abs. 1 HGB sind	§ 285 Nr. 15 AktG	
(2) Angaben der Ausleihungen, Forderungen und Verbindlichkeiten gegenüber der Gesellschaften	§ 264c Abs. 1 AktG	Bilanz
(3) Angabe der Hafteinlage bei einer GmbH & Co. soweit noch nicht geleistet, gem. § 172 Abs. 1 HGB	§ 264c Abs. 2 S. 9 AktG	

(Quelle: Coenenberg/Haller/Schultze, a.a.O, S. 914)

c) Kapitalflussrechnung

Alle kapitalmarktorientierten Kapitalgesellschaften, die nicht zur Aufstellung eines Konzernabschlusses verpflichtet sind, sowie Konzernobergesellschaften sind verpflichtet, eine Kapitalflussrechnung zu erstellen (§§ 264 Abs. 1 S. 2, 297 Abs. 1 S. 2 HGB). Diese wird üblicherweise im Anhang veröffentlicht. Für die finanzwirtschaftliche Beurteilung eines Unternehmens sind die von dem Unternehmen erwirtschafteten und die ihm von außen zugeflossenen Finanzierungsmittel und ihre Verwendung von Bedeutung. Die Kapitalflussrechnung soll Informationen über die Zahlungsströme sowie die Zahlungsmittelbestände eines Unternehmens vermitteln und darüber Auskunft geben, wie das Unternehmen

finanzielle Mittel erwirtschaftet hat und welche zahlungswirksamen Investitions- und Finanzierungsmaßnahmen vorgenommen wurden.[17]
Die Ausgestaltung der Kapitalflussrechnung hat sich an den Vorschlägen des Deutschen Rechnungslegungsstandards Nr. 21 (DRS 21) zu orientieren. Für Konzerngesellschaften, die ihren Konzernabschluss gem. § 315a HGB nach internationalen Rechnungslegungsstandards (IFRS) aufstellen, sind hingegen die Vorgaben des IAS 7 zu beachten. Die Unterschiede sind aber durch die Neudefinition der DRS 21 nicht mehr gravierend. Nach DRS 21 wird unterschieden zwischen der

- Kapitalflussrechnung für den laufenden Geschäftsbetrieb, die sowohl als direkte als auch als indirekte Methode angewandt werden kann (Abb. 30 und 31),
- Kapitalflussrechnung für die Investitionstätigkeit (Abb. 32) und
- Kapitalflussrechnung für die Finanzierungstätigkeit (Abb. 33).

Bei Anwendung der direkten Methode zur Ableitung des Cashflows aus der laufenden Geschäftstätigkeit soll die Kapitalflussrechnung gemäß dem folgenden Schema I gegliedert werden:

Abb. 30
Gliederungsschema I (»Direkte Methode«) gemäß DRS 21

1.		Einzahlungen von Kunden für den Verkauf von Erzeugnissen, Waren und Dienstleistungen
2.	–	Auszahlungen an Lieferanten und Beschäftigte
3.	+	Sonstige Einzahlungen, die nicht der Investitions- oder Finanzierungstätigkeit zuzuordnen sind
4.	–	Sonstige Auszahlungen, die nicht der Investitions- oder Finanzierungstätigkeit zuzuordnen sind
5.	+/–	Ein- und Auszahlungen aus außerordentlichen Posten
6.	+/–	Ertragssteuerzahlungen
7.	=	**Cashflow aus laufender Geschäftstätigkeit**

Bei Anwendung der indirekten Methode zur Ableitung des Cashflows aus der laufenden Geschäftstätigkeit soll die Kapitalflussrechnung gemäß dem folgenden Schema II gegliedert werden:

17 Vgl. Coenenberg/Haller/Schultze, a. a. O., S. 617.

Abb. 31
Gliederungsschema II (»Indirekte Methode«) gemäß DRS 21

1.		Periodenergebnis (einschließlich Ergebnisanteilen von Minderheitsgesellschaftern)
2.	+/–	Abschreibungen/Zuschreibungen auf Gegenstände des Anlagevermögens
3.	+/–	Zunahme/Abnahme der Rückstellungen
4.	+/–	Sonstige zahlungsunwirksame Aufwendungen/Erträge (bspw. Abschreibung auf ein aktiviertes Disagio)
5.	–/+	Gewinn/Verlust aus dem Abgang von Gegenständen des Anlagevermögens
6.	–/+	Zunahme/Abnahme der Vorräte, der Forderungen aus Lieferungen und Leistungen sowie anderer Aktiva, die nicht der Investitions- oder Finanzierungstätigkeit zuzuordnen sind
7.	+/–	Zunahme/Abnahme der Verbindlichkeiten aus Lieferungen und Leistungen sowie anderer Passiva, die nicht der Investitions- oder Finanzierungstätigkeit zuzuordnen sind
8	+/–	Gewinn/Verlust aus dem Abgang von Gegenständen des Anlagevermögens
9.	+/–	Zinsaufwendungen/Zinserträge
10.	+/–	Sonstige Beteiligungserträge
11.	+/–	Aufwendungen/Erträge aus außerordentlichen Posten
12.	+/–	Ertragssteueraufwand/-ertrag
13.	+	Einzahlung aus außerordentlichen Posten
14.	–/+	Auszahlungen aus außerordentlichen Posten
15.	–/+	Ertragssteuerzahlungen
16.	=	**Cashflow aus der laufenden Geschäftstätigkeit**

Bei der Ermittlung des Cashflows aus der Investitionstätigkeit soll die Kapitalflussrechnung mindestens wie folgt gegliedert werden:

Abb. 32
Gliederungsschema Cashflow aus Investitionstätigkeit gemäß DRS 21

1.		Einzahlungen aus Abgängen von Gegenständen des immateriellen Sachanlagevermögens
2.	–	Auszahlungen für Investitionen in das immaterielle Anlagevermögen

3.	+	Einzahlungen aus Abgängen von Gegenständen des Sachanlagevermögens
4.	–	Auszahlungen für Investitionen in das Sachanlagevermögen
5.	+	Einzahlungen aus Abgängen von Gegenständen des Finanzanlagevermögens
6.	–	Auszahlungen für Investitionen in das Finanzanlagevermögen
7.	+	Einzahlungen aus Abgängen aus dem Konsolidierungskreis
8.	–	Auszahlungen für Zugänge aus dem Konsolidierungskreis
9.	+	Einzahlungen aufgrund von Finanzmittelanlagen im Rahmen der kurzfristigen Finanzdisposition
10.	–	Auszahlungen aufgrund von Finanzmittelanlagen im Rahmen der kurzfristigen Finanzdisposition
11.	+	Einzahlungen aus außerordentlichen Positionen
12.	–	Auszahlungen aus außerordentlichen Positionen
13.	+	Erhaltene Zinsen
14.	+	Erhaltene Dividenden
15.	=	**Cashflow aus der Investitionstätigkeit**

Bei der Ermittlung des Cashflows aus der Finanzierungstätigkeit soll die Finanzierungstätigkeit mindestens wie folgt gegliedert werden:

Abb. 33
Gliederungsschema Cashflow aus Finanzierungstätigkeit gemäß DRS 21

1.		Einzahlungen aus Eigenkapitalzuführungen von Gesellschaftern des Mutterunternehmens
2.	+	Einzahlungen aus Eigenkapitalzuführungen von anderen Gesellschaftern
3.	–	Auszahlungen aus Eigenkapitalherabsetzungen an andere Gesellschafter
4.	+	Einzahlungen aus der Begebung von Anleihen und der Aufnahme von (Finanz-)Krediten
5.	–	Auszahlungen aus der Tilgung von Anleihen und (Finanz-)Krediten
6.	+	Einzahlung aus erhaltenen Zuschüssen/Zuwendungen
7.	+	Einzahlungen aus außerordentlichen Posten

8.	–	Auszahlungen aus außerordentlichen Posten
9.	–	Gezahlte Zinsen
10.	–	Gezahlte Dividenden an Gesellschafter des Mutterunternehmens
11.	–	Gezahlte Dividenden an andere Gesellschafter
12.	=	**Cashflow aus der Finanzierungstätigkeit**

Das Beispiel einer Kapitalflussrechnung der SNP AG findet sich in Abschnitt III.6, Abb. 49.

d) Eigenkapitalspiegel

Die Eigenkapitalveränderungsrechnung (auch Eigenkapitalspiegel) zeigt die gesamten Veränderungen des Eigenkapitals innerhalb einer Berichtsperiode – sowohl die erfolgswirksamen, welche sich über die Gewinn- und Verlustrechnung ergeben, als auch die erfolgsneutralen. Sie trägt dadurch zu einer verbesserten Darstellung der Ertragskraft eines Unternehmens bei. Die Veränderung des Eigenkapitals beinhaltet das Ergebnis der Berichtsperiode, die direkt mit dem Eigenkapital verrechnete Posten der Erfolgsrechnung sowie die Gesamtsumme der einzelnen Posten, den Gesamteffekt von Änderungen der Bilanzierungs- und Bewertungsmethoden, die Kapitaltransaktionen mit Anteilseignern und Ausschüttungen an Anteilseigner, die Entwicklung der Gewinnrücklagen und Überleitung der einzelnen Eigenkapitalposten. Zu jeder Position muss auch die entsprechende Angabe des Vorjahres aufgeführt werden.
Das Beispiel für einen Eigenkapitalspiegel der SNP AG findet sich in Abschnitt III.6, Abb. 50.

e) Segmentberichterstattung

Die Segmentberichterstattung hat nach DRS 3 das Ziel, Informationen über die wesentlichen Geschäftsfelder (Segmente) eines Unternehmens bzw. Konzerns zu geben. Sie soll den Einblick in die Vermögens-, Finanz- und Ertragslage sowie die Einschätzung der Chancen und Risiken der einzelnen Geschäftsfelder verbessern. »Viele Unternehmen bieten unterschiedliche Produkte und Dienstleistungen an oder sind auf verschiedenen geographischen Regionen tätig. Die so gekennzeichneten Geschäftsfelder haben in der Regel unterschiedliche Rentabilität, Wachstumschancen und Zukunftsaussichten oder weisen spezielle Chancen und Risiken auf. Entsprechend gegliederte Informationen erlauben daher eine bessere Einschätzung der Chancen und Ertragsaussichten eines Unternehmens als sie aggregierte Daten eines Jahres- oder Konzernabschlusses ermöglichen« (DRS 3, Ziff. 2). Für die Interessenvertretung ist die Segmentberichterstattung interessant, weil sie hilft, die Situation von

Arbeitsplätzen in den verschiedenen Geschäftsbereichen besser zu beurteilen.

Der Jahresabschluss kapitalmarktorientierter Unternehmen bzw. der Konzernabschluss kann gem. § 264 Abs. 1 S. 2 bzw. § 297 Abs. 1 S. 2 HGB um eine Segmentberichterstattung erweitert werden (Wahlrecht). Neben der wahlweisen Segmentberichterstattung gibt es sowohl für den Jahresabschluss großer Kapitalgesellschaften (i. S. v. § 267 Abs. 3 HGB) als auch für den Konzernabschluss verpflichtende segmentbezogene Angaben im Anhang (§ 285 Nr. 4 bzw. § 314 Abs. 1 Nr. 3 HGB). Dabei ist der DRS 3-Standard zu beachten.

Für kapitalmarktorientierte Unternehmen, die ihren Konzernabschluss gem. § 315a HGB nach internationalen Rechnungslegungsstandards erstellen, ist eine umfängliche Segmentberichterstattung nach IFRS 8 zwingend erforderlich.

Allgemeine Zielsetzung der Segmentberichterstattung ist das zur Verfügung stellen von entscheidungsrelevanten Informationen über Teilbereiche (Segmente) des berichtenden Unternehmens bzw. Konzerns. In diversifizierten Unternehmen spiegeln die Daten aus der Bilanz, GuV-Rechnung, Kapitalflussrechnung und Eigenkapitalveränderungsrechnung nur aggregierte (zusammengefasste) Informationen über das gesamte Unternehmen wider. Damit können vor allem gegenläufige Entwicklungen in den einzelnen Segmenten ver- bzw. überdeckt werden.

Die Bereitstellung von disaggregierten Informationen soll dem Jahresabschlussadressaten vor allem helfen, die Ertragskraft des Unternehmens besser zu verstehen, die unterschiedlichen Risiken und Chancen besser einzuschätzen und damit das Unternehmen hinsichtlich der Fähigkeit zur Generierung künftiger Erträge und Cashflows fundierter beurteilen zu können. Die in der Segmentberichterstattung enthaltenen Informationen lassen sich mittels Bilanzanalyse auswerten.

Nach § 285 S. 1 Nr. 4 bzw. § 314 Abs. 1 Nr. 3 HGB muss der Anhang Angaben über die Aufgliederung der Umsatzerlöse nach Tätigkeitsbereichen sowie nach geografisch bestimmten Märkten enthalten. Die Angabenpflicht betrifft nur große Kapitalgesellschaften; kleine und mittelgroße Kapitalgesellschaften sind davon befreit (§ 288 Abs. 1 HGB). Die Aufgliederung der Umsatzerlöse nach Tätigkeitsbereichen sowie nach geographisch bestimmten Märkten kann unterbleiben, wenn nach vernünftiger kaufmännischer Beurteilung hierdurch erhebliche Nachteile im Hinblick auf die Wettbewerbsposition oder für das öffentliche Ansehen zu erwarten sind (§ 286 Abs. 2 HGB).

Nach IFRS 8 bzw. DRS 3 wird zwischen berichtsfähigen und berichtspflichtigen Segmenten unterschieden. Berichtsfähige Segmente sind auf berichtspflichtige Segmente zu verdichten, um zu vermeiden, dass der Nutzen der Segmentberichterstattung durch eine Vielzahl von Detailinformationen über viele kleine berichtsfähige Segmente verwässert wird. Bei der Verdichtung ist zu beachten, dass nur berichtsfähige Segmente mit wirtschaftlich ähnlichen Charakteristika (Art der Produkte bzw. Dienstleistungen, Art der Produktions- bzw. Dienstleistungsprozesse, Kundengruppen, Vertriebsmethoden) zusammengefasst werden. Die Zusammenfassung erfolgt dabei stufenweise nach folgendem Schema (Abb. 34).

Abb. 34
Stufenweise Bestimmung berichtspflichtiger Segmente gem. IFRS 8 bzw. DRS 3

Stufe I	**mittels Schwellenwerten**
	• **Geschäftssegment** muss gesondert dargestellt werden, wenn nachfolgende **Schwellenwerte** erfüllt sind: – **Umsatzerlöse** des Segments umfassen mind. 10 % der gesamten Segmentumsätze – Absoluter Betrag des **Segmentergebnisses** entspricht **mind. 10 %** des Gewinns/Verlustes aller Segmente – Vermögen des Segments beträgt mind. 10 % der kumulierten Aktiva aller Segmente
Stufe II	**Zusammenfassung von Geschäftssegmenten**
	• **Grundsatz:** gesonderte Berichterstattung über **jedes** Segment • **Wahlrecht:** Zusammenfassung mehrerer Segmente zu einem, wenn folgende wirtschaftliche Merkmale vergleichbar sind: – Art der Produkte und Dienstleistungen – Art des Produktionsprozesses – Art der Kunden – Methode des Vertriebs – falls erforderlich: Art der regulatorischen Rahmenbedingungen
Stufe III	**Bestimmung freiwillig auszuweisender Segmente**
Stufe IV	**Überprüfung der 75 %-Grenze**
	• **Wenn gesamte gesondert dargestellte Segmenterlöse weniger als 75 % der Unternehmenserlöse betragen.** • **Dann:** Bestimmung **weiterer Segmente** als berichtspflichtige Segmente, bis 75 %-Grenze überschritten
Stufe V	**Zusammenfassung aller übrigen Segmente zu einer Berufsgruppe**

(Quelle: Hans Böckler Stiftung, IFRS 8: Segmentberichterstattung, S. 5, *https://www.boeckler.de/pdf/mbf_ifrs_standards_ifrs8.pdf*)

Nach IFRS 8 bzw. DRS 3 hat die Segmentberichterstattung für jedes Segment folgende Informationen zur GuV-Rechnung und Bilanz zu enthalten:

Abb. 35
Segmentangaben gem. IFRS 8 bzw. DRS 3

- Segmentergebnis
- Segmentvermögen und Segmentschulden
- Umsatzerlöse oder vergleichbare Erträge, unterteilt in Umsätze mit Dritten und mit anderen Segmenten
- Zinserträge und -aufwendungen
- planmäßige Abschreibungen
- wesentliche Ertrags- und Aufwandsposten
- Anteil des Konzerns am Jahresergebnis von Unternehmen, die nach der Equity-Methode abgebildet werden
- Ertragssteueraufwand oder –ertrag
- wesentliche, nicht zahlungswirksame Posten (ohne Abschreibungen)
- Buchwert der nach der Equity-Methode abgebildeten Anteile
- Buchwert der Zugänge des Berichtszeitraums zum Anlagevermögen

Nachfolgend das Beispiel der Segmentberichterstattung der SNP SE (Abb. 36), diese wurde nach IFRS 8 aufgestellt. Basierend auf der internen Berichts- und Organisationsstruktur des Konzerns werden einzelne Konzernabschlussdaten untergliedert nach Geschäftsbereichen dargestellt.

Abb. 36
Segmentberichterstattung (Beispiel 1)

in Tausend €	Professional Services	Software	Gesamt
Segmentergebnis			
2020	2135	9686	11 821
Marge	2,3 %	19,4 %	8,2 %
2019	3115	13 563	16 678
Marge	3,5 %	27,4 %	11,3 %
Darin enthaltene Segmentaußenumsätze			
2020	93 913	49 868	143 781
2019	97 610	47 575	145 185

Segmentberichterstattung (Beispiel 2)
Berichterstattung nach Regionen

Regionen	**(Außen-)Umsatz**		**Langfristige Vermögenswerte**		**Investitionen**	
in Tausend €	**2020**	**2019**	**2020**	**2019**	**2020**	**2019**
CEU (i. Vj. DACH)	78402	82985	33930	30949	1394	3090
EEMEA (Osteuropa, Naher Osten, Afrika)	22622	21059	22365	24658	206	223
Lateinamerika	15290	13415	11626	12476	860	75
JAPAC (Asien-Pazifik-Japan)	5347	6587	3941	4352	56	136
USA	14567	13609	4987	6114	240	342
UK	75530	7530	6450	6897	0	0
Umbuchung zu Veräußerungsgruppe	0	0	−22365	0	0	0
Gesamt	**143781**	**145185**	**60934**	**85447**	**2756**	**3866**

(Quelle: Geschäftsbericht SNP SE 2020, S. 104 f.)

Der *Ergebnisverwendungsvorschlag* und der *Ergebnisverwendungsbeschluss* werden im Zusammenhang mit den Offenlegungsvorschriften des § 325 HGB angesprochen. Kapitalgesellschaften nehmen deshalb i. d. R. den Ergebnisverwendungsvorschlag und -beschluss in den Anhang mit auf, um deren Veröffentlichung sicherzustellen. Angesichts der Vielzahl von Informationen, die im Anhang enthalten sein müssen, wird deutlich, dass man die wirtschaftliche Lage eines Unternehmens bzw. eines Konzerns nur erfassen kann, wenn man sich intensiv mit dem Anhang auseinandersetzt. Man kann sogar sagen, dass man die Rechenwerke Bilanz und GuV gar nicht interpretieren kann, wenn man nicht über den entsprechenden Anhang verfügt. Zu bemängeln ist allerdings, dass im Anhang die Sozialdaten, die die Beschäftigten des Unternehmens und ihre Interessenvertretung besonders interessieren, nur in geringem Umfang enthalten sind. Lediglich für mittelgroße und große Kapitalgesellschaften ist vorgeschrieben, dass sie die durchschnittliche Zahl der während des Geschäftsjahres beschäftigten Arbeitnehmer:innen getrennt nach Gruppen angeben. Große Kapitalgesellschaften müssen zudem einen sogen. Nachhaltigkeitsbericht erstellen, der ebenfalls wichtige Sozialdaten enthält. Da dieser meist im Lagebericht veröffentlicht wird, behandeln wir dieses Thema auch dort (Abschn. D.I.2). Die

Betriebsrats- und Wirtschaftsausschussmitglieder kennen allerdings i. d. R. die Sozialdaten der Beschäftigten des Unternehmens – falls nicht, können sie sich diese Informationen beschaffen –, sodass auch diese Daten als Zusatzinformation zur Beurteilung des Jahresabschlusses herangezogen werden können.

C. Besonderheiten im Konzernabschluss

I. Der Konzernbegriff

Ein Konzern besteht aus rechtlich selbständigen Unternehmen, von denen ein Unternehmen (die Muttergesellschaft) einen beherrschenden Einfluss auf die anderen Konzernunternehmen (die Tochtergesellschaften) ausübt (§ 290 HGB). Durch das BilMoG wird das bisherige Konzept einer einheitlichen Leitung zugunsten des Kontrollkonzeptes aufgegeben. Damit fallen der Konzernbegriff nach dem Betriebsverfassungsgesetz, der einen Unterordnungskonzern i. S. v. § 18 Abs. 1 AktG voraussetzt, und der für den Konzernabschluss maßgebliche Konzernbegriff auseinander.
Tochterunternehmen können allerdings gleichzeitig auch als Mutterunternehmen fungieren; d. h., sie haben eigene Tochterunternehmen und bilden mit ihren Töchtern einen Teilkonzern.
Die Beibehaltung der rechtlichen Selbständigkeit führt dazu, dass der Konzern selbst keine rechtliche, sondern lediglich eine wirtschaftliche Einheit darstellt. Das hat u. a. zur Folge, dass der Konzern nicht über eigene Organe (z. B. Hauptversammlung, Aufsichtsrat, Vorstand/Geschäftsführung) verfügt, keine Anteilseigner hat, keine Gewinnverwendung vornimmt und nicht als selbständiges Steuerobjekt der Besteuerung unterliegt. Auch verfügt der Konzern nicht über eine eigene Konzernbuchführung als Grundlage für den Konzernabschluss. Vielmehr wird der Konzernabschluss aus den Einzelabschlüssen der Konzernunternehmen abgeleitet, allerdings mit der Möglichkeit einer von den Einzelabschlüssen abweichenden bilanzpolitischen Zielsetzung.

II. Bedeutung von Konzernabschlüssen

Die Globalisierung befördert Konzentrationstendenzen in der Wirtschaft mit der Folge zunehmender nationaler, vor allem aber auch internationaler Unternehmenszusammenschlüsse bei gleichzeitiger dezentraler Organisation. Wegen

der vielfältigen wirtschaftlichen und finanziellen Verflechtungen und Abhängigkeiten der Konzernunternehmen untereinander nimmt die Aussagekraft der Einzelabschlüsse deutlich ab, weil beispielsweise Gewinnverlagerungen und -abschöpfungen zu Verzerrungen führen oder es innerhalb eines Konzerns zu Doppelabrechnungen von Umsätzen, Eigenkapital und Beteiligungsbuchwerten kommt. Der Konzernabschluss hat eine reine zusätzliche Informationsfunktion zur Beseitigung der Informationsdefizite der Einzelabschlüsse von Konzerngesellschaften. Er hat die Aufgabe, ein den tatsächlichen Verhältnissen entsprechendes Bild der Vermögens-, Finanz- und Ertragslage des Konzerns als wirtschaftliche Einheit zu vermitteln (§ 297 Abs. 3 S. 1 HGB) was dem englischen »true and fair view«-Grundsatz entspricht und sich auch in IAS 1.15, als ein den tatsächlichen Verhältnissen entsprechendes Bild, ausdrückt.
Von besonderer Bedeutung ist der Konzernabschluss für die Arbeitnehmervertreter:innen im Aufsichtsrat aber auch unter rechtlichen Aspekten. Schließlich hat der Aufsichtsrat eines Mutterunternehmens den Konzernabschluss (zusammen mit dem Konzernprüfungsbericht) nicht mehr nur zur Kenntnis zu nehmen, sondern, wie vorher schon den Einzelabschluss des Mutterunternehmens, einer eigenständigen Prüfung zu unterziehen und über das Ergebnis dieser Prüfung Bericht zu erstatten (§ 171 Abs. 1 AktG).

III. Rechtliche Grundlagen

1. Aufstellungspflicht und Umfang des Konzernabschlusses

Die Pflicht zur Konzernrechnungslegung ist nach § 290 HGB auf Kapitalgesellschaften (AG, GmbH, KGaA) beschränkt. Darüber hinaus regelt das Publizitätsgesetz in den §§ 11–13 PublG rechtsformunabhängig die Pflicht zur Konzernrechnungslegung für Konzernobergesellschaften (Mutterunternehmen), soweit sie bestimmte Größenkriterien erfüllen (vgl. Abb. 37).
Gemäß § 290 Abs. 1 HGB besteht eine Pflicht zur Erstellung eines Konzernabschlusses, wenn Unternehmen (Tochterunternehmen) von einer Konzernobergesellschaft (Mutterunternehmen) im Inland beherrscht werden. Ein beherrschender Einfluss der Muttergesellschaft liegt vor, wenn

- ihr bei einem anderen Unternehmen die Mehrheit der Stimmrechte zusteht;
- ihr bei anderen Unternehmen das Recht zusteht, die Mehrheit der Mitglieder des die Finanz- und Geschäftspolitik bestimmenden Geschäftsführungs- oder Aufsichtsorgans zu bestellen oder abzuberufen und es gleichzeitig Gesellschafter ist;

- ihr das Recht zusteht, die Finanz- und Geschäftspolitik aufgrund eines Beherrschungsvertrags oder aufgrund einer Bestimmung in der Satzung des anderen Unternehmens zu bestimmen oder
- die Mehrheit der Risiken und Chancen an einer Zweckgesellschaft trägt, wobei es auf die Möglichkeit der Einflussnahme ankommt (§ 290 Abs. 2 Nr. 4 HGB). Zweckgesellschaften sind Unternehmen, die zur Erreichung eines eng begrenzten und genau definierten Ziels der Muttergesellschaft dienen, z. B. Leasingobjektgesellschaften oder Asset-Backed-Securities-Gesellschaften.

Von der grundsätzlichen Pflicht zur Aufstellung eines Konzernabschlusses gibt es zwei Befreiungstatbestände. Gemäß § 291 Abs. 1 HGB ist ein Mutterunternehmen, das zugleich Tochterunternehmen eines Mutterunternehmens mit Sitz in einem Mitgliedsstaat der EU ist (mehrstufiger europäischer Konzern), von der Pflicht zur Aufstellung eines Teilkonzernabschlusses befreit, wenn das zu befreiende Mutterunternehmen und seine Tochterunternehmen in den Konzernabschluss des übergeordneten Mutterunternehmens einbezogen werden. Gemäß § 293 Abs. 1 HGB ist ein Mutterunternehmen von der Pflicht eines Konzernabschlusses befreit, wenn an zwei aufeinander folgenden Bilanzstichtagen mindestens zwei der drei Größenmerkmale – Bilanzsumme, Umsatzerlöse und Zahl der Arbeitnehmer – unterschritten werden (s. Abb. 37). Für Kreditinstitute und Versicherungen gelten Sonderbestimmungen (§ 293 Abs. 2 und 3 HGB). Gemäß EU-Verordnung sind börsennotierte Unternehmen verpflichtet, ihren Konzernabschluss nach IAS/IFRS (und nicht nach HGB oder US-GAAP) zu erstellen (§ 315a Abs. 1 HGB). Nicht börsennotierte Unternehmen können anstelle des handelsrechtlichen Konzernabschlusses einen IFRS-Konzernabschluss aufstellen und veröffentlichen (befreiendes Wahlrecht gem. § 315a HGB).

In den Konzernabschluss sind neben dem Mutterunternehmen grundsätzlich alle Tochterunternehmen einzubeziehen (§ 294 Abs. 1 HGB). Das heißt, es müssen auch die ausländischen Tochtergesellschaften einbezogen werden. Man kann also beim Konzernabschluss von einem »Weltabschluss« sprechen. Allerdings brauchen Tochterunternehmen nicht in den Konzernabschluss einbezogen werden, wenn dies für die Verpflichtung, ein den tatsächlichen Verhältnissen entsprechendes Bild der Vermögens-, Finanz- und Ertragslage des Konzerns zu vermitteln, von untergeordneter Bedeutung ist (§ 296 Abs. 2 HGB).

Der Konzernabschluss unterscheidet sich im Aufbau zunächst einmal nicht vom Einzelabschluss eines Unternehmens. Er besteht aus einer Konzernbilanz, einer Konzern-GuV und einem Konzernanhang. Der Konzernanhang muss jedoch zusätzlich Angaben zum Kreis der konsolidierten (in den Konzernabschluss einbezogenen) Unternehmen und den angewandten Konsolidierungsmethoden enthalten. Die im Konzernanhang zu machenden Angaben entsprechen im Wesentlichen denen, die im Anhang eines Einzelunternehmens aufgeführt werden müssen, nur dass sich diese Angaben auf den gesamten Konzern beziehen. Von daher ist es verständlich, dass es der Gesetzgeber zulässt, dass der Konzernanhang und der Anhang des Jahresabschlusses des Mutterunternehmens zusammengefasst werden dürfen (§ 298 Abs. 3 HGB). Aus dem zusammengefassten Anhang muss allerdings hervorgehen, welche Angaben sich auf den Konzern und welche Angaben sich nur auf das Mutterunternehmen beziehen.

Abb. 37
Rechnungslegungs-, Prüfungs- und Veröffentlichungspflicht von Konzernen in Abhängigkeit von der Rechtsform und der Größe

	Kapitalgesellschaften (AG, KGaA, GmbH)	**Personengesellschaften (Einzelkaufmann, OHG, KG)**	**Sonstige[1]**
Größengrenzen[2]: Umsatz (Mio.-€)	kons./unkons. über 40,0/48,0	über 130,0	über 130,0
Bilanzsumme (Mio.-€)	über 20,0/24,0	über 65,0	über 65,0
Beschäftigte	über 250	über 5000	über 5000
Bilanz:			
Erstellung	Ja	Ja	Ja
Veröffentlichung	EBAZ	EBAZ	EBAZ
GuV-Rechnung:			
Erstellung	Ja	Ja	Ja
Veröffentlichung	EBAZ	Nein	Nein
Anhang:			
Erstellung	Ja	Nein	Nein
Veröffentlichung	EBAZ	Nein	Nein
Lagebericht:			
Erstellung	Ja	Ja	Nein
Veröffentlichung	EBAZ	Ja	Nein
Kapitalflussrechnung:			
Erstellung	Ja[3]	Nein	Nein
Veröffentlichung	EBAZ[3]	Nein	Nein

	Kapitalgesellschaften (AG, KGaA, GmbH)	Personengesellschaften (Einzelkaufmann, OHG, KG)	Sonstige[1]
Segmentberichterstattung:			
Erstellung	Ja[3]	Nein	Nein
Veröffentlichung	EBAZ[3]	Nein	Nein
Pflichtprüfung	Ja	Ja	Ja
Aufstellungspflicht	5 Mon.	5 Mon.	5 Mon.
Veröffentlichungsfrist	12 Mon.	12 Mon.	12 Mon.

1 = Abgesehen von Sonderregelungen für Kreditinstitute und Versicherungen, für die auch andere Größenkriterien gelten, und für Genossenschaften, für deren Jahresabschluss die meisten Regeln wie für Kapitalgesellschaften gelten, für deren Konzernabschluss aber nur das Publizitätsgesetz gilt.
2 = Pflicht zur Erstellung eines Konzernabschlusses nur, wenn zwei der drei Größengrenzen überschritten werden.
3 = nur bei börsennotierten Mutterunternehmen.
EBAZ = Elektronischer Bundesanzeiger

Der Konzernabschluss besteht aber neben der Konzernbilanz, der Konzern-GuV und dem Konzernanhang auch noch aus einer Kapitalflussrechnung und einem Eigenkapitalspiegel (§ 297 Abs. 1 HGB). Der Konzernabschluss kann um eine sog. Segmentberichterstattung erweitert werden (§ 297 Abs. 1 HGB), die über die im Konzernanhang (§ 314 Abs. 1 Nr. 3 HGB) geforderte Aufgliederung der Umsatzerlöse hinausgeht. Findet eine Segmentberichterstattung statt, so kann die Aufgliederung der Umsatzerlöse im Anhang unterbleiben (§ 314 Abs. 2 HGB). Da bereits im Einzelabschluss auf die Kapitalflussrechnung (s. Abschn. B. II.3.c), den Eigenkapitalspiegel (s. Abschn. B.II.3.d) und die Segmentberichterstattung (s. Abschn. B.II.3.e) ausführlich eingegangen worden ist, wird auf diese Abschnitte verwiesen. Die Pflichtangaben im Konzernanhang sind in Abb. 48 (Abschn. C.VI) dargestellt.
Wie beim Einzelabschluss ist auch der Konzernabschluss um einen Konzernlagebericht zu erweitern (§ 315 HGB). Die Inhalte des Konzernlageberichts sind in Abschn. D.I.2 dargestellt.

Abb. 38
Konzern-Rechnungslegung der Kapitalgesellschaften

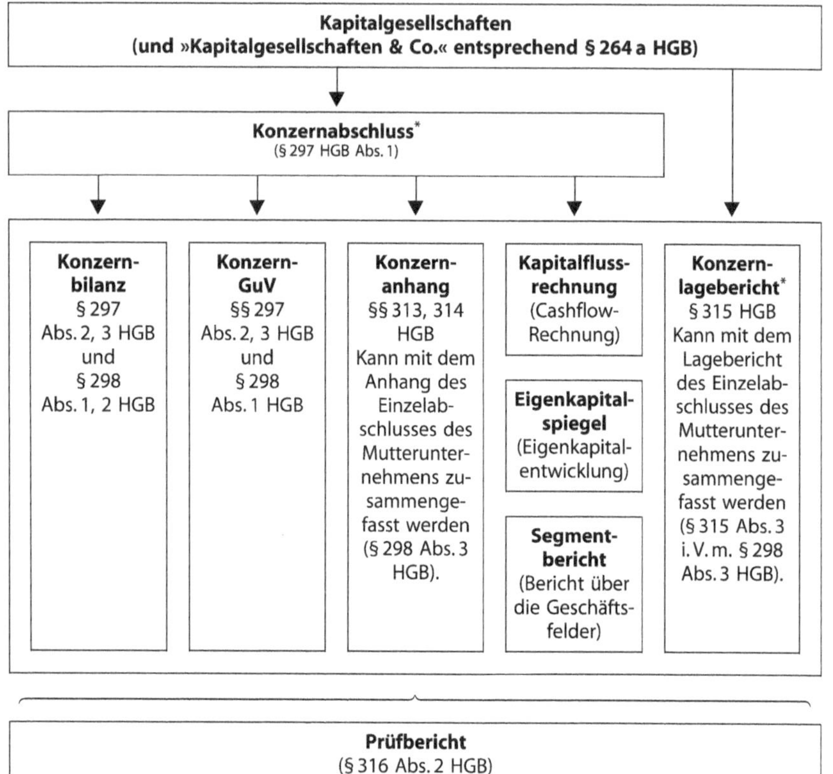

* »Kleine Konzerne« brauchen keinen Konzernabschluss und keinen Konzernlagebericht aufzu-stellen (§ 293 HGB). Mutterunternehmen, die zugleich Tochterunternehmen eines Mutterunternehmens mit Sitz in der EU/des EWR sind, brauchen unter bestimmten Voraussetzungen keinen Konzernabschluss und Konzernlagebericht aufzustellen (§ 291 HGB).

2. Konzernabschlüsse nach internationalen Rechnungslegungsstandards

Die EU-Kommission erließ 2002 eine Verordnung Nr. 1606/2002, nach der Mutterunternehmen mit Sitz innerhalb der EU ihren Konzernabschluss nach IAS bzw. nach den Nachfolgestandards IFRS (International Financial Reporting Standards) aufzustellen haben. Weil keine Rechnungslegungskompetenzen an ein privatrechtliches Gremium (IASB) abgetreten werden sollen, stehen die IAS/IFRS unter dem Vorbehalt der Anerkennung durch die EU-Kommission. Die

sog. IAS-Verordnung der EU wurde bei gleichzeitiger Aufhebung des § 292a Abs. 1/ HGB mit dem § 315a Abs. 1 HGB in deutsches Recht umgesetzt. Danach haben kapitalmarktorientierte Muttergesellschaften einen Konzernabschluss nach IAS/IFRS aufzustellen. Darüber hinaus können alle Unternehmen, die zur Aufstellung eines Konzernabschlusses verpflichtet sind, diesen freiwillig nach den internationalen Rechnungslegungsstandards (IAS/IFRS) aufstellen (§ 315a HGB).
Was nun die Bezeichnung der internationalen Rechnungslegungsstandards anbelangt, so gibt es hier eine gewisse Begriffsverwirrung. Viele sprechen nur von IAS, andere von IFRS und wieder andere (wie in diesem Buch) von IAS/IFRS. Im IAS-Rahmenkonzept werden als Adressaten eines nach IAS aufgestellten Jahresabschlusses neben den Investoren, den Kreditgebern, den Lieferanten, den anderen Gläubigern, den Kunden, der Öffentlichkeit, der Regierung ausdrücklich die Beschäftigten und ihre Vertretungen genannt.[1] Folgende IAS/IFRS Standards sind für die Konzernrechnungslegung von großer Bedeutung:

- IFRS 10 (Erstellung und Darstellung von Konzernabschlüssen)
- IFRS 3 (Bilanzierung von Unternehmenszusammenschlüssen)
- IAS 21 (Wechselkursveränderungen/Bewertung von Vermögen und Schulden in einer fremden Währung)
- IFRS 11 (Bilanzierung gemeinsamer Vereinbarungen, z. B. Joint Ventures, Gemeinschaftsbetrieb)
- IAS 28 (Anteile an assoziierten Unternehmen mit der Equity Bewertung)
- IFRS 16 (Bewertung und Ausweis von Leasingverhältnissen).

IV. Konsolidierung

Im Konzernabschluss ist die Vermögens-, Finanz- und Ertragslage der einbezogenen Unternehmen so darzustellen, als ob diese Unternehmen insgesamt *ein* einziges Unternehmen wären (§ 297 Abs. 3 HGB). Nach dieser sog. Einheitstheorie wird die Gesamtheit der Konzernunternehmen als eine eigenständige Einheit angesehen, in der die einzelnen Unternehmen die wirtschaftliche Stellung unselbständiger Betriebsstätten einnehmen.[2] Praktisch bedeutet die Einheitstheorie, dass die Tochterunternehmen nach dem Bruttoverfahren in den Konzernabschluss einbezogen werden. Dies beinhaltet die

1 Vgl. International Accounting Standards Board (Hrsg.): International Accounting Standards, Rahmenkonzept, Rn. 9.
2 Vgl. Coenenberg/Haller/Schultze, a. a. O., S. 643 f.

vollständige Einbeziehung von Vermögensgegenständen, Schulden, Erträgen und Aufwänden der Tochterunternehmen, unabhängig von der Anteilsquote des Mutterunternehmens gemäß konzerneinheitlicher Bilanzierungs- und Bewertungsmethoden. Dabei gilt es auch, stille Reserven bzw. stille Lasten aufzudecken und fortzuschreiben. In einem zweiten Schritt wird im Rahmen der Vollkonsolidierung dies ergänzt um eine vollständige Eliminierung von konzerninternen Geschäftsvorfällen und Doppelerfassungen. Bei Unternehmensbeteiligungen ohne beherrschenden Einfluss erfolgt die Einbeziehung nach der Quotenkonsolidierung gem. § 310 Abs. 2 HGB (nur bei Gemeinschaftsunternehmen) oder der Equity-Methode gem. §§ 311 f. HGB (bei assoziierten Unternehmen, d. h. bei einem Stimmrechtsanteil von mindestens 20 %) Bei den sonstigen Beteiligungen findet eine Berücksichtigung im Konzernabschluss gemäß den Anschaffungskosten bzw. dem niedrigeren beizulegenden Wert statt.

Mit dem Konzernabschluss wird aber nur eine wirtschaftliche Einheit dargestellt. Die einzelnen in den Konzernabschluss einbezogenen Unternehmen sind rechtlich selbständig – und nicht der Konzern. Das heißt, die Steuerpflicht ergibt sich aus dem jeweiligen Jahresabschluss der einzelnen Konzernunternehmen. Und auch nur der Einzelabschluss des einzelnen Konzernunternehmens dient als Bemessungsgrundlage für die Ausschüttungen an die Gesellschafter/Aktionäre.

1. Konsolidierungsrechnungen

Bei der Aufstellung des Konzernabschlusses wird der Jahresabschluss des Mutterunternehmens mit den Jahresabschlüssen der Tochterunternehmen zusammengefasst und bereinigt. Während im Einzelabschluss der Muttergesellschaft deren Anteile an den Tochtergesellschaften in der Bilanz aufgeführt werden, werden stattdessen beim Konzernabschluss die Vermögensgegenstände, Schulden, Sonderposten, Bilanzierungshilfen und Rechnungsabgrenzungsposten der Tochtergesellschaften mit denen der Muttergesellschaft zusammengefasst (konsolidiert), soweit sie nach dem Recht des Mutterunternehmens bilanzierungsfähig sind (§ 300 Abs. 1 HGB).

Die Vollkonsolidierung umfasst vier wesentliche Bereiche und vollzieht sich in den folgenden Schritten:

1. Kapitalkonsolidierung
2. Schuldenkonsolidierung
3. Zwischenergebniseliminierung
4. Ertrags- und Aufwandskonsolidierung

Bei der sogenannten (Eigen-)**Kapitalkonsolidierung** werden im Einzelabschluss des Mutterunternehmens ausgewiesene Werte der Anteile an einem Tochterunternehmen mit dem auf diese Anteile entfallenden Betrag des Eigenkapitals des Tochterunternehmens verrechnet (§ 301 Abs. 1 HGB). Es geht also darum, die Eigenkapitalpositionen von Mutter- und Tochterunternehmen zusammenzufassen und diese nicht einfach nur zu summieren, sondern, mittels einer Verrechnung von Anteilen des Mutterunternehmens am Eigenkapital des Tochterunternehmens und umgekehrt, diese zu einem konsolidierungspflichtigen Eigenkapital zu verbinden. Bei einer reinen Summierung der Bilanzpositionen des Mutterunternehmens mit den Tochterunternehmen wären sowohl die Beteiligungen des Mutterunternehmens (Bilanzposition: Anteile an verbundenen Unternehmen) an den Tochterunternehmen als auch das Eigenkapital der Tochterunternehmen selbst ausgewiesen, was einer Doppelung gleichkäme. Deshalb findet im Rahmen der Kapitalkonsolidierung eine Beseitigung der Kapitalverflechtungen der Konzernunternehmen untereinander statt, was zu einer Neubewertung des Eigenkapitals führt. Das neubewertete Eigenkapital wird dabei meist nicht identisch mit den Beteiligungsbuchwerten sein, sondern es werden Abweichungen auftreten, die sich selbst wieder in stille Reserven oder stille Lasten und einen verbleibenden Unterschiedsbetrag (z. B. den Goodwill oder auch einen Badwill) aufgliedern. Somit kommt es bei der ersten Aufnahme in einen Konzernabschluss zu einer Neubewertung des Eigenkapitals, einer Verrechnung von Buchwerten und neubewertetem Eigenkapital und dem Ansatz eines Geschäfts- oder Firmenwertes (Goodwill), bzw. einem passivischen Unterschiedsbetrags gemäß § 301 Abs. 3 HGB, dem »Unterschiedsbetrag aus der Kapitalkonsolidierung« (dem Badwill).

Beispiel Kapitalkonsolidierung

Die Aufrechnung des Beteiligungswerts des Mutterunternehmens mit dem Eigenkapital des Tochterunternehmens ist notwendig, da es sich bei dem Beteiligungskonto des Mutterunternehmens und dem Eigenkapitalkonto des Tochterunternehmens um Spiegelbildkonten handelt. Beide Konten repräsentieren das gleiche Recht an dem betreffenden Unternehmen und seinen Geschäftsergebnissen. Das folgende Beispiel soll dies verdeutlichen:
Das Unternehmen A würde zum 31. 12. 2020 folgende Bilanz ausweisen:

Abb. 39
Bilanz des Unternehmens A zum 31. 12. 2020

Aktiva			**Passiva**
Sachanlagen	200	Gezeichnetes Kapital	700
Vorräte	700	Rücklagen	300
Forderungen	100	Fremdkapital	1000
Liquide Mittel	1000		
Bilanzsumme	2000	Bilanzsumme	2000

Am 31. 12. 2020 gründet das Unternehmen A noch eine Tochtergesellschaft, die im Folgenden Unternehmen B heißt. Dieses Unternehmen B wird mit einem Eigenkapital von 1000 ausgestattet. In entsprechender Höhe wird ein Betrag vom Unternehmen A auf das Geschäftskonto des Unternehmens B überwiesen. Die Einzel-Bilanzen stellen sich zum 31. 12. 2020 wie folgt dar:

Abb. 40
Bilanz des Unternehmens A zum 31. 12. 2020

Aktiva			**Passiva**
Sachanlagen	200	Gezeichnetes Kapital	700
Anteile an verb. Unternehmen	1000	Rücklagen	300
Vorräte	700	Fremdkapital	1000
Forderungen	100		
Bilanzsumme	2000	Bilanzsumme	2000

Abb. 41
Bilanz des Unternehmens B zum 31. 12. 2020

Aktiva			**Passiva**
Liquide Mittel	1000	Gezeichnetes Kapital	1000
Bilanzsumme	1000	Bilanzsumme	1000

Würden nun für einen Konzernabschluss die Aktiv- und Passivseiten der beiden Einzelabschlüsse zusammengezogen werden, so käme es zu einer Aufblähung der Bilanz. Das Eigenkapital würde sich verdoppeln, ohne dass die eingesetzten Eigenmittel sich wirklich erhöht hätten.

Abb. 42
Summenbilanz von A und B zum 31.12.2020

Aktiva			**Passiva**
Sachanlagen (A)	200	Gezeichnetes Kapital	
Anteile an verbundenen		• von A	700
Unternehmen (A)	1000	• von B	1000
Vorräte (A)	700	Rücklagen (A)	300
Forderungen (A)	100	Fremdkapital (A)	1000
Liquide Mittel (B)	1000		
Bilanzsumme	3000	Bilanzsumme	3000

Im Rahmen der Kapitalkonsolidierung ist daher der Beteiligungswert des Mutterunternehmens gegen das gezeichnete Kapital des Tochterunternehmens aufzurechnen.

Abb. 43
Konsolidierungsbilanz/Konzernbilanz zum 31.12.2020

Aktiva			**Passiva**
Sachanlagen	200	Gezeichnetes Kapital	700
~~Anteile an verbundenen~~			~~1000~~
~~Unternehmen~~	~~1000~~	Rücklagen	300
Vorräte	700	Fremdkapital	1000
Forderungen	100		
Liquide Mittel	1000		
Bilanzsumme	2000	Bilanzsumme	2000

Bei der **Schuldenkonsolidierung** (§ 303 Abs. 1 HGB) werden alle wechselseitigen Forderungen, Verbindlichkeiten, Rückstellungen und Rechnungsabgrenzungspositionen zwischen Aktiv- bzw. Passivseite der Konzernunternehmen eliminiert.
Die Schuldenkonsolidierung hat somit Auswirkungen auf verschiedene Bilanzpositionen:
Aktivseite: Forderungen aus Lieferung und Leistung, Forderungen gegenüber verbundenen Unternehmen, Ausleihungen an verbundene Unternehmen, Wertpapiere des Anlagevermögens, noch nicht eingezahlte Einlagen auf das gezeichnete Kapital, geleistete Anzahlungen, sonstige Vermögensgegenstände, sonstige Wertpapiere, Schecks und Guthaben bei Kreditinstituten, aktive Rechnungsabgrenzungsposten.

Abb. 44
Von den Einzelabschlüssen zum Konzernabschluss

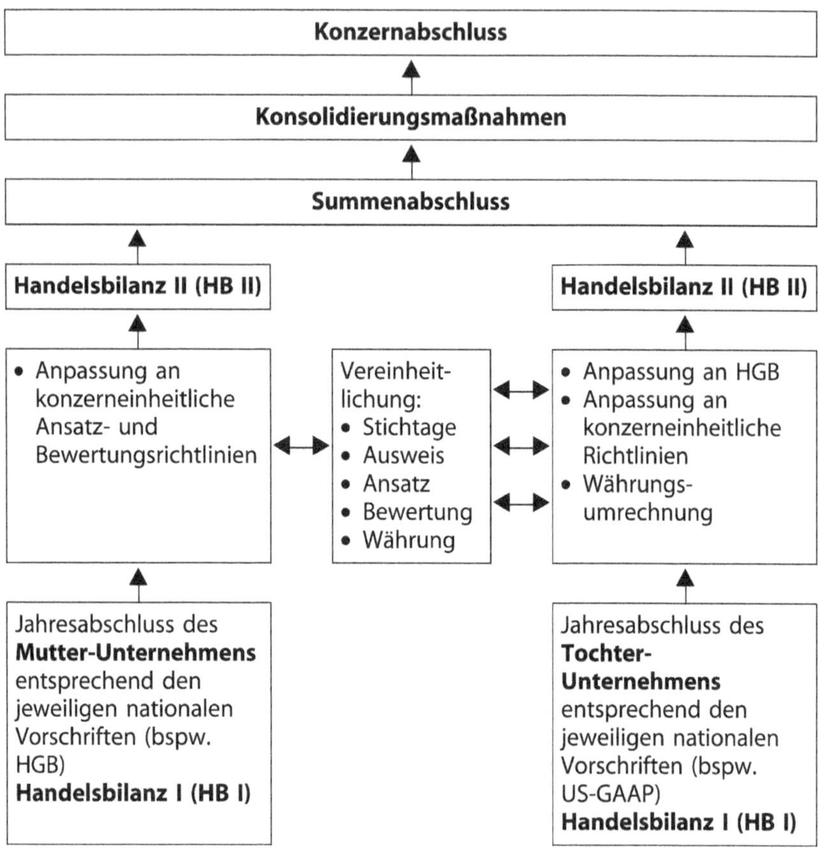

(Quelle: Prangenberg, Internationale Rechnungslegung – Material zum IG Metall-Seminar für Arbeitnehmervertreter in Aufsichtsräten, Mai 2000)

Passivseite: Verbindlichkeiten gegenüber verbundenen Unternehmen, Verbindlichkeiten aus Lieferung und Leistung, Verbindlichkeiten gegenüber Kreditinstituten, Verbindlichkeiten aus gezogenen Wechseln und der Ausstellung von Wechseln, Erhaltene Anzahlungen auf Bestellungen, Anleihen, sonstige Rückstellungen, passive Rechnungsabgrenzungsposten.
Die Schuldenkonsolidierung kann auch Posten im Anhang oder Posten unter der Bilanz (§ 251 HGB) betreffen.

Sofern es bei der Schuldenkonsolidierung zu Aufrechnungsdifferenzen kommt, können diese teilweise durch Nachbuchungen korrigiert werden, wobei echte Aufrechnungsdifferenzen im Jahr ihres Entstehens erfolgswirksam sind.
Im Rahmen der **Zwischenergebniseliminierung** werden die Konzernbilanz und die Gewinn- und Verlustrechnung um Gewinne und Verluste, die aus konzerninternen Umsätzen entstanden sind (sogenannte Zwischenergebnisse), bereinigt. Es gilt somit, sämtliche Gewinne und Verluste, welche aus konzerninterner Lieferung und Leistung entstanden sind, zu eliminieren, um ein realistisches Bild der Ertragslage des Konzerns zu gewinnen. Dabei gilt der Leitsatz, dass Gewinne aus Konzernsicht erst realisiert sind, wenn der Umsatz im Außenverhältnis vollzogen ist. Daneben gilt es zu klären, was für den Konzern die realistischen Herstellungs- oder Anschaffungskosten sind, um die Vermögenslage des Konzerns richtig bewerten zu können.
Die **Aufwands- und Ertragskonsolidierung** besteht in dem Verrechnen von Aufwänden und Erträgen, die zwar bei dem Einzelunternehmen, nicht aber aus Konzernsicht entstehen. Dies beinhaltet eine Konsolidierung von Innenumsatzerlösen, der anderen Erträge und Aufwendungen (vgl. § 305 HGB) sowie der Verlustübernahmen und Gewinnvereinnahmungen. Innenumsatzerlöse sind im Sinne des § 305 Abs. 1 Nr. 1 HGB mit der auf sie entfallenden Aufwendungen zu verrechnen. Ebenso werden die doppelten Positionen bei Gewinnvereinnahmung und Verlustübernahmen herausgerechnet.
Zusammenfassend lässt sich festhalten, dass mit der Konsolidierung im Konzernabschluss verschiedene Neubewertungen bzw. Anpassungen vorgenommen werden, z. B. um einheitliche Ausweis-, Ansatz- und Bewertungsmethoden über verschiedene Unternehmen hinweg zu nutzen. Ebenso kann es zu Währungsumrechnungen und Anpassungen bei Stichtagen kommen, die es zu vereinheitlichen gilt.
Überdies dürfen die Bilanzierungswahlrechte, auf die an späterer Stelle noch eingegangen wird, unabhängig von den in den einzelnen Jahresabschlüssen getroffenen Entscheidungen für den Konzernabschluss neu ausgeübt werden (§§ 300 Abs. 2 und 308 HGB). Das heißt, es gibt beim Konzernabschluss eine zwingende und eine im Ermessen der Konzernleitung liegende Umbewertung, die sich in einer eigenen Konzernbilanzpolitik ausdrückt.
Trotz dieser zwangsweisen und »freiwilligen« Neubewertungen unterscheidet sich damit der Konzernabschluss in der Struktur und im Aufbau nicht vom Einzelabschluss, jedoch in der Höhe der ausgewiesenen Zahlen. Aufgrund der Konsolidierung kommt es gegenüber dem Einzelabschluss nur zu einigen wenigen neuen Bilanz- und GuV-Positionen, die an späterer Stelle dargestellt werden.
Bei der Zusammenfassung der nach einheitlichen Grundsätzen aufbereiteten Einzelabschlüsse müssen neben den Neubewertungen weitere Veränderungen

gegenüber den Einzelabschlüssen vorgenommen werden, damit ein Konzernabschluss entsteht, der der Einheitstheorie entspricht.
Die einzelnen Schritte, die bei der Erstellung eines Konzernabschlusses durchlaufen werden, sind in Abb. 44 dargestellt.

2. Konsolidierungskreis und Konsolidierungsformen

Tochterunternehmen gehen zunächst in den Konzernabschluss mit allen Aktiv- und Passiv-Positionen sowie mit allen Erträgen und Aufwendungen ein (Vollkonsolidierung). Im Rahmen der Konsolidierung finden dann die schon beschriebenen Korrekturen statt, um aus den Konzernunternehmen bilanztechnisch ein einheitliches Unternehmen zu konstruieren.
Da in der Konzernbilanz auch jene Tochterunternehmen mit einbezogen sind, die dem Mutterunternehmen gar nicht zu 100 % gehören, muss nach § 307 Abs. 1 HGB in Höhe des den konzernfremden Gesellschaftern zuzurechnenden Eigenkapitals ein gesonderter Posten ausgewiesen werden (Vollkonsolidierung mit Minderheitenausweis). In der Regel heißt diese im Eigenkapitalblock enthaltene Position *Anteile anderer Gesellschafter* oder »*Minderheitsanteile*«. Im Rahmen einer Bilanzanalyse wären die Anteile der sog. Minderheitsgesellschafter auch dem Eigenkapital zuzuordnen gewesen. Entsprechend ist in der Konzern-GuV nach der Position »Jahresüberschuss/Jahresfehlbetrag« der auf Fremdanteile entfallende Gewinn-/Verlustanteil gesondert auszuweisen (§ 307 Abs. 2 HGB). Diese Position wird meistens *anderen Gesellschaftern zustehender Gewinn* bzw. *auf andere Gesellschafter anfallender Verlust* genannt. Die Formulierung kann aber auch lauten: »*Vom Konzernergebnis fallen auf Minderheitsgesellschafter*«. Im Rahmen der Bilanzanalyse ist es allerdings völlig unerheblich, ob ein Teil des Eigenkapitals von Konzernfremden gehalten wird. Auch hinsichtlich der Analyse der Ertragskraft des Konzerns spielt es keine Rolle, ob ein Teil des Jahresüberschusses Konzernfremden zusteht.
Von der sogenannten Vollkonsolidierung mit Minderheitenausweis darf allerdings dann abgewichen werden, wenn ein in den Konzernabschluss einbezogenes Unternehmen zusammen mit einem oder mehreren nicht in den Konzernabschluss einbezogenen Unternehmen die Leitung eines *Gemeinschaftsunternehmens* ausübt (§ 310 Abs. 1 HGB). Das heißt, die Positionen der Bilanz und der GuV eines Gemeinschaftsunternehmens müssen nicht in voller Höhe (Vollkonsolidierung), sondern dürfen auch entsprechend dem Kapitalanteil der Muttergesellschaft in den Konzernabschluss aufgenommen werden (Quotenkonsolidierung).
Bei Anwendungen der Quotenkonsolidierung ist natürlich das Volumen des Konzernabschlusses geringer als bei einer Vollkonsolidierung. Ausgleichsposten

für die Anteile fremder Gesellschafter entfallen. Im Übrigen gelten die Vorschriften der Vollkonsolidierung entsprechend.

Wird von einem in den Konzernabschluss einbezogenen Unternehmen ein maßgeblicher Einfluss auf die Geschäfts- und Finanzpolitik eines nicht konsolidierten Unternehmens ausgeübt, ist diese Beteiligung in der Konzernbilanz unter einer besonderen Position mit entsprechender Bezeichnung auszuweisen. Der Gesetzgeber spricht im § 311 Abs. 1 HGB in diesem Zusammenhang von *assoziierten Unternehmen*. Ein »maßgeblicher« Einfluss auf die Geschäfts- und Finanzpolitik eines Unternehmens wird bereits unterstellt, wenn ein Unternehmen bei einem anderen Unternehmen mehr als 20 % der Stimmrechte der Gesellschafter innehat (§ 311 Abs. 1 HGB). Wenn also ein in den Konzernabschluss einbezogenes Unternehmen an einem Unternehmen, das nicht in den Konzernabschluss einbezogen wurde, mehr als 20 % der Gesellschafteranteile hält, ist diese Beteiligung in der Konzernbilanz im Block Finanzanlagen als *Beteiligung am assoziierten Unternehmen* auszuweisen. Bei assoziierten Unternehmen, Joint Ventures und bei nicht vollkonsolidierten Tochterunternehmen aufgrund von Konsolidierungswahlrechten im Sinne des § 296 HGB, findet eine konsolidierungsähnliche Bewertung, die man Equity-Methode nennt, statt (§ 312 HGB). Bei dieser Methode werden *nicht*, wie bei der Vollkonsolidierung, die Aktiva und nicht aufgerechneten Passiva des assoziierten Unternehmens in die Konzernbilanz übernommen. Stattdessen wird der Wertansatz der Beteiligung aus dem Einzelabschluss des vollkonsolidierten Unternehmens zur Übernahme in die Konzernbilanz modifiziert. Das heißt, es werden die Anteile an einem assoziierten Unternehmen zunächst mit den Anschaffungskosten bilanziert und in der Folge entsprechend dem Anteil des Anteilseigners am sich ändernden Reinvermögen/Eigenkapital des Beteiligungsunternehmens berichtigt.[3] Für die Folgejahre wird die Fortschreibung des Wertansatzes der Beteiligung gemäß den Veränderungen des Eigenkapitals vorgenommen.

V. Aufbau der Konzern-Gewinn- und Verlustrechnung und der Konzernbilanz nach IAS/IFRS

Entsprechend den IAS/IFRS kann die GuV sowohl nach dem Gesamtkostenverfahren als auch nach dem Umsatzkostenverfahren aufgestellt werden. Der formale Aufbau einer GuV nach IAS/IFRS unterscheidet sich nicht von dem, wie er nach dem HGB vorgeben ist, d. h., die Reihenfolge und die Benennung der einzelnen GuV-Positionen ist identisch. Bei einem Konzernabschluss nach

3 Vgl. Coenenberg/Haller/Schultze, a. a. O., S. 706 ff.

Abb. 45
Aufbau einer Konzernbilanz nach IAS/IFRS

Aktiva	**Passiva**
I. Langfristiges Vermögen • Sachanlagen • Immateriale Vermögenswerte • Finanzielle Vermögenswerte • Sonstige Forderungen • Aktive latente Steuern **II. Kurzfristige Vermögen** • Vorräte • Forderungen aus Lieferungen und Leistungen und sonstige Forderungen • Erstattungsansprüche • Ertragssteuern • Finanzielle Vermögenswerte • Zahlungsmittel **III. Zur Veräußerung gehaltene langfristige Vermögenswerte** (Die Reihenfolge kann auch umgekehrt sein!)	**I. Eigenkapital** • Gezeichnetes Kapital • Kapitalrücklage • Eigene Anteile • Gewinn- und andere Rücklagen • Konzernbilanzgewinn • Minderheitsanteile **II. Langfristige Schulden** • Finanzielle Schulden • Passive latente Steuern • Rückstellungen für Pensionen • Sonstige Rückstellungen • Sonstige Verbindlichkeiten **III. Kurzfristige Schulden** • Verbindlichkeiten aus Lieferungen und Leistungen und sonstige Verbindlichkeiten • Verbindlichkeiten aus Ertragssteuern • Finanzielle Schulden • Rückstellungen für Pensionen • Sonstige Rückstellungen (Die Reihenfolge kann auch umgekehrt sein)
Bilanzsumme	**Bilanzsumme**

IAS/IFRS wird in der GuV lediglich die Position *sonstige Steuern* fehlen, weil diese ertragsunabhängigen Steuern nach den IAS/IFRS als Gebühren betrachtet werden und deshalb in der GuV-Position *»sonstige betriebliche Aufwendungen«* verbucht werden.

Eine Konzernbilanz, die nach den IAS/IFRS aufgestellt wird, hat hingegen einen anderen Aufbau (siehe Abb. 45). Die Aktivseite wird aufgegliedert nach *langfristigem Vermögen* und *kurzfristigem Vermögen.* Diese Aufteilung ist nur bedingt gleichzusetzen mit dem im HGB genannten *Anlage- und Umlaufvermögen.* Nach IAS/IFRS werden *aktive latente Steuern* i. d. R. dem langfristigen Vermögen zugeordnet. Anderseits werden z. B. Maschinen, die zur Veräußerung vorgesehen sind, nicht dem langfristigen oder dem kurzfristigen Vermögen zugeordnet, sondern nach IFRS 5 gesondert ausgewiesen (*»zur Veräußerung gehaltene lang-*

fristige Vermögenswerte«). Auch kann die Aktivseite statt mit dem langfristigen Vermögen mit dem kurzfristigen Vermögen beginnen.
Die Passivseite einer Konzernbilanz nach IAS/IFRS wird unterteilt nach *Eigenkapital, langfristige Schulden* und *kurzfristige Schulden.* Während sich die Unterpositionen des Eigenkapitals nicht von denen nach dem HGB unterscheiden, ist die Zuordnung von Verbindlichkeiten, Rückstellungen und passivischen latenten Steuern nach Fristigkeiten für die Bilanzleserin bzw. den Bilanzleser schon informativ. So erfährt man nun, welche Pensionsrückstellungen voraussichtlich bereits kurzfristig in Anspruch genommen werden.

Abb. 46
Konzernbilanz (Beispiel)

Aktiva			Angepasst
In Tausend €	**Anhang**	**2020**	**2019**
Kurzfristige Vermögenswerte			
Zahlungsmittel und Zahlungsmitteläquivalente	14.	25961	19137
Sonstige finanzielle Vermögenswerte	15.	20383	703
Forderungen aus Lieferungen und Leistungen	16.	25600	33318
Vertragsvermögenswerte	17.	19704	20987
Vorräte	18.	0	374
Sonstige nichtfinanzielle Vermögenswerte	19.	2854	2134
Steuererstattungsansprüche	33.	81	86
Zur Veräußerung gehaltene Vermögenswerte	20.	31398	0
		125981	**76739**
Langfristige Vermögenswerte			
Geschäfts- und Firmenwert	10.	33605	54194
Sonstige immaterielle Vermögenswerte	21.	5422	7889
Sachanlagen	22.	4396	5513
Nutzungsrechte	23.	17511	17851
Sonstige finanzielle Vermögenswerte	15.	592	869
Nach der Equity-Methode bilanzierte Beteiligungen	24.	225	25
Forderungen aus Lieferung und Leistung	16.	0	137
Vertragsvermögenswerte	17.	12571	1966

Aktiva			Angepasst
In Tausend €	**Anhang**	**2020**	**2019**
Sonstige nichtfinanzielle Vermögenswerte	19.	147	60
Latente Steuern	33.	6223	5259
		80692	**93763**
		206673	**170502**

Passiva			
In Tausend €	**Anhang**	**2020**	**2019**
Kurzfristige Schulden			
Verbindlichkeiten aus Lieferungen und Leistungen	25.	4613	10239
Vertragsverbindlichkeiten	17.	6178	6440
Steuerschulden	33.	2269	1116
Finanzielle Verbindlichkeiten	26.	12758	12972
Sonstige nichtfinanzielle Verbindlichkeiten	28.	18225	18672
Rückstellungen	29.	1124	115
Schulden im Zusammenhang mit zur Veräußerung gehaltenen Vermögenswerten	20.	8819	0
		53986	**49554**
Langfristige Schulden			
Vertragsverbindlichkeiten	17.	2134	0
Finanzielle Verbindlichkeiten	26.	59498	49788
Sonstige finanzielle Verbindlichkeiten	28.	246	0
Rückstellungen für Pensionen	32.	2829	2891
Sonstige Rückstellungen	29.	0	603
Latente Steuern	33.	297	763
		65004	**54045**
Eigenkapital			
Gezeichnetes Kapital	34.	7212	6602
Kapitalrücklage	36.	87068	59968
Gewinnrücklagen	36.	4725	6245

Passiva			
In Tausend €	**Anhang**	**2020**	**2019**
Sonstige Bestandteile des Eigenkapitals		–8380	13 912,26
Eigene Anteile	35.	–2713	–1509
Aktionären zustehendes Kapital		**87 912**	**66 817**
Nicht beherrschende Anteile	25.	–229	86
		87 683	**66 903**
		206 673	**170 502**

(Quelle: SNP-Geschäftsbericht 2020; S. 79f.)

Abb. 47
Konzern GuV-Rechnung für die Zeit vom 1. 1. bis 31. 12. 2020 (Beispiel)

In Tausend €	**Anhang**	**2020**	**2019**
Umsatzerlöse		**143 781**	**145 185**
Services	10.	93 913	97 610
Software	10.	49 868	47 575
Aktivierte Eigenleistungen		119	939
Sonstige betriebliche Erträge	40.	3451	2459
Materialaufwand	41.	–17 888	–17 929
Personalaufwand	42.	–93 457	–84 606
Sonstige betriebliche Aufwendungen	43.	–25 914	–30 495
Wertminderungen auf Forderungen und Vertragsvermögenswerte		–293	–42
Sonstige Steuern		–574	–376
EBITDA		**9225**	**15 135**
Abschreibungen und Wertminderungen auf immaterielle Vermögenswerte und Sachanlagen und Nutzungsrechte		–8385	–11 688
EBIT		**840**	**3447**
Sonstige finanzielle Erträge		46	203
Sonstige finanzielle Aufwendungen		–1622	–1751
Finanzerfolg	44.	**–1576**	**–1548**
EBT		**–736**	**1899**

In Tausend €	Anhang	2020	2019
Umsatzerlöse		**143 781**	**145 185**
Steuern vom Einkommen und Ertrag	33.	−1102	−3319
Periodenergebnis		**−1838**	**−1420**
Davon:			
Ergebnisanteil nicht beherrschender Anteilsinhaber		−318	−61
Ergebnisanteil der Aktionäre der SNP Schneider-Neureither & Partner AG		−1520	−1359
Ergebnis je Aktie	12.	€	€
– Unverwässert		−0,22	−0,21
– Verwässert		−0,22	−0,21
Gewichtete durchschnittliche Aktienzahl			
– Unverwässert		6 810 391	6 572 767
– Verwässert		6 810 391	6 572 767

(Quelle: SNP-Geschäftsbericht 2020, S. 81)

VI. Konzernanhang

Der Konzernanhang ist Bestandteil des Konzernabschlusses, er unterliegt der Prüfungspflicht (§ 316 Abs. 2 HGB) und ist offenzulegen (§ 325 Abs. 3 HGB). Diese Vorschriften gelten auch sinngemäß für Unternehmen, die unter das Publizitätsgesetz fallen (§§ 14, 15 PublG).

Der Konzernanhang kann entsprechend § 298 Abs. 2 HGB mit dem Anhang des Mutterunternehmens zusammengefasst werden. Dabei muss allerdings deutlich sein, welche Angaben sich auf den Konzern und welche Angaben sich nur auf das Mutterunternehmen beziehen.

Im Konzernanhang müssen auch Konzerngeschäfte, die nicht in die Konzernbilanz aufgenommen wurden, mit ihrem Inhalt, Funktion, den damit verbundenen Risiken und Vorteilen benannt werden. Ebenso ist für die nicht in die Konzernbilanz aufgenommenen sonstigen finanziellen Verpflichtungen, sofern solche bestehen, ein Gesamtbetrag darzustellen.

In den nachfolgenden Übersichten werden – wie schon beim Einzelabschluss – die wesentlichen Pflichtangaben im Konzernanhang dargestellt. In der Praxis werden Konzernanhang und Anhang des Einzelabschlusses der Konzernmutter gemeinsam dargestellt. Allerdings ist immer darauf zu verweisen, auf welchen Abschluss sich die jeweiligen Angaben beziehen.

Abb. 48
Pflichtangaben im Konzernanhang

Aufzunehmender Sachverhalt	**Rechtsgrundlage**	**Bemerkung**
I. Angabepflichten bei Inanspruchnahme der Befreiungswirkung	Angabepflicht bei Inanspruchnahme der Befreiungswirkung	
(1) Angabe des TU, dass von der Anwendung der §§ 264ff. HGB befreit ist	§§ 264 Abs. 3 Nr. 4, 264b Nr. 3 HGB	
(2) Angabepflichten des zu befreienden Unternehmens bei Inanspruchnahme der befreienden Wirkung von EU/EWR-Konzernabschlüssen • Name und Sitz des Mutterunternehmens • Hinweis auf die Befreiungsmöglichkeit • Erläuterung der im befreienden Konzernabschluss vom deutschen Recht abweichenden, angewandten Bilanzierungs-, Bewertungs-, und Konsolidierungsmethoden	§ 291 Abs. 2 Nr. 3a, b, c HGB	
II. Angabepflichten zum Konsolidierungskreis		
(1) Angabepflichten bezüglich aller in den Konzernabschluss einbezogenen Unternehmen • Name und Sitz • Anteil am Kapital, der dem MU und einbezogenen TU gehört oder für deren Rechnungen gehalten wird • Zur Einbeziehung verpflichtender Sachverhalt, sofern dieser nicht aufgrund einer der Kapitalbeteiligung entsprechenden Stimmrechtsmehrheit erfolgt	§ 313 Abs. 2 Nr. 1 HGB	Diese Angabepflicht gilt auch für solche TU, die nach den § 296 AktG nicht einbezogen wurden (§ 313 Abs. 2 Nr. 1 S. 2 HGB)
(2) Begründung, wenn ein TU nach § 296 Abs. 1 und 2 HGB nicht einbezogen wurde	§ 296 Abs. 3 HGB	Zu begründen ist, inwieweit die Kriterien der Abs. 1 und 2 von § 296 HGB erfüllt sind

Aufzunehmender Sachverhalt	Rechtsgrundlage	Bemerkung
(3) Angaben, die einen sinnvollen Vergleich mit vorhergehenden Konzernabschlüssen ermöglichen, wenn sich der Konsolidierungskreis wesentlich geändert hat	§ 294 Abs. 2 HGB	
(4) Angabepflichten zu assoziierenden • Name und Sitz • Anteil am Kapital des assoziierten Unternehmens, der dem MU und den einbezogenen TU gehört oder für deren Rechnung gehalten wird	§ 313 Abs. 2 Nr. 2 HGB	
(5) Angabepflichten zu quotenkonsolidierten Unternehmen • Name und Sitz • Tatbestand, der die Quotenkonsolidierung ermöglicht • Anteil am Kapital dieses Unternehmens, der dem MU und einbezogenen TU gehört oder für deren Rechnung getragen wird	§ 313 Abs. 2 Nr. 3 HGB	
(6) Angabepflichten zu Unternehmen, an denen das MU, ein TU oder für deren Rechnung ein Dritter mindestens 20 % der Anteile hält • Name und Sitz • Anteil am Kapital • Höhe des Eigenkapitals • Letztes Abschlussergebnis • Beteiligungen an großen Kapitalgesellschaften unter den Voraussetzungen des § 313 Abs. 2 Nr. 4 S. 2 HGB	§ 313 Abs. 2 Nr. 4 HGB	Keine Angabepflicht bei untergeordneter Bedeutung des Beteiligungsunternehmens. Verpflichtung erstreckt sich auf die Unternehmen nach § 313 Abs. 2 Nr. 1–3 HGB Keine Angabepflicht des Eigenkapitals und des Ergebnisses, wenn Beteiligungsunternehmen nicht offenlegungspflichtig ist und MU, TU oder Dritter unter 50 % der Anteile halten
(7) Alle nicht nach den Nummern 1 bis 4 aufzuführenden Beteiligungen an großen Kapitalgesellschaften, die 5 % der Stimmrechte überschreiten, wenn sie von einem börsennotierten MU, börsennotierten TU oder von einer für Rechnung eines dieser Unternehmen handelnden Person gehalten werden	§ 313 Abs. 2 Nr. 5 HGB	Keine Angabepflicht bei untergeordneter Bedeutung des Beteiligungsverhältnisses

Aufzunehmender Sachverhalt	Rechtsgrundlage	Bemerkung
III. Erläuterung von Angabepflichten zu Bilanzierung, Bewertung und Gliederung		
(1) Angabe eines aktivierten Disagios	§ 298 Abs. 1 i.V.m. § 268 Abs. 6 HGB	Kann auch in Konzernbilanz erfolgen
(2) Angabe des Buchwerts und des niedrigeren beizulegenden Zahlwerts der zu den Finanzanlagen gehörenden Finanzinstrumente, sowie Begründung für Unterbleiben einer Abschreibung gem. § 253 Abs. 3 S. 6 HGB	§ 314 Abs. 1 Nr. 10 HGB	
(3) Angabe über Art, Umfang, beizulegenden Zeitwert, angewandte Bewertungsmethode, Buchwert mit zugehörigem Bilanzposten und Gründe für die Nicht-Bestimmbarkeit des beizulegenden Zeitwerts für jede Kategorie nicht zum beizulegenden Zeitwert bilanzierter derivativer Finanzinstrumente	§ 314 Abs. 1 Nr. 11 HGB	
(4) Angabe über grundlegende Annahmen der zur Bestimmung des beizulegenden Zeitwerts angewandten Bewertungsmethoden und über den Umfang und Art jeder Kategorie derivativer Finanzinstrumente einschließlich der damit verbundenen Risiken für gem. § 340e Abs. 3 HGB zum beizulegenden Zeitwert bewertete Finanzinstrumente	§ 314 Abs. 1 Nr. 12 HGB	
(5) Angabe der im Konzernabschluss angewandten Bilanzierungs- und Bewertungsmethoden	§ 313 Abs. 1 S. 3 Nr. 1 HGB	
(6) Angabe und Begründung, wenn die konzerneinheitliche Bewertung in Ausübung eines Wahlrechts von den auf den Jahresabschluss des MU angewandten Methoden abweicht	§ 308 Abs. 1 S. 3 HGB	
(7) Angabe und Begründung bei Abweichung von Bilanzierungs- und Bewertungsmethoden; gesonderte Darstellung des Einflusses hieraus auf die Vermögens-, Finanz- und Ertragslage des Konzerns	§ 313 Abs. 1 S. 3 Nr. 2 HGB	
(8) Gesonderter Ausweis von in der Konzernbilanz zusammengefassten Posten	§ 298 Abs. 1 HGB	
(9) Darstellung der Entwicklung der einzelnen Posten des Anlagevermögens (Anlagespiegel)	§ 313 Abs. 4 HGB	

Aufzunehmender Sachverhalt	Rechtsgrundlage	Bemerkung
(10) Angabe des angewandten versicherungsmathematischen Berechnungsverfahrens sowie der grundlegenden Annahmen der Berechnung der in der Konzernbilanz ausgewiesenen Rückstellungen für Pensionen und ähnliche Verpflichtungen	§ 314 Abs. 1 Nr. 16 HGB	
(11) Erläuterung des Zeitraums, über den ein entgeltlich erworbener Geschäfts- oder Firmenwert abgeschrieben wird	§ 314 Abs. 1 Nr. 20 HGB	
IV. Angaben zur GuV-Rechnung	**Angabe zur GuV**	
(1) Angabe der außerplanmäßigen Abschreibungen gem. § 253 Abs. 3 S. 5, 6 HGB im Anlagevermögen	§ 298 Abs. 1 i.V.m. § 277 Abs. 3 S. 1 HGB	Kann auch als gesonderter Ausweis in GuV erfolgen
(2) Erläuterung der einzelnen Erträge und Aufwendungen von außergewöhnlicher Größenordnung oder Bedeutung nach Betrag und Art	§ 314 Abs. 1 Nr. 23 HGB	Nicht erforderlich, wenn für die Beurteilung der Ertragslage von untergeordneter Bedeutung
(3) Erläuterung von periodenfremden Aufwendungen und Erträgen nach Art und Betrag	§ 314 Abs. 1 Nr. 24 HGB	Nicht erforderlich, wenn für die Beurteilung der Ertragslage von untergeordneter Bedeutung
(4) Angabe zur Aufgliederung der Umsatzerlöse	§ 314 Abs. 1 Nr. 3 HGB	
(5) Angabe des vom Abschlussprüfer für das Geschäftsjahr berechneten Gesamthonorars für Abschlussprüfungs-, für andere Bestätigungs- und für Steuerberatungsleistungen und sonstige Leistungen	§ 314 Abs. 1 Nr. 9 HGB	
V. Erläuterungs- und Angabepflichten zur Konsolidierung		
(1) Stetigkeit • Angabe und Begründung, wenn von Konsolidierungsmethoden, die auf den vorhergehenden Konzernabschluss angewandt wurden, abgewichen wird • Angabe des Einflusses der Abweichung auf die Vermögens-, Finanz- und Ertragslage	§ 297 Abs. 3 S. 4 HGB § 297 Abs. 3 S. 5 HGB	

Aufzunehmender Sachverhalt	Rechtsgrundlage	Bemerkung
(2) Abschlussstichtag Bei Einbezug eines Unternehmens auf Basis eines vom Konzernabschlussstichtag abweichenden Abschlussstichtags Angabe der dazwischenliegenden Vorgänge, soweit sie für die Vermögens-, Finanz- u. Ertragslage des Unternehmens von besonderer Bedeutung sind	§ 299 Abs. 3 HGB	Alternative Berücksichtigung in Konzernbilanz und Konzern-GuV
(3) Kapitalkonsolidierung		
• Erwerbsmethode:		
Erläuterung eines ausgewiesenen Goodwill bzw. Badwill sowie deren wesentliche Veränderungen gegenüber dem Vorjahr	§ 301 Abs. 3 S. 2 HGB	
• Quotenkonsolidierung:		
Angabepflicht der §§ 297–301 HGB, §§ 308, 309 HGB sind entsprechend zu beachten	§ 310 Abs. 2 HGB	
• Equity-Konsolidierung:		
Angabe, wenn das assoziierte Unternehmen nicht an die konzerneinheitliche Bewertung angepasst wird	§ 312 Abs. 5 S. 2 HGB	
Jeweils Angabe und Begründung, wenn aufgrund untergeordneter Bedeutung des assoziierten Unternehmens weder ein gesonderter Bilanzausweis noch eine Equity-Bewertung stattfindet	§ 313 Abs. 2 Nr. 2 S. 2 HGB	
VI. Latente Steuern	§ 314 Abs. 1 Nr. 21 u. 22 HGB	
VII. Sonstige Angaben		
(1) Angabe des Gesamtbetrags in der Konzernbilanz ausgewiesener Verbindlichkeiten mit einer Restlaufzeit von mehr als fünf Jahren, soweit durch ein einbezogenes Unternehmen in bestimmter Form besichert	§ 314 Abs. 1 Nr. 1 HGB	
(2) Angabe von Art und Zweck sowie Risiken, Vorteile und finanzielle Auswirkungen von nicht in der Konzernbilanz enthaltenen Geschäften des MU und der in den Konzernabschluss einbezogenen Tochterunternehmen, soweit dies für die Beurteilung der Finanzlage des Konzerns notwendig ist	§ 314 Abs. 1 Nr. 2 HGB	

Aufzunehmender Sachverhalt	**Rechtsgrundlage**	**Bemerkung**
(3) Angabe des Gesamtbetrags der sonstigen finanziellen Verpflichtungen, die nicht in der Konzernbilanz enthalten und auch nicht nach § 251 HGB oder § 314 Nr. 2 HGB (s. o.) anzugeben sind, sofern diese Angaben für die Beurteilung der Finanzlage des Konzerns von Bedeutung sind	§ 314 Abs. 1 Nr. 2a HGB	Verpflichtungen gegenüber TU, die nicht in den Konzernabschluss einbezogen werden, sind gesondert anzugeben
(4) Gesonderte Angabe der Haftungsverhältnisse gem. § 251 HGB unter Angabe gewährter Pfandrechte und sonstiger Sicherheiten gesonderte Angaben, soweit diese Haftung gegenüber verbundenen Unternehmen besteht	§ 298 Abs. 1 i.V.m. § 268 Abs. 7 HGB	Alternativ gesonderter Ausweis in der Konzernbilanz
(5) Angabe der Gründe der Einschätzung des Risikos der Inanspruchnahme für nach § 251 HGB unter der Bilanz oder nach § 268 Abs. 7 Halbsatz 1 HGB im Anhang ausgewiesenen Verbindlichkeiten und Haftungsverhältnisse	§ 314 Abs. 1 Nr. 19 HGB	
(6) Angabe zu Personalbestand und Personalaufwendungen	§ 314 Abs. 1 Nr. 4 HGB	
(7) Angaben zur Vergütung für die Mitglieder des Geschäftsführungsorgans eines Aufsichtsrats oder einer ähnlichen Einrichtung	§ 314 Abs. 1 Nr. 6a, b HGB	
(8) Angaben zu Vorschüssen und Krediten an Mitglieder des Geschäftsführungsorgans eines Aufsichtsrats oder einer ähnlichen Einrichtung	§ 314 Abs. 1 Nr. 6c HGB	
(9) Angaben zum Bestand an Anteilen an dem MU	§ 314 Abs. 1 Nr. 7 HGB	
(10) Angabe über die Erklärung zum Corporate Governance Kodex nach § 161 AktG und über deren Zugänglichkeit für alle in den Konzernabschluss einbezogenen börsenorientierten Unternehmen	§ 314 Abs. 1 Nr. 8 HGB	
(11) Angabe über wesentliche, nicht zu marktüblichen Bedingungen zustande gekommenen Geschäfte mit nahestehenden Unternehmen und Personen, einschließlich Angaben zur Art der Beziehung, zum Wert der Geschäfte sowie weiterer zur Beurteilung zum Wert der Geschäfte sowie weiterer zur Beurteilung der Finanzlage notwendiger Angaben	§ 314 Abs. 1 Nr. 13 HGB	

Aufzunehmender Sachverhalt	Rechtsgrundlage	Bemerkung
(12) Angabe des Gesamtbetrags der Forschungs- und Entwicklungskosten des Geschäftsjahres sowie des davon auf die selbst geschaffenen immateriellen Vermögensgegenstände des Anlagevermögens entfallenden Betrags im Falle der Aktivierung nach § 248 Abs. 2 HGB	§ 314 Abs. 1 Nr. 14 HGB	
(13) Angabe über die Arten der ggf. nach § 254 gebildeten Bewertungseinheiten, die dadurch abgesicherten Risiken und die Gründe für den Ausschuss des Eintretens der abgesicherten Risiken	§ 314 Abs. 1 Nr. 15 HGB	
(14) Erklärung bei Anwendung des § 254 HGB im Konzernabschluss • mit welchem Betrag jeweils Vermögensgegenstände, Schulden, schwebende Geschäfte und mit hoher Wahrscheinlichkeit erwartete Transaktionen zur Absicherung welcher Risiken in welche Arten von Bewertungseinheiten einbezogen sind sowie die Höhe der mit Bewertungseinheiten abgesicherten Risiken, • für die jeweils abgesicherten Risiken, warum, in welchem Umfang und für welchen Zeitraum sich die gegenläufigen Wertänderungen oder Zahlungsströme künftig voraussichtlich ausgleichen, einschließlich der Methode der Ermittlung, • der mit hoher Wahrscheinlichkeit erwarteten Transaktionen, die in Bewertungseinheiten einbezogen werden	§ 314 Abs. 1 Nr. 15 HGB	
(15) Vorgänge von besonderer Bedeutung, die nach dem Schluss des Konzerngeschäftsjahres eingetreten und weder in der Konzern-GuV noch in der Konzernbilanz berücksichtigt sind, unter Angabe ihrer Art und ihrer finanziellen Auswirkungen	§ 314 Abs. 1 Nr. 25 HGB	
VIII. Ausnahmeregelungen		
(1) Die gem. § 313 Abs. 2 HGB verlangten Angaben müssen nicht gemacht werden, soweit daraus einem der bezeichneten Unternehmen Nachteile entstehen können, die Anwendung dieser Ausnahmeregelung ist im Anhang anzugeben, aber nicht anwendbar, wenn ein MU oder eines seiner TU kapitalmarktorientiert i. S. d. § 264d HGB ist	§ 313 Abs. 3 HGB	

Aufzunehmender Sachverhalt	Rechtsgrundlage	Bemerkung
(2) Eine Aufgliederung der Umsatzerlöse ist nicht nötig für Mutterunternehmen, deren Konzernabschlüsse eine Segmentberichterstattung gem. § 297 Abs. 1 HGB enthält	§ 314 Abs. 2 HGB	
(3) Die Angaben gem. § 314 Abs. 1 Nr. 6a S. 5–8 HGB können unter Beachtung der Schutzklausel des § 286 Abs. 5 HGB unterbleiben	§ 314 Abs. 3 S. 1 HGB	
(4) Bei Gesellschaften, die keine börsennotierten Kapitalges. sind, können die vorstehenden Angaben über die Gesamtbezüge unterbleiben, wenn sich die Bezüge des einzelnen Organmitglieds feststellen lassen	§ 314 Abs. 3 S. 2 HGB	
(5) Ist das MU eine börsenorientierte Aktiengesellschaft, dann ist eine Auslagerung der Angaben gem. § 314 Abs. 1 Nr. 6a S. 5–9 HGB in den Lagebericht möglich	§ 315 Abs. 2 Nr. 4 HGB	

(Quelle: Coenenberg/Haller/Schultze, a. a. O., S. 914 ff.)

Beispiel: Auszüge aus Konzernanhang

6. Konsolidierungskreis

Der Konsolidierungskreis umfasst neben der SNP Schneider-Neureither & Partner SE, Speyerer Straße 4, 69115 Heidelberg, Deutschland, als Obergesellschaft die folgenden Tochtergesellschaften, bei denen der SNP Schneider-Neureither & Partner SE unmittelbar und mittelbar die Mehrheit der Stimmrechte zusteht.

Name der Gesellschaft	Sitz der Gesellschaft	Anteilsbesitz in %
SNP Deutschland GmbH	Heidelberg, Deutschland	100
SNP Applications DACH GmbH	Heidelberg, Deutschland	100
SNP GmbH	Heidelberg, Deutschland	100
Innoplexia GmbH	Hamburg, Deutschland	100
ERST European Retail Systems Technology GmbH	Singapur	80
Hartung Consult GmbH	Berlin, Deutschland	100
SNP Austria GmbH	Pasching, Österreich	100
SNP (Schweiz) AG	Steinhausen, Schweiz	100
SNP Resources AG	Steinhausen, Schweiz	100
Harlex Consulting Ltd.	London, Großbritannien	100

Name der Gesellschaft	Sitz der Gesellschaft	Anteilsbesitz in %
SNP Poland Sp. z o.o.	Suchy Las, Polen	100
SNP Digital Hub Eastern Europe sp. z o.o. 2	Suchy Las, Polen	100
SNP Transformations, Inc.	Jersey City, NJ, USA	100
ADP Consultores S.R.L.	Buenos Aires, Argentinien	100
ADP Consultores Limitada	Santiago de Chile, Chile	100
ADP Consultores S.A.S.	Bogotá, Kolumbien	100
SNP Schneider-Neureither & Partner ZA (Pty) Limited	Johannesburg, Südafrika	100
Shanghai SNP Data Technology Co., Ltd. (vormals Hartung Informational System Co., Ltd.)	Shanghai, China	100
Qingdao SNP Data Technology Co., Ltd.	Qingdao, China	100
SNP Transformations SEA Pte. Ltd.	Singapur, Singapur	81
SNP TransformationsMalaysia Sdn. Bhd.	Kuala Lumpur, Malaysia	81
SNP Australia Pty Ltd.	Sydney, Australien	100
SNP Japan Co., Ltd. 1	Tokio, Japan	100

1 Die SNP Japan Co., Ltd. wurde im Februar 2020 gegründet.
2 Die SNP Digital Hub Eastern Europe sp. z o.o. wurde im Juli 2020 gegründet.
Die Harlex Management Ltd. wurde in 2020 als nicht mehr wesentlich entkonsolidiert.

Für folgende im Konzernabschluss enthaltene Unternehmen wird von der Befreiungsvorschrift von § 264 Abs. 3 HGB Gebrauch gemacht.

- SNP Deutschland GmbH, Heidelberg
- SNP Applications DACH GmbH, Heidelberg
- SNP GmbH, Heidelberg
- Hartung Consult GmbH, Berlin
- Innoplexia GmbH, Heidelberg
- ERST European Retail Systems Technology GmbH, Hamburg

7. Konsolidierungsgrundsätze

Der Konzernabschluss basiert auf den nach konzerneinheitlichen Rechnungslegungsmethoden erstellten Jahresabschlüssen der SNP Schneider-Neureither & Partner SE und der einbezogenen Tochterunternehmen. Tochtergesellschaften werden ab dem Erwerbszeitpunkt, d. h. ab dem Zeitpunkt, an dem der Konzern die Beherrschung erlangt, voll konsolidiert. Die Einbeziehung in den Konzernabschluss endet, sobald die Beherrschung durch das Mutterunternehmen nicht mehr besteht.

Die Kapitalkonsolidierung erfolgt nach der Erwerbsmethode. Zum Zeitpunkt des Erwerbs erfolgt eine Verrechnung der übertragenen Gegenleistung einschließlich der nicht beherrschenden Anteile an dem erworbenen Unternehmen mit dem Saldo aus erworbenen identifizierbaren Vermögenswerten und übernommenen Schulden. Ein verbleibender positiver Unterschiedsbetrag wird als Geschäfts- oder Firmenwert angesetzt. Ein nach nochmaliger Überprüfung verbleibender negativer Unterschiedsbetrag wird als Gewinn erfasst.

[…]

29. Rückstellungen

In Tausend €	Stand 1.1.2020	Verbrauch	Auflösung	Umgliederung	Zuführung	Stand 31.12.2020
Archivierungskosten	26	0	0	0	0	26
Prozesskosten	89	0	0	0	951	1040
Mitarbeiterbezogene Rückstellungen	603	0	0	–603	58	58
Gesamt	**718**	**0**	**0**	**–603**	**1009**	**1124**

[…]

33. Steuererstattungsansprüche, Steuerschulden und latente Steuern

Die Steuererstattungsansprüche und Steuerschulden betreffen Forderungen und Verbindlichkeiten aus laufenden Ertragsteuern.

[…]

28. Sonstige nichtfinanzielle Verbindlichkeiten

	2020			**2019**
In Tausend €	**Kurzfristig**	**Langfristig**	**Gesamt**	**Kurzfristig**
Mitarbeiterbezogene Verbindlichkeiten	17 250	0	17 250	490
Sonstige Steuern	3215	0	3215	2441
Zuschüsse	143	246	389	0
Sonstige nichtfinanzielle Verbindlichkeiten	1413	0	1413	1727
Umbuchung zu Veräußerungsgruppe	–3814	0	–3814	0
Gesamt	**18 225**	**246**	**18 471**	**18 672**

Die mitarbeiterbezogenen Verbindlichkeiten betreffen überwiegend Urlaubs- und Bonusverpflichtungen sowie Verpflichtungen für mitarbeiterbezogene soziale Abgaben.

[...]

40. Sonstige betriebliche Erträge

Die sonstigen betrieblichen Erträge gliedern sich wie folgt:

In Tausend €	**2020**	**2019**
Währungskursdifferenzen	2266	792
Werbezuschüsse	386	298
Mietkonzessionen	179	0
Versicherungsentschädigungen	154	84
Auflösung von Rückstellungen und Ausbuchung von Verbindlichkeiten	107	564
Sonstige Zuschüsse	85	0
Mehrerlös aus Anlagenabgang	45	270
Übrige	229	451
Gesamt	**3451**	**2459**

41. Materialaufwand

Es handelt sich um Kosten für den Einkauf externer Berater zur Durchführung von Projekten (Aufwendungen für bezogene Leistungen) und um den Einkauf von Fremdlizenzen zum Weiterverkauf.

42. Personalaufwand

Im Personalaufwand sind Aufwendungen für beitragsorientierte Altersversorgungssysteme in Höhe von 425 Tausend € (i. Vj. 424 Tausend €) erfasst (ohne Versicherungsbeiträge zur gesetzlichen Rentenversicherung). Die Beiträge zu den gesetzlichen Rentenversicherungen betrugen 4575 Tausend € (i. Vj. 5427 Tausend €). Im Personalaufwand sind Aufwendungen für Abfindungen in Höhe von 1117 Tausend € (i. Vj. 609 Tausend €) enthalten.

Die durchschnittliche Anzahl der Arbeitnehmer hat sich im Konzern wie folgt entwickelt:

	2020	**2019**
Vollzeit	1388	1230

43. Sonstige betriebliche Aufwendungen

Die sonstigen betrieblichen Aufwendungen gliedern sich wie folgt:

In Tausend €	2020	2019
Dienstleistungen	4512	4492
Werbung, Repräsentation	4368	5205
Währungsverluste	3501	1870
Rechts- und Beratungskosten	2293	1229
Raumkosten, Energie	2112	2248
Miete, Leasing	1823	1672
Sonstige Personalkosten	1458	3123
Reisekosten	1245	5031
Kommunikation	1035	1065
Versicherungen, Beiträge	582	591
Büromaterial	376	565
Verwaltungsrat	144	116
Kosten des Geldverkehrs	122	136
Abschreibungen auf Forderungen	62	236
Aufwand aus Anlagenabgang	22	62
Übrige	550	552
Gesamt	**25914**	**30495**

[…]

44. Finanzergebnis

Das Finanzergebnis setzt sich folgendermaßen zusammen:

In Tausend €	2020	2019 angepasst
Sonstige finanzielle Erträge		
Festgeldanlage	7	4
Derivate	4	0
Pensionsverpflichtungen	8	17
Aufzinsung von Vertragsvermögenswerte	13	1
Auflösung von Wertberichtigungen	0	151
Sonstige Zinserträge	14	31
Summe	**46**	**204**

In Tausend €	2020	2019 angepasst
Sonstige finanzielle Aufwendungen		
Bankzinsen	228	31
Derivate	5	0
Zinsen für Schuldscheindarlehen	611	842
Pensionsverpflichtungen	28	49
Leasing	595	695
Aufzinsung Kaufpreisverpflichtungen	29	38
Wertberichtigungen	91	0
Sonstige Zinsaufwendungen	35	96
Summe	**1622**	**1751**

Abb. 49
Konzernkapitalflussrechnung für die Zeit vom 1. 1. bis 31. 12. 2020

In Tausend €	2020	2019 angepasst
Periodenergebnis	**−1838**	**−1420**
Abschreibungen	8385	11688
Veränderung Rückstellung für Pensionen	−62	828
Übrige zahlungsunwirksame Erträge/Aufwendungen	−1572	681
Veränderungen Forderungen aus Lieferungen und Leistungen, Vertragsvermögenswerte, sonstige kurzfristige Vermögenswerte, sonstige langfristige Vermögenswerte	−9763	−24673
Veränderungen der Verbindlichkeiten aus Lieferungen und Leistungen, Vertragsverbindlichkeiten, sonstige Rückstellungen, Steuerschulden, sonstige kurzfristige Verbindlichkeiten	6847	7807
Cashflow aus betrieblicher Tätigkeit (1)	**1997**	**−5089**
Auszahlungen für Investitionen in das Sachanlagevermögen	−1424	−2194
Auszahlungen für Investitionen in das immaterielle Anlagevermögen	−696	−1671

In Tausend €	2020	2019 angepasst
Auszahlungen für Investitionen in finanzielle Vermögenswerte	–20 000	0
Auszahlungen für Investitionen in At-Equity-Beteiligungen	–200	–25
Einzahlungen aus Abgängen von Gegenständen des immateriellen Anlagevermögen und Sachanlagevermögens	110	288
Auszahlungen aus dem Erwerb von konsolidierten Unternehmen und sonstigen Geschäftseinheiten	–956	–4558
Cashflow aus der Investitionstätigkeit (2)	**–23 166**	**–8160**
Einzahlungen aus Kapitalerhöhung	27 573	0
Auszahlungen für den Kauf eigener Anteile	–1204	–1094
Einzahlungen aus der Aufnahme von Darlehen	17 022	242
Auszahlungen für die Tilgung von Darlehen und sonstigen finanziellen Verbindlichkeiten	–5938	–148
Auszahlungen für die Tilgung von Leasingverbindlichkeiten	–5245	–6315
Cashflow aus der Finanzierungstätigkeit (3)	**32 208**	**–7315**
Auswirkungen von Wechselkursänderungen auf Barmittel und Bankguthaben (4)	–771	–273
Zahlungswirksame Veränderung des Finanzmittelbestandes (1) + (2) + (3) + (4)	**10 268**	**–20 837**
Finanzmittelbestand am Anfang des Geschäftsjahres	19 137	39 974
Finanzmittelbestand zum 31. Dezember	**29 405**	**19 137**
Zusammensetzung des Finanzmittelbestandes:	**2020**	**2019**
Liquide Mittel	29 405	19 137
Finanzmittelbestand zum 31. Dezember	**29 405**	**19 137**

(Quelle: SNP-Geschäftsbericht 2020, S. 82)

Abb. 50
Konzerneigenkapitalspiegel für die Zeit vom 1. 1. bis 31. 12. 2020

In Tausend €	Gezeichnetes Kapital	Kapitalrücklage	Gewinnrücklagen
Stand zum 1. 1. 2019	**6602**	**59 968**	**7605**
Kauf eigner Anteile			
Gesamtergebnis			2317
Davon Hyperinflation			–190
Stand zum 31. 12. 2019 (wie berichtet)	**6602**	**59 968**	**9922**
Fehlerkorrektur			–3677
Stand zum 31. 12. 2019 (angepasst)	**6602**	**59 968**	**6245**
Kapitalerhöhung	610	26 963	
Kauf eigener Anteile			
Aktienoptionsprogramm		137	
Gesamtergebnis			–1520
Davon Hyperinflation			–445
Stand zum 31. 12. 2020	**7212**	**87 068**	**4725**

(Quelle: SNP-Geschäftsbericht 2020, S. 83)

D. Der Lagebericht, der Vergütungsbericht und der Prüfbericht

I. Der Lagebericht zum Einzel- und Konzernabschluss

1. Rechtliche Grundlagen

Neben dem Jahresabschluss bzw. dem Konzernjahresabschluss tritt als ergänzendes und eigenständiges Informationsinstrument der Lagebericht (§ 264 Abs. 1 HGB) bzw. der Konzernlagebericht (§ 290 Abs. 1 HGB). Die Pflicht zur Aufstellung eines *Lageberichts* ergibt sich für »mittelgroße« und »große« Kapitalgesellschaften aus § 264 Abs. 1 HGB. (Dies gilt nach § 264a Abs. 1 HGB entsprechend auch für Kapitalgesellschaften & Co ohne persönlich haftenden Gesellschafter). Ist ein Unternehmen nach § 290 HGB als Muttergesellschaft zur Erstellung eines Konzernabschlusses verpflichtet, dann ist auch der Konzernabschluss um einen Konzernlagebericht zu erweitern (§ 290 Abs. 1 HGB). Allerdings hat das Mutterunternehmen die Möglichkeit, den unternehmensbezogenen Lagebericht mit dem Konzernlagebericht zusammenzufassen (§ 315 Abs. 3 HGB). In diesem Fall muss allerdings aus dem zusammengefassten Bericht hervorgehen, welche Angaben sich auf den Konzern und welche sich nur auf das Mutterunternehmen beziehen. Dies gilt auch für Unternehmen, die nach dem PublG rechnungslegungspflichtig sind (§§ 1, 5 Abs. 2 PublG).

Der Lagebericht ist zusammen mit dem Jahresabschluss innerhalb der ersten drei Monate des Geschäftsjahres für das vergangene Geschäftsjahr aufzustellen (§ 264 Abs. 1 HGB). Für den Konzernlagebericht verlängert sich die Aufstellungspflicht für kapitalmarktorientierte Unternehmen auf vier, sonst auf fünf Monate (§ 290 Abs. 1 HGB). Der Lagebericht unterliegt der Prüfpflicht (§ 316 Abs. 1 HGB). Er ist zusammen mit dem Jahresabschluss elektronisch beim Bundesanzeiger einzureichen und bekannt zu machen (§ 325 Abs. 1 Nr. 1a und Abs. 2 HGB). Eine verkürzte Offenlegungspflicht von vier Monaten besteht für kapitalmarktorientierte Kapitalgesellschaften (§ 325 Abs. 4 HGB). Gleiches gilt für den Konzernlagebericht (§ 316 Abs. 2 HGB).

Der Lagebericht muss Angaben zu folgenden Bereichen enthalten (§§ 289, 315 HGB):

- Zum Geschäftsverlauf einschließlich des Wirtschaftsergebnisses und die Lage der Gesellschaft bzw. des Konzerns (sogenannter Wirtschaftsbericht gem. § 289 Abs. 1 S. 1–3, Abs. 3 HGB, § 315 Abs. 1 S. 1–4 HGB).
  Die Grundlage der Berichterstattung zum Geschäftsverlauf und zur Lage der Gesellschaft ist die Darstellung des Geschäftsmodells des Unternehmens mit den wesentlichen Änderungen zur vergangenen Berichtsperiode. Entsprechend des DRS 20.36ff. sind dabei beispielsweise auf folgende Inhalte einzugehen:
  - Organisatorische Struktur,
  - etwaige Segmentbesonderheiten,
  - die genutzten Standorte,
  - angebotene Produkte und Dienstleistungen,
  - Geschäftsprozesse,
  - Absatzmärkte (z. B. Orte, Größe, Marktposition) sowie
  - weitere externe Einflussfaktoren für das Geschäft des Unternehmens,
  - nichtfinanzielle Leistungsindikatoren, wie Informationen über Umwelt- und Beschäftigtenbelange, soweit sie für das Verständnis des Geschäftsverlaufs oder der Lage des Konzerns von Bedeutung sind.

  Die Darstellung zum Geschäftsmodell des Unternehmens kann darüber hinaus optional um die Darstellung der durch das Unternehmen verfolgten Ziele sowie der Strategien zur Zielerreichung ergänzt werden.
- Zum Risikomanagement und zur Beurteilung der voraussichtlichen Entwicklung von Chancen und Risiken (sogenannter Risiko- und Prognosebericht gem. § 289 Abs. 1 S. 4, Abs. 5 HGB, § 315 Abs. 1 S. 5, Abs. 5 HGB).
- Zu finanzwirtschaftlichen in Bezug auf Finanzinstrumente (sogenannter Bericht über die Finanzrisiken gem. § 289 Abs. 2 Nr. 1 HGB, § 315 Abs. 2 Nr. 1 HGB).
- Zu Forschungs- und Entwicklungsaktivitäten (sogenannter Forschungs- und Entwicklungsbericht gem. § 289 Abs. 2 Nr. 2 HGB, § 315 Abs. 2 Nr. 2 HGB).
- Zu bestehenden Zweigniederlassungen (sogenannter Zweigniederlassungsbericht gem. § 289 Abs. 2 Nr. 3 HGB, § 315 Abs. 2 Nr. 3 HGB).
- Bei einer großen Kapitalgesellschaft (§ 267 Abs. 3) sind auch nichtfinanzielle Leistungsindikatoren (vgl. § 289c HGB), wie Informationen über Umwelt- und Beschäftigtenbelange, soweit sie für das Verständnis des Geschäftsverlaufs oder der Lage von Bedeutung sind, zu erläutern (§ 315 Abs. 3 HGB).
- Kapitalgesellschaften im Sinn des § 264d HGB sind verpflichtet, im Lagebericht die wesentlichen Merkmale des internen Kontroll- und des Risikomanagementsystems im Hinblick auf den Rechnungslegungsprozess zu beschreiben (§ 315 Abs. 5 HGB).

Im Lagebericht ist außerdem darauf hinzuweisen, wenn im Anhang Angaben nach § 160 Abs. 2 Nr. 1 HGB zum Bestand eigener Aktien verpflichtend sind

(§ 289 Abs. 2 S. 2 HGB). Die handelsrechtlichen Vorschriften zum Lagebericht (§ 289 HGB) werden durch DRS 20 konkretisiert. Zwar gilt DRS 20 nur für die Konzernberichterstattung, seine Anwendung auf den Lagebericht zum Einzelabschluss wird jedoch empfohlen (DRS 20.2, Teilziffer (Tz.) 2).
Nach DRS 20 haben sich die Angaben im Lagebericht an folgenden Grundsätzen zu orientieren:

- Vollständigkeit
- Verlässlichkeit und Ausgewogenheit
- Klarheit und Übersichtlichkeit
- Wesentlichkeit
- Informationsabstufung
- Vermittlung der Sichtweise der Unternehmensleitung

Für Geschäftsjahre, die nach dem 31.12.2020 beginnen, ist der Vergütungsbericht nicht mehr Bestandteil der Lageberichterstattung. Mit dem Gesetz zur Umsetzung der zweiten Aktionärsrechterichtlinie (ARUG II) v. 12.12.2019 wurde der Vergütungsbericht aus der Lageberichterstattung entfernt. § 289a Abs. 2 HGB wurde folglich gestrichen. Stattdessen wurde für börsennotierte Gesellschaften eine jährliche Verpflichtung zur Berichterstattung in einem gesonderten und umfassenden Vergütungsbericht nach § 162 AktG geschaffen, der kein Bestandteil des Jahresabschlusses mehr ist. Ebenfalls gestrichen wurde in diesem Zusammenhang die Möglichkeit gem. § 286 Abs. 5 HGB a.F., sich per Hauptversammlungsbeschluss gegen die Angaben individualisierter Vorstandsbezüge zu entscheiden.

2. Aufbau und Inhalt des Lageberichts

Aufbau und Inhalt des Lageberichts orientiert sich an DRS 20. Entsprechend den Tz. 12 und 13 hat der Konzernlagebericht sämtliche Informationen zu vermitteln, die ein verständiger Adressat benötigt, um die Verwendung der anvertrauten Ressourcen und um den Geschäftsverlauf im Berichtszeitraum und die Lage des Konzerns sowie die voraussichtliche Entwicklung mit ihren wesentlichen Chancen und Risiken beurteilen zu können. Die Informationen können direkt durch Ausführungen im Konzernlagebericht oder indirekt gemäß der in Tz. 21 aufgeführten Verweismöglichkeiten vermittelt werden. Diese Verweise müssen eindeutig sein.
Der Konzernlagebericht muss aus sich heraus verständlich sein.

a) Grundlagen des Konzerns

Dieser Teil bezieht sich nur auf den Konzernlagebericht. Der Berichtsteil zu den Grundlagen des Konzerns ist entsprechend der Vorgaben des DRSC gesondert vom Wirtschaftsbericht darzustellen. Auf ihm beruht die gesamte weitere Berichterstattung. Hier sind Angaben zum Geschäftsmodell, zur Konzernstruktur und wesentliche Veränderungen (z. B. Kauf und Verkauf von Konzerntochterunternehmen, Umstrukturierungen, Änderung der Organisationsstruktur, Segmentzusammensetzung) im Vergleich zum Vorjahr anzugeben und zu erläutern. Zusätzlich zu den aufgeführten Bestandteilen Geschäftsmodell des Konzerns, Ziele und Strategien sowie Steuerungssystem, ist auch der Teil der Forschungs- und Entwicklungsaktivitäten in diesen Berichtsteil integrierbar.

Beispiel: Grundlagen des Konzerns

Geschäftsmodell und Organisation
SNP – The Transformation Company
SNP unterstützt Unternehmen weltweit bei der Umsetzung von komplexen Transformationsprojekten und hilft ihnen, diese sicher und kostensparend durchzuführen. Die Software und Services von SNP vereinfachen durch Automatisierung die organisatorische oder technische Transformation von Geschäftsanwendungen und ermöglichen es Unternehmen so, mit dem digitalen Wandel Schritt halten zu können. Mit der Erfahrung aus einer Vielzahl an Projekten hat SNP den Transformationsansatz BLUEFIELD™ und die einzigartige Data Transformation Platform CrystalBridge entwickelt. Mit diesen innovativen Lösungen können IT-Landschaften deutlich schneller und gezielter umstrukturiert, modernisiert und Daten sicher in neue Systeme oder in Cloud-Umgebungen migriert werden. Dies gewährt Kunden klare qualitative Vorteile bei gleichzeitig deutlich geringerem Zeit- und Kostenaufwand. SNP betreut multinationale Unternehmen aller Branchen. SNP wurde 1994 gegründet, ist seit dem Jahr 2000 börsennotiert und seit August 2014 im Prime Standard der Frankfurter Wertpapierbörse (ISIN DE0007203705) gelistet. Seit 2017 firmiert das Unternehmen als Europäische Aktiengesellschaft (Societas Europaea/SE).
(SNP Geschäftsbericht 2020, Konzernlagebericht, S. 34)

b) Wirtschaftsbericht (§ 289 Abs. 1 und 3 HGB)

Im Wirtschaftsbericht sind der Geschäftsverlauf, das Geschäftsergebnis und die Vermögens-, Finanz- und Ertragslage darzustellen und zu erläutern. Soweit es für das Verständnis erforderlich ist, sind hierbei auch gesamtwirtschaftliche und branchenspezifische Rahmenbedingungen zu berücksichtigen. Durch die Darstellung vom Geschäftsverlauf einschließlich des Geschäftsergebnisses soll den Adressaten des Lageberichts ein Überblick über die Unternehmensentwicklung ermöglicht sowie das Geschäftsergebnis geschildert werden. Die hier aufzuführenden Informationen können dazu anhand der funktionalen Unternehmensbereiche aufgegliedert werden. Ergänzend können zum Beispiel Umstrukturierungsmaßnahmen, Kooperationsvereinbarungen, Veränderungen von Wettbewerbsbedingungen, saisonale Einflüsse oder Schadens- und Unglücksfälle angegeben werden. Weiterhin ist die vergangene und derzeitige wirtschaftliche

Lage der Gesellschaft entsprechend den tatsächlichen Verhältnissen darzustellen. Der Bericht über die Lage der Gesellschaft umfasst in diesem Zusammenhang die spezifische unternehmensbezogene Vermögens-, Finanz- und Ertragslage sowie die gesamtwirtschaftliche bzw. Branchensituation, wie z. B. Branchenkonjunktur und jeweilige Marktstellung. Anzumerken ist, dass die Lage der Gesellschaft jeweils gesondert entsprechend der einzelnen Bestandteile Vermögenslage, Finanzlage und Ertragslage geschildert wird.

Bei der **Vermögenslage** ist auf die Zusammensetzung des Vermögens, zur Investitions- und Abschreibungspolitik, zu wesentlichen Unterschieden zwischen Buch- und Verkehrswerten (z. B. Stille Reserven) und auf bilanzmäßig nicht ausgewiesenes Vermögen einzugehen. Auf wesentliches, nicht betriebsnotwendiges Vermögen ist ebenso hinzuweisen wie auf außerbilanzielle Geschäfte und Haftungsverhältnisse.

Bei der **Finanzlage** ist die Kapitalstruktur, Investitionen und Liquidität darzustellen, zu analysieren und zu erläutern (DRS 20.78). Es sind Aussagen zu treffen über die Kapitalstruktur (z. B. Bilanzstrukturkennzahlen), die Liquidität (z. B. anhand von Liquiditätsgraden), zur Finanzierungsrechnung (z. B. Cash-Flow-Rechnung) und zur Kapitalflussrechnung.

Bei der **Ertragslage** ist einzugehen auf die Ergebnisentwicklung, die Ergebnisstruktur (abgebildet durch entsprechende Kennzahlen, wie z. B. EBIT) und die wesentlichen Ergebnisquellen. Das Ergebnis ist in ein betriebliches und in ein betriebsfremdes Ergebnis aufzuteilen; außerdem müssen geschäftsübliche und außergewöhnliche oder nicht wiederkehrende Ergebniskomponenten getrennt ausgewiesen werden (DRS 20.66). Die Ursachen für die Ergebnisentwicklung sind zu analysieren (DRS 20.75). Dabei sind insbesondere Erläuterungen zur Wirtschaftlichkeit der Leistungserstellung, zur Kapazitätsauslastung, zu den Personalkosten, zu den Preisen und Konditionen der wichtigsten Beschaffungs- und Absatzmärkte sowie der steuerlichen Situation verpflichtend.

c) Nachtragsbericht (§ 289 Abs. 2 Nr. 1 HGB)

Hier ist auf bedeutsame Vorgänge einzugehen, die nach Schluss des Geschäftsjahres eingetreten sind und deren Auswirkungen auf die Ertrags-, Finanz- und Vermögenslage darzustellen und zu erläutern sind (DRS 20.114ff.). Da durch das BilRUG der Nachtragsbericht in den Anhang verlagert wurde, ist hier nur noch ein Hinweis auf die Veröffentlichung im Anhang erforderlich.

d) Prognose-, Chancen- und Risikobericht (§ 289 Abs. 1 S. 3 HGB)

Hier ist die voraussichtliche Entwicklung des Konzerns mit den wesentlichen Chancen und Risiken aus Sicht der Konzernleitung zu erläutern.

Im Prognosebericht ist eine Beurteilung und Prognose zum zukünftigen Geschäftsverlauf und zur zukünftigen Lage des Konzerns abzugeben; die Ausführungen sind zu einer Gesamtaussage zu verdichten (DRS 20.118ff.). Der Prognosezeitraum muss mindestens ein Jahr umfassen (DRS 20.127). Die Annahmen, unter denen die Prognose erstellt wurde, sind ebenfalls anzugeben (DRS 20.120). Aktuell sind daher auch wirtschaftliche Risiken, die z. B. durch die Covid-19-Pandemie oder den Ukraine-Krieg bestehen, im Lagebericht darzustellen. Dabei ist insbesondere auf folgende Punkte einzugehen:

- geplante Finanzierungsvorhaben (DRS 20.83)
- Änderungen von bedeutsamen Kreditkonditionen (DRS 20.85)
- Unsicherheit über die Fortführung bedeutender Investitionsvorhaben (DRS 20.87)
- absehbare Liquiditätsengpässe (DRS 20.95)
- Bestimmungen z. B. in Kreditverträgen, deren Nichtbeachtung umfangreiche vorzeitige Rückzahlungsverpflichtungen auslösen können (DRS 20.96).

Der Risikobericht enthält zunächst Angaben zum Risikomanagementsystem, zu den einzelnen Risiken sowie eine zusammenfassende Bewertung der Risikosituation (DRS 20.135ff.). Veränderungen der Risikosituation zum Vorjahr sind zu erläutern. Dies gilt ebenso in Bezug auf Maßnahmen zur Risikobegrenzung (z. B. Verzicht auf besonders risikoreiche Geschäfte, Begrenzung des Umfangs des Geschäftsvolumens einzelner Geschäfte, Versicherungslösung).

Aus Vorsichts- und Haftungsgründen liegt der Schwerpunkt der Berichterstattung in der Praxis stärker auf den Risiken als auf den Chancen. Die Darstellung der voraussichtlichen Entwicklung eines Unternehmens bzw. eines Konzerns basiert teilweise auf bereits bekannten Fakten wie z. B. der Absatzentwicklung und der aktuellen Auftragslage, sie beinhaltet daneben aber auch Prognosen über den zukünftigen Geschäftsverlauf durch die Unternehmensleitung. Der Prognosezeitraum soll mindestens ein Jahr sein. Die Beurteilung der zukünftigen Entwicklung eines Unternehmens oder Konzerns dürfte zwar von der jeweiligen Interessenlage der Unternehmensleitung abhängig sein, jedoch muss diese Einschätzung bei Aktiengesellschaften auf einem »Risiko-Management-System« basieren, zu dessen Errichtung die Vorstände nach § 91 Abs. 2 AktG verpflichtet sind. Bei börsennotierten Aktiengesellschaften hat der Abschlussprüfer im Rahmen seiner Prüfung überdies zu prüfen, ob der Vorstand dieser Verpflichtung in geeigneter Form nachgekommen ist und ob das eingerichtete Überwachungssystem seine Aufgaben angemessen erfüllen kann (§ 318 Abs. 4 HGB).

Prognose-, Chancen- und Risikobericht können zu einem Bericht zusammengefasst werden (DRS 20.117).

Beispiel: Prognose-, Chancen- und Risikobericht

Risiko-, Chancen- und Prognosebericht

Risikomanagement und Risikobericht

Die SNP Gruppe ist im Rahmen ihrer Geschäftstätigkeit einer Vielzahl von Risiken ausgesetzt, die untrennbar mit dem unternehmerischen Handeln verbunden sind. Um Risiken frühzeitig zu erkennen, zu bewerten und konsequent zu handhaben, setzt SNP wirksame Steuerungs- und Kontrollsysteme ein. Diese wurden zu einem einheitlichen Risikomanagementsystem zusammengefasst, das nachfolgend dargestellt wird. Risiken bezeichnen die Möglichkeit des Auftretens von Ereignissen mit ungünstiger Auswirkung auf die wirtschaftliche Lage von SNP. Alle Risiken werden systematisch identifiziert, bewertet und kontrolliert. In der Regel stehen den Risiken angemessene Chancen gegenüber, Die Chancen werden jedoch im Risikomanagementsystem nicht erfasst. Es gab im Berichtszeitraum keine wesentlichen Veränderungen des Risikomanagementsystems im Vergleich zum Vorjahr.

Risikomanagementsysteme (Bericht und Erläuterungen gemäß § 315 Abs. 2 Nr. 5 und § 289 Abs. 5 HGB)

SNP strebt ein nachhaltiges Wachstum und eine stetige Steigerung des Unternehmenswerts an. Diese Strategie spiegelt sich in der Risikopolitik wider. Die Grundlage des Risikomanagements umfasst die Überwachung und Bewertung der finanziellen, konjunkturellen und marktbedingten Risiken. Zur Sicherstellung der konzernweiten systematischen Risikofrüherkennung ist bei SNP ein »Überwachungssystem zur Früherkennung existenzgefährdender Risiken« gemäß § 91 Abs. 2 AktG installiert.

Das Risikofrüherkennungssystem gewährleistet, dass der SNP-Konzern sich jeweils zeitnah an Veränderungen seines Umfelds anpassen kann. Die ständige Weiterentwicklung des Risikomanagementsystems ist eine wichtige Voraussetzung für die Möglichkeit der zeitnahen Reaktion auf sich ändernde Rahmenbedingungen, die direkt oder indirekt einen Einfluss auf die Vermögens-, Finanz- und Ertragslage der SNP SE haben können.

Risikomanagementsystem im Hinblick auf wesentliche und bestandsgefährdende Risiken

Das Risikomanagementsystem im Hinblick auf wesentliche und bestandsgefährdende Risiken ist in das wertorientierte Führungs- und Planungssystem der SNP-Gruppe integriert und ein wichtiger Bestandteil des gesamten Planungs-, Steuerungs- und Berichterstattungsprozesses in allen relevanten rechtlichen Einheiten, Geschäftsfeldern und Zentralfunktionen. Es zielt darauf ab, wesentliche und bestandsgefährdende Risiken systematisch zu identifizieren, zu beurteilen, zu kontrollieren und zu dokumentieren. Der Verwaltungsrat gibt Leitlinien für das Risikomanagement vor; diese Leitlinien dienen als Grundlage für die Risikosteuerung durch den Risikomanagementbeauftragten.

Der Risikomanagementbeauftragte stellt sicher, dass die Fachabteilungen initiativ und zeitnah Risiken identifizieren, diese sowohl quantitativ als auch qualitativ be-

werten und geeignete Maßnahmen zur Risikovermeidung bzw. -kompensation entwickeln.
Anhand einer systematischen Risikoinventur werden die Risiken von den jeweiligen Verantwortlichen mindestens einmal im Geschäftsjahr überarbeitet und neu eingeschätzt. Zusätzlich zur Regelberichterstattung gibt es für unerwartet auftretende Risiken eine konzerninterne Berichterstattungspflicht. Jedes Risiko wird dazu einer Risikogruppe zugeordnet. Bei der Meldung und Neueinschätzung der Risiken müssen Schadenshöhe und Eintrittswahrscheinlichkeit gemäß den Vorgaben einer Richtlinie angegeben werden. Aufgabe der Verantwortlichen ist es, in Abhängigkeit von der Beurteilung der Risiken Maßnahmen zu entwickeln und gegebenenfalls einzuleiten, die dazu geeignet sind, Risiken zu vermeiden, zu reduzieren oder sich gegen diese abzusichern. Im Rahmen unterjähriger Prozesse werden die wesentlichen Risiken sowie eingeleitete Gegenmaßnahmen überwacht. Geschäftsführende Direktoren und Verwaltungsrat werden regelmäßig über die wesentlichen identifizierten Risiken informiert.
Risiken
Im Berichtszeitraum sind im Vergleich zum Vorjahr neue Einzelrisiken aufgetreten, die einzeln und in der Summe als nicht bestandsgefährdend anzusehen sind. Auf diese Risiken wird im Folgenden insbesondere unter »ökonomische und politische Risiken« als auch rechtliche Risiken eingegangen. Im Hinblick auf die stärkere Fokussierung auf das Wachstumsfeld im Bereich Partnervertrieb hat SNP die im Vorjahr eingeleiteten Maßnahmen zur größeren Standardisierung und zum Ausbau des Wissensmanagements ausgeweitet. Dies gilt gleichermaßen für Maßnahmen zum Schutz seiner geistigen Eigentumsrechte, die sich aus dieser Fokussierung ergeben. Darüber hinaus hat SNP zahlreiche Maßnahmen auf der Liquiditäts- und Kostenseite getroffen, die den negativen Folgen der Coronakrise auf unsere Geschäftstätigkeit, unsere Finanz- und Ertragslage und unsere Cashflows entgegenwirken.
Ökonomische und politische Risiken
Die Unsicherheit in der globalen Wirtschaft und den Finanzmärkten, gesellschaftliche und politische Instabilität, beispielsweise verursacht durch innerstaatliche Konflikte, Terroranschläge, Bürgerunruhen, Krieg, internationale Konflikte, Pandemien, Handelskonflikte mit China oder den Brexit, könnten unsere Geschäftstätigkeit beeinträchtigen oder sich negativ auf unsere Geschäftstätigkeit, unsere Finanz- und Ertragslage sowie unsere Cashflows auswirken.
Derzeit stufen wir die wirtschaftlichen Auswirkungen von politischen Risiken in Ländern, in denen wir unsere Tätigkeit ausüben bzw. in denen wir über Standorte verfügen, für unser Geschäft als vernachlässigbar ein.
Dagegen sehen wir unverändert zum Vorjahr valide ökonomische Risiken infolge des Coronavirus (COVID-19) für die globale Wirtschaft, in deren Folge unsere Kunden geplante IT-Projekte verschieben oder absagen könnten mit den entsprechend negativen Folgen auf unsere Geschäftstätigkeit, unsere Finanz- und Ertragslage sowie unsere Cashflows. Derzeit ist nicht verlässlich abzusehen, wie lange die Coronakrise weiter andauern wird und welches Ausmaß die Folgen auf unsere Geschäftstätigkeit haben

werden. Allerdings zeigt sich die Auftragseingangsseite zum Zeitpunkt der Berichterstellung stabil.

Etwaige Reise- und Mobilitätsbeschränkungen sowie krankheitsbedingte Ausfälle von Mitarbeitern könnten zusätzliche Auswirkungen auf unsere Finanz- und Ertragslage sowie unsere Cashflows haben. Allerdings hat die Coronakrise gezeigt, dass das in der Vergangenheit sehr reiseintensive Geschäftsmodell der SNP-Gruppe auch unter Reise- und Mobilitätsbeschränkungen sowie ohne direkten Kundenkontakt sehr gut funktioniert, da Service- und Beratungsdienstleistungen digitalisiert und somit standortunabhängig angeboten und umgesetzt werden können.

Die Kunden von SNP sind überwiegend Großunternehmen und weltweit operierende Konzerne. Die konjunkturellen Zyklen haben Einfluss auf das Geschäfts- und Investitionsverhalten dieser Konzerne, deshalb kann der geschäftliche Erfolg von der weltweiten Konjunktur- und Wirtschaftsentwicklung beeinflusst werden. Kostensenkungsmaßnahmen und Investitionsstopps für IT-Projekte auf Kundenseite können zu Projektverschiebungen und/oder -stornierungen führen. SNP versucht dieses Marktrisiko durch regionale Diversifizierung zu mindern.

Der Diversifizierungseffekt greift bei einer weltweiten Krise allerdings nur beschränkt. Die Unternehmensführung versucht deshalb, diesen Risiken ferner durch Marktbeobachtung zu begegnen, um gegebenenfalls durch zeitnahe Anpassung der Unternehmens- und Kostenstruktur auf gravierende Veränderungen reagieren zu können.

Darüber hinaus unterliegt SNP im Jahresverlauf den für die IT-Branche typischen Zyklen. Dazu gehört ein in der Regel signifikant nachfragestarkes viertes Quartal. Aufgrund der Coronakrise zeigte sich für das Jahr 2020 ein untypischer Verlauf, wonach die erzielten Umsätze im zweiten Halbjahr und vor allem im vierten Quartal deutlich unter Vorjahr und den Erwartungen lagen. Der Umsatzrückgang ist überwiegend auf eine Corona-bedingte Zurückhaltung von Endkunden bei der Vergabe von Neuprojekten sowie auf zeitliche Verschiebungen von Großprojekten zurückzuführen. Der daraus resultierende negative Ergebniseffekt konnte durch den verringerten Einsatz von freien Mitarbeitern abgemildert werden.

Weil die Kapazitäten im Unternehmen, insbesondere im Bereich Service, zu großen Teilen ganzjährig auf die erwarteten Nachfragespitzen ausgerichtet werden, besteht hier ein erhöhtes Risiko, wenn es zu kurzfristigen Änderungen im Investitionsverhalten kommt. SNP versucht diese Risiken durch den Einsatz freier Mitarbeiter zu vermindern. Im Berichtsjahr wurden für den Einsatz von Fremddienstleistern in Projekten 10,7 Mio. € (i. Vj. 11,2 Mio. €) aufgewendet. Ebenso versucht SNP die Risiken und ihre negativen Auswirkungen durch einen laufenden Ausbau des Anteils von Wartungserlösen und wiederkehrenden Umsätzen und damit besser planbaren Umsätzen zu mindern. Die Wartungserlöse haben sich so im Jahr 2020 um 2,7 Mio. € oder rund 33 % auf 10,9 Mio. € erhöht (i. Vj. 8,2 Mio. €).

Ebenso wenig kann im Bereich Software ausgeschlossen werden, dass fest eingeplante Softwareverkäufe kurzfristig nicht realisiert werden können bzw. Kaufentscheidungen der Kunden verschoben werden müssen und dies Einfluss auf die Zielerreichung der Gesellschaft hat. SNP versucht dieses Risiko durch eine stärkere Diversifizierung der Softwareprodukte, Stärkung der Lizenzmodelle mit wiederkehrenden Umsätzen und

stärkere Vermarktung aller Softwareprodukte zu vermindern. Der Umsatz mit SNP-Eigenprodukten belief sich im Geschäftsjahr 2020 auf 41,9 Mio. € (i. Vj. 40,0 Mio. €).
SNP stuft die ökonomischen und politischen Risiken für die Segmente Service und Software mit einer mittleren Eintrittswahrscheinlichkeit als mittleres Risiko ein.
[...]
Liquiditätsrisiko/Zinsänderungsrisiko
SNP verfügt über hohe liquide Mittel, welche täglich verfügbar oder ausschließlich als Festgeld, Tagesgeld oder in ähnlich konservativen Produkten mit einer Laufzeit von bis zu einem Jahr angelegt werden. Das den Geldanlagen unterliegende Zinsänderungsrisiko ist somit zu vernachlässigen. Bei einer niedrigen Verzinsung oder einer Negativverzinsung der genannten Anlageformen ist SNP bei gleichzeitig höher liegender Preisinflation (Teuerungsrate) dem Risiko des Kaufkraftverlusts der gehaltenen Finanzmittel ausgesetzt. Das Risiko des Ausfalls von Geschäftspartnern, bei denen SNP Einlagen tätigt oder mit denen derivative Finanzkontrakte abgeschlossen werden, wird durch regelmäßige Bonitätsprüfungen der betreffenden Institute minimiert.
SNP finanziert sich über Eigen- und Fremdmittel. Die Eigenkapitalquote zum 31. Dezember 2020 beläuft sich auf 42,4 % (i. Vj. 39,2 %), der Anteil verzinslicher Fremdmittel zur Bilanzsumme auf 24,8 % (i. Vj. 23,5 %). Die verzinslichen Fremdmittel resultieren überwiegend aus Schuldscheindarlehen mit einem Gesamtnominalwert von 35,0 Mio. € und unterschiedlichen Laufzeiten bis 2022 und 2024. Schuldscheindarlehen mit einem Nominalvolumen von 25 Mio. € enthalten neben einem Basiszinssatz einen variablen Zinssatzanteil in Höhe des 6-Monats-Euribor. Liegt der 6-Monats-Euribor unterhalb 0 %, so ist der variable Zinssatz bei 0 % fixiert. Steigt der 6-Monats-Euribor über 0 %, so unterliegt SNP einem Zinsänderungsrisiko. SNP beobachtet intensiv die Marktzinsentwicklung, die Möglichkeiten und Kostenentwicklung von Absicherungsmaßnahmen und nimmt bei Bedarf entsprechende Sicherungsmaßnahmen vor. Zum Bilanzstichtag bestehen zwei Zinssicherungsgeschäfte zur Absicherung von Zinsrisiken.
Die Schuldscheinverträge enthalten verpflichtend einzuhaltende, branchenübliche Finanzrelationen auf Basis der Konzern-Jahresabschlusszahlen in zwei Stufen. Wird die erste Stufe der Finanzrelationen gebrochen, so hat der Bruch eine Erhöhung des Zinssatzes um 0,5 Prozentpunkte im folgenden Geschäftsjahr zur Folge. Wird die zweite Stufe der Finanzrelationen gebrochen, so besteht eine vertragliche Kündigungsmöglichkeit der Schuldscheingeber. SNP unterliegt insoweit einem Zinsänderungsrisiko wie auch dem Risiko einer Kündigung und dem damit verbundenen Liquiditätsrisiko. SNP beobachtet und prognostiziert die Finanzrelationen regelmäßig, um bei Bedarf geeignete Gegenmaßnahmen einzuleiten.
Vor dem Hintergrund eines hohen Bestandes an liquiden Mitteln (26,0 Mio. € zum 31. Dezember 2020, nach Umgliederung von liquiden Mitteln in Höhe von 3,4 Mio. € in Vermögen von Veräußerungsgruppen; i. Vj. 19,1 Mio. €), weiteren kurzfristig angelegten Geldern in Höhe von 20,0 Mio. € (i. Vj. 0,0 Mio. €) und einer soliden Finanzierungsstruktur stuft das Management für die Segmente Service und Software

> das Liquiditätsrisiko mit einer geringen Eintrittswahrscheinlichkeit als geringes Risiko ein.
> (SNP Geschäftsbericht 2020, Konzernlagebericht, S. 56ff.)

e) Forschungs- und Entwicklungsbericht (§ 289 Abs. 2 Nr. 3 HGB)

Gefordert sind Angaben zur Gesamthöhe der Forschungs- und Entwicklungsaufwendungen sowie die daraus resultierenden Möglichkeiten und Erfolgspotenziale. Dazu zählen auch die Angaben über die Anzahl der beschäftigten Personen in diesem Bereich, Angaben über Forschungs- und Entwicklungsinvestitionen, bestehende Forschungs- und Entwicklungseinrichtungen. Angaben über konkrete Forschungsergebnisse oder laufende Entwicklungsvorhaben sind zwar möglich, insbesondere aus Wettbewerbsgründen weder gefordert noch zu erwarten.

f) Zweigniederlassungsbericht (§ 289 Abs. 2 Nr. 4 HGB)

Im Bericht über die Zweigniederlassungen sind die Informationen über bestehende Zweigniederlassungen im In- und Ausland darzustellen, um den Geschäftsberichtsadressaten einen Einblick in den Stand und die Entwicklung der Marktpräsens des Unternehmens zu ermöglichen. Weiterhin sind Angaben zu wesentlichen Veränderungen, wie Sitzverlegung, Neugründungen, Schließungen von Niederlassungen verpflichtend.

g) Internes Kontrollsystem und Risikomanagementsystem

Hier ist das interne Risiko- und Kontrollsystem zu erläutern. Verpflichtend sind diese Angaben nur bei kapitalmarktorientierten Unternehmen. Die Berichterstattung kann mit dem Risikobericht zusammengefasst werden, wie in unserem Beispiel auch geschehen.

h) Risikoberichterstattung im Hinblick auf Finanzinstrumente

Hier ist eine Risikoberichterstattung speziell im Hinblick auf die Verwendung von Finanzinstrumenten gefordert (DRS 20.179ff.). Die Berichterstattung kann in den allgemeinen Risikobericht integriert werden (DRS 20.180), wie in unserem Beispiel ebenfalls geschehen.

i) Übernahmerelevante Informationen

Diese Angaben betreffen nur Mutterunternehmen, die einen organisierten Kapitalmarkt i. S. d. § 2 Abs. 7 WpÜG durch stimmberechtigte Aktien in Anspruch nehmen (DRS 20.K188). Diese Angaben sollen dazu dienen, einem potenziellen Bieter vor Abgabe eines Übernahmeangebots ein umfassendes Bild über die Zielgesellschaft, ihre Struktur und eventuell bestehende Übernahmehindernisse zu verschaffen.

Beispiel: Übernahmerelevante Informationen
Im Folgenden werden die gemäß § 315 Abs. 4 HGB erforderlichen übernahmerechtlichen Angaben dargestellt:

Zusammensetzung des gezeichneten Kapitals (§ 289a Abs. 1 S. 1 Nr. 1, § 315a Abs. 1 S. 1 Nr. 1 HGB)
Zum 31. Dezember 2020 beträgt das Grundkapital der SNP Schneider-Neureither & Partner SE 7212447,00 € und ist eingeteilt in 7212447 auf den Inhaber lautende Stammaktien in Form von nennwertlosen Stückaktien mit einem rechnerischen Anteil am Grundkapital von je 1,00 €. Jede Aktie gewährt eine Stimme. Zum 31. Dezember 2020 hält die Gesellschaft einen Bestand an eigenen Aktien in Höhe von 75702 Stück.

Zusammensetzung des gezeichneten Kapitals
Das Grundkapital der Gesellschaft beträgt zum 31. Dezember 2020 7212447,00 € (i. Vj. 6602447,00 €) und besteht aus 7212447 (i. Vj. 6602447) auf den Inhaber lautende Stammaktien in Form nennwertloser Stückaktien der SNP Schneider-Neureither & Partner SE mit einem rechnerischen Nennbetrag von jeweils 1,00 €. Am 15. Juli 2020 hat die SNP Schneider-Neureither & Partner SE unter teilweiser Ausnutzung des genehmigten Kapitals eine Barkapitalerhöhung erfolgreich abgeschlossen, in deren Folge das Grundkapital der Gesellschaft um 610000 €, eingeteilt in 610000 auf den Inhaber lautende Stückaktien, auf insgesamt 7212447 €, eingeteilt in 7212447 Aktien, erhöht wurde. Die neuen Aktien wurden zu einem Preis von 46,00 € je Aktie emittiert und sind für das Geschäftsjahr 2020 beginnend am 1. Januar 2020 gewinnanteilsberechtigt. Die Bezugsquote betrug 100%. Dadurch erzielte die Gesellschaft einen Bruttomittelzufluss von 28060 T€. Die Eintragung der Kapitalerhöhung in das Handelsregister erfolgte am 17. Juli 2020, seit dem 21. Juli 2020 werden die neuen Aktien in den Börsenhandel einbezogen.

Erwerb und Rückkauf eigener Aktien

Aktienrückkauf
Die Gesellschaft wurde von der Hauptversammlung vom 30. Juni 2020 ermächtigt, bis zum 29. Juni 2025 eigene Aktien bis zu insgesamt 10% des zum Zeitpunkt der Beschlussfassung bestehenden Grundkapitals – oder falls dieser Wert niedriger ist – des zum Zeitpunkt der Ausnutzung der Ermächtigung bestehenden Grundkapitals zu jedem gesetzlich zulässigen Zweck zu erwerben. Damit wurde die von der Hauptversammlung am 12. Mai 2016 beschlossene Ermächtigung zum Erwerb eigener Aktien mit einer Laufzeit bis zum 11. Mai 2021 vorzeitig aufgehoben. Auf deren Grundlage hatte der Verwaltungsrat im August 2019 ein mehrjähriges Aktienrückkaufprogramm beginnend am 1. September 2019 mit einer Laufzeit bis längstens zum 11. Mai 2021 beschlossen; bis zum 31. Dezember 2020 wurden 53820 Aktien über die Börse zurückgekauft.

> **Bedingtes Kapital**
> Das bedingte Kapital beträgt zum Stichtag 1869030 €. Die bedingte Kapitalerhöhung wird nur insoweit durchgeführt, wie die Inhaber oder Gläubiger von Options- oder Wandlungsrechten oder die zur Wandlung Verpflichteten aus gegen Bareinlage ausgegebenen Options- oder Wandelanleihen, die von der Gesellschaft aufgrund der Ermächtigung des Vorstands durch Hauptversammlungsbeschluss vom 21. Mai 2015 bis zum 20. Mai 2020 ausgegeben oder garantiert werden, von ihren Options- oder Wandlungsrechten Gebrauch machen oder, soweit sie zur Wandlung verpflichtet sind, ihre Verpflichtung zur Wandlung erfüllen oder, soweit die Gesellschaft ein Wahlrecht ausübt, ganz oder teilweise anstelle der Zahlung des fälligen Geldbetrags Aktien der Gesellschaft zu gewähren, soweit nicht jeweils ein Barausgleich gewährt oder eigene Aktien der Gesellschaft zur Bedienung eingesetzt werden.
> (SNP Geschäftsbericht 2020, Konzernlagebericht, S. 68f.)

j) Erklärung zur Unternehmensführung (§ 289f HGB)

Gem. § 289f HGB haben börsennotierte Aktiengesellschaften eine Erklärung zur Unternehmensführung im Lagebericht abzugeben. Alternativ kann die Erklärung auch auf der Internetseite der Gesellschaft öffentlich zugänglich gemacht werden. In diesem Fall ist im Lagebericht ein entsprechender Hinweis aufzunehmen. Die Erklärung der Unternehmensführung ist nicht Bestandteil der Abschlussprüfung (§ 317 Abs. 2 S. 4 HGB).

In die Erklärung zur Unternehmensführung sind gem. § 289f Abs. 2 HGB folgende acht Punkte zu berücksichtigen:

1. die Erklärung gemäß § 161 des Aktiengesetzes;

1a. eine Bezugnahme auf die Internetseite der Gesellschaft, auf der der Vergütungsbericht über das letzte Geschäftsjahr und der Vermerk des Abschlussprüfers gemäß § 162 des Aktiengesetzes, das geltende Vergütungssystem gemäß § 87a Abs. 1 und 2 S. 1 des Aktiengesetzes und der letzte Vergütungsbeschluss gemäß § 113 Abs. 3 des Aktiengesetzes öffentlich zugänglich gemacht werden;

2. relevante Angaben zu Unternehmensführungspraktiken, die über die gesetzlichen Anforderungen hinaus angewandt werden, nebst Hinweis, wo sie öffentlich zugänglich sind;
3. eine Beschreibung der Arbeitsweise von Vorstand und Aufsichtsrat sowie der Zusammensetzung und Arbeitsweise von Ausschüssen. Sind diese Informationen auf der Internetseite der Gesellschaft öffentlich zugänglich, kann darauf verwiesen werden;
4. bei Aktiengesellschaften im Sinne des Absatzes 1, die nach § 76 Abs. 4 und § 111 Abs. 5 des Aktiengesetzes verpflichtet sind, Zielgrößen für den Frauenanteil und Fristen für deren Erreichung festzulegen und die Festlegung der Zielgröße Null zu begründen, die vorgeschriebenen Festlegungen und Be-

gründungen und die Angabe, ob die festgelegten Zielgrößen während des Bezugszeitraums erreicht worden sind, und, wenn nicht, Angaben zu den Gründen;

5. bei börsennotierten Aktiengesellschaften, die nach § 96 Abs. 2 und 3 des Aktiengesetzes bei der Besetzung des Aufsichtsrats jeweils einen Mindestanteil an Frauen und Männern einzuhalten haben, die Angabe, ob die Gesellschaft im Bezugszeitraum den Mindestanteil eingehalten hat, und, wenn nicht, Angaben zu den Gründen; bei börsennotierten Europäischen Gesellschaften (SE) tritt an die Stelle des § 96 Abs. 2 und 3 des Aktiengesetzes § 17 Abs. 2 oder § 24 Abs. 3 des SE-Ausführungsgesetzes;

5a. bei börsennotierten Aktiengesellschaften, die nach § 76 Abs. 3a des Aktiengesetzes mindestens eine Frau und mindestens einen Mann als Vorstandsmitglied bestellen müssen, die Angabe, ob die Gesellschaft im Bezugszeitraum diese Vorgabe eingehalten hat, und, wenn nicht, Angaben zu den Gründen; bei börsennotierten Europäischen Gesellschaften (SE) tritt an die Stelle des § 76 Abs. 3a des Aktiengesetzes § 16 Abs. 2 oder § 40 Abs. 1a des SE-Ausführungsgesetzes;

6. bei Aktiengesellschaften im Sinne des Absatzes 1, die nach § 267 Abs. 3 S. 1 und Abs. 4 bis 5 große Kapitalgesellschaften sind, eine Beschreibung des Diversitätskonzepts, das im Hinblick auf die Zusammensetzung des vertretungsberechtigten Organs und des Aufsichtsrats in Bezug auf Aspekte wie beispielsweise Alter, Geschlecht, Bildungs- oder Berufshintergrund verfolgt wird, sowie der Ziele dieses Diversitätskonzepts, der Art und Weise seiner Umsetzung und der im Geschäftsjahr erreichten Ergebnisse.

Die Erklärung zur Unternehmensführung enthält die Entsprechenserklärung zum »Deutscher Corporate Governance Kodex« (DCGK) nach § 161 AktG. In der Erklärung ist auch anzugeben, welche Empfehlungen des Kodex nicht angewendet werden und warum.

Zudem sind relevante Angaben zu Unternehmensführungspraktiken verpflichtend, die über die gesetzlichen Anforderungen hinaus gehen (z. B. Anwendung ethischer Standards, Sozial- und Arbeitsstandards, Ausrichtung am Nachhaltigkeitsprinzip).

Aus der Darstellung des Geschäftsverlaufs und den zusätzlichen Informationen nach den §§ 289 und 315 Abs. 2 HGB lässt sich eine erste Standortbestimmung hinsichtlich der Lage eines Unternehmens bzw. eines Konzerns vornehmen. Darüber hinaus haben Unternehmensleitungen im Lagebericht (§ 289 Abs. 1 HGB) bzw. im Konzernlagebericht (§ 315 Abs. 1 HGB) auch auf die Chancen und Risiken der künftigen Entwicklung des Unternehmens bzw. des Konzerns einzugehen.

Da der Lagebericht bzw. der Konzernlagebericht von den Abschlussprüfern nicht nur formell, sondern auch inhaltlich zu prüfen ist, kann davon ausgegangen werden, dass Risiken, die sich zum Zeitpunkt der Erstellung des Jahresabschlusses abzeichneten, auch erwähnt werden bzw. im Umkehrschluss nicht erkennbar waren.

k) Nichtfinanzielle Erklärung (§§ 289c, 289f HGB)

Nach dem CSR-Richtlinie-Umsetzungsgesetz müssen bisher nur große (§ 267 HGB) und gleichzeitig kapitalmarktorientierte Unternehmen (§ 264a HGB), die zugleich mehr als 500 Beschäftigte im Jahresdurchschnitt beschäftigen, eine Erklärung über bestimmte nichtfinanzielle Aspekte abgeben. Diese Erklärung kann entweder als Teil des Lageberichts oder ausgelagert in einem gesonderten Nachhaltigkeitsbericht veröffentlicht werden. Inhaltlich muss das Unternehmen in der nichtfinanziellen Erklärung zumindest auf Umwelt-, Beschäftigten- und Sozialbelange sowie die Achtung der Menschenrechte und Bekämpfung von Korruption und Bestechung eingehen (§ 289c Abs. 1 und 2 HGB). § 289c Abs. 3 HGB verpflichtet das Unternehmen im Einzelnen solche Erklärungen abzugeben, die für das Verständnis des Geschäftsverlaufs, des Geschäftsergebnisses, der Lage der Kapitalgesellschaft sowie der Auswirkungen ihrer Tätigkeit auf die genannten Aspekte erforderlich sind, einschließlich

- einer Beschreibung der von der Kapitalgesellschaft verfolgten Konzepte, nebst den von der Kapitalgesellschaft angewandten Due-Diligence-Prozesse,
- der Ergebnisse dieser Konzepte,
- der wesentlichen Risiken, die mit der eigenen Geschäftstätigkeit der Kapitalgesellschaft verknüpft sind und die wahrscheinlich schwerwiegende negative Auswirkungen auf die genannten Aspekte haben oder haben werden, sowie die Handhabung dieser Risiken durch die Kapitalgesellschaft,
- der wesentlichen Risiken, die mit den Geschäftsbeziehungen der Kapitalgesellschaft, ihren Produkten und Dienstleistungen verknüpft sind und die sehr wahrscheinlich schwerwiegende negative Auswirkungen auf die genannten Aspekte haben oder haben werden, soweit die Angaben von Bedeutung sind und die Berichterstattung über diese Risiken verhältnismäßig ist, sowie die Handhabung dieser Risiken durch die Kapitalgesellschaft,
- der bedeutsamsten nichtfinanziellen Leistungsmerkmale, die für die Geschäftstätigkeit der Kapitalgesellschaft von Bedeutung sind,
- von, soweit es für das Verständnis erforderlich ist, Hinweisen auf im Jahresabschluss ausgewiesene Beträge und zusätzliche Erläuterungen dazu.

Bereits seit dem Geschäftsjahr 2017 ist eine Ausweitung der Erklärung der Unternehmensführung um weitere Diversitätsangaben (vgl. §§ 289f Abs. 2 Nr. 6, 315d, 340a Abs. 1b, 341a Abs. 1b HGB) verpflichtend. Konkret verlangt das Gesetz über die Angaben und Erläuterungen zur Frauenquote hinaus eine Beschreibung des Diversitätskonzepts, das im Hinblick auf die Zusammensetzung des vertretungsberechtigten Organs und des Aufsichtsrats in Bezug auf Merk-

male wie beispielsweise Alter, Geschlecht, Bildungs- oder Berufshintergrund verfolgt wird, sowie der Ziele dieses Diversitätskonzepts, der Art und Weise seiner Umsetzung und der im Geschäftsjahr erreichten Ergebnisse. Hiervon sind – anders als bei der nichtfinanziellen Erklärung – nur Unternehmen in bestimmten Rechtsformen betroffen (Aktiengesellschaft, Kommanditgesellschaft auf Aktien, Europäische Gesellschaft). Der bei der Pflicht zur nichtfinanziellen Erklärung geltende Schwellenwert von 500 Beschäftigten findet bei diesen Unternehmen keine Anwendung. Damit sind der Lagebericht und der Konzernlagebericht an dieser Stelle gerade für die Beschäftigtenvertreter auch kleinerer Unternehmen bzw. Konzerne von besonderem Interesse. In diesem Zusammenhang sei erneut darauf hingewiesen, dass sich die Erläuterungspflicht der Unternehmensleitung gegenüber dem Wirtschaftsausschuss/Betriebsrat nach § 108 Abs. 5 BetrVG nicht nur auf den Jahresabschluss und Konzernabschluss beschränkt, sondern auch den Lagebericht sowie den Konzernlagebericht umfasst.
Sollte das Unternehmen in Bezug auf einen oder mehrere der genannten Kriterien kein Konzept verfolgt haben, hat es die Gründe hierfür anstelle der auf den jeweiligen Aspekt bezogenen Angaben in der nichtfinanziellen Erklärung klar und nachvollziehbar zu erläutern (§ 289c Abs. 4 HGB).
Die nichtfinanzielle Erklärung ist auch im Konzernabschluss verpflichtend (§§ 315b und 315c HGB).

l) Nachhaltigkeitsberichterstattung/nichtfinanzielle Leistungsindikatoren

Noch sind Angaben zu nichtfinanziellen Leistungsindikatoren bislang nur für große Unternehmen und Konzerne verpflichtend. Für Geschäftsjahre, die nach dem 1. 1. 2023 beginnen, sollen sie ggf. durch eine komplette Nachhaltigkeitsberichterstattung auf Basis von der EU verabschiedeter Nachhaltigkeitsberichterstattungsstandards (siehe hierzu auch Richtlinie 2014/95/EU; überarbeiteter Entwurf der CSR-Richtlinie vom April 2021) ersetzt werden. Die endgültige CSR-Richtlinie soll noch im Jahr 2022 verabschiedet und dann von den Mitgliedsstaaten bereits bis spätestens Ende 2022 in nationales Recht transformiert werden. Auf folgende Punkte des Kommissionsentwurfs ist bereits heute besonders hinzuweisen:

- Erweiterung des Anwendungsbereichs auf alle großen Unternehmen, unabhängig davon ob sie kapitalmarktorientiert sind oder nicht.
- Der europäische Gesetzgeber will inhaltliche Berichtspflichten in einem eigenen Standard bis voraussichtlich Ende Oktober 2022 festlegen.
- Nichtfinanzielle Leistungsindikatoren sind künftig verpflichtender Bestandteil des Lageberichts
- Nichtfinanzielle Informationen sollen elektronisch veröffentlicht werden.

- Klarstellung, dass Vorstand und Aufsichtsrat für die Nachhaltigkeitsberichterstattung verantwortlich sind.
- Prüfungspflicht erstreckt sich auch auf nichtfinanzielle Erklärungen (jedoch mit begrenzter Prüfungssicherheit).

Ungeachtet dessen sollen die nichtfinanziellen Leistungsindikatoren Aufschluss über die aktuellen und künftig zu erwartenden wesentlichen Parameter des Geschäftsumfelds geben. DRS 20 Tz. 107 nennt hierzu exemplarisch:

- Kund:innenbelange (Indikatoren zum Kund:innenstamm, Kund:innenzufriedenheit etc.),
- Umweltbelange (Emissionswerte, Energieverbrauch etc.),
- Beschäftigtenbelange (Indikatoren zur Mitarbeiter:innenfluktuation, Mitarbeiter:innenzufriedenheit, Betriebszugehörigkeit, Fortbildungsmaßnahmen etc.),
- Indikatoren zu Forschung und Entwicklung (sofern diese Angaben nicht im Forschungs- und Entwicklungsbericht gemacht werden) und
- die gesellschaftliche Reputation des Konzerns (Indikatoren zum sozialen und kulturellen Engagement, Wahrnehmung gesellschaftlicher Verantwortung etc.).

Als Orientierung für die Berichterstattung eignen sich z. B. die etablierten nationalen und internationalen Rahmenwerke der Global Reporting Initiative (GRI) oder des Rates für nachhaltige Entwicklung (Deutscher Nachhaltigkeitskodex; DNK). Beachtung finden in diesem Zusammenhang auch die ISO 26000 und der UN Global Compact. Die Anwendung der in der Gesetzesbegründung empfohlenen Leitlinien ist jedoch nicht verpflichtend.

Beispiel:
Steuerungsgrößen
Damit die SNP SE den Wert des Unternehmens nachhaltig steigern kann, konzentrieren sich die Anstrengungen darauf, weiter profitabel zu wachsen und die Finanzkraft der SNP-Gruppe kontinuierlich zu stärken. Ein internes Steuerungssystem mit finanziellen und nichtfinanziellen Steuerungsgrößen stellt sicher, dass diese strategischen Ziele erreicht werden. Entsprechend dem internen Steuerungssystem konzentriert sich das Management auf folgende wesentliche finanzielle Steuerungsgrößen: Konzernumsatz, Umsätze in den Segmenten Service und Software, Konzern-EBIT und Konzern-EBIT-Marge. Als nichtfinanzielle Steuerungsgröße wird der Auftragseingang herangezogen.
(SNP Geschäftsbericht 2020, Konzernlagebericht, S. 45)

Erstellung der Nachhaltigkeitsberichterstattung

Der Prozess zur Erstellung der Nachhaltigkeitsberichterstattung verläuft in fünf Schritten:

Abb. 51
Prozessablauf zur Erstellung der Nachhaltigkeitsberichterstattung (eigene Darstellung)

Nachdem das Unternehmen eine Entscheidung zum passenden Standard getroffen hat, werden die zentralen Handlungsfelder und Stakeholder identifiziert. Das Reporting sollte Teil eines kontinuierlichen Verbesserungsprozesses sein und zur Erfüllung der betrieblichen Nachhaltigkeitsstrategie beitragen. Im Folgenden müssen alle relevanten Informationen und Daten erfasst und aufbereitet werden. Anschließend werden konkrete nachhaltigkeitsorientierte Ziele, Indikatoren und Maßnahmen festgelegt. Zuletzt erfolgt die formale Berichtslegung.
Eine nachhaltige Unternehmensführung und die Einführung eines Nachhaltigkeitsmanagements nebst einem transparenten Reporting können vielfältige positive Effekte mit sich bringen, beispielsweise:

Kosten- und Risikominimierung

- Durch den effizienten Einsatz von Ressourcen erzielen Unternehmen Kosteneinsparungen. Bereits einfache Maßnahmen (z. B. LED-Lampen) können zu Effizienzsteigerungen und Kostenvorteilen führen.
- Unternehmen schützen sich vor regulatorischen Veränderungen und können damit einhergehende ökonomische Risiken und Kosten reduzieren.

- Eine transparente Nachhaltigkeitskommunikation kann vor negativen Reaktionen von Stakeholdern, NGO-Kampagnen oder Kundenboykotten schützen.

Reputation und Legitimation

- Ein aktiver Dialog und ein weitreichendes Reporting tragen auch dazu bei, dass Unternehmen ihre Beziehungen zu ihren Stakeholdern verbessern und helfen ein positives Markenimage aufzubauen.
- Für kommunale Unternehmen sind darüber hinaus die Erfüllung öffentlicher Erwartungen und der Dialog mit den spezifischen Anspruchsgruppen von besonderer Bedeutung.

Wettbewerbsvorteil

- Indem Unternehmen Nachhaltigkeitsaspekte in ihre Wertschöpfungskette integrieren, differenzieren sie sich vom Wettbewerb, realisieren Kostensenkungspotenziale und können dadurch u. U. höhere Erträge erzielen.
- Die Zurverfügungstellung umfassender Nachhaltigkeitsinformationen kann ferner einen Beitrag dazu leisten, die Attraktivität am Kapitalmarkt zu steigern.
- Im Wettbewerb als Arbeitgeber wird Nachhaltigkeit ebenfalls zu einem immer bedeutenderen Faktor. Unternehmen, die über die Nachhaltigkeit ihres Wirtschaftens berichten, können im Wettstreit um qualifizierte Arbeitskräfte einen Vorteil erzielen.
- Dabei kann sich das betriebliche Nachhaltigkeitsengagement auch positiv auf die Arbeitszufriedenheit auswirken. Die Beschäftigten identifizieren sich stärker mit »ihrem« Unternehmen, sie sind hierdurch motivierter und arbeiten in der Regel produktiver.

Innovation und Marktentwicklung

- Unternehmen, die innovative nachhaltige Produkte und Dienstleistungen entwickeln, fördern ihre Innovationsfähigkeit und positionieren sich als modernes, zukunftsgerichtetes, sozial verantwortliches Unternehmen am Markt.
- Neue Märkte können zusammen mit neuen Kundengruppen erschlossen werden.[1]

1 Zum Thema Nachhaltigkeitsberichterstattung vgl.: *https://www.haufe.de/thema/nachhaltigkeitsberichterstattung/*.

II. Der Vergütungsbericht (§ 162 AktG)

Der Inhalt der Berichterstattung für Geschäftsjahre, beginnend vor dem 31.12.2020, war generell auf die Funktionsweise des konkret bestehenden Vergütungssystems beschränkt. Dabei war zunächst das Vergütungssystem für die Gesamtbezüge zu betrachten. Insbesondere waren Erläuterungen der Vergütungsstruktur und -parameter der Vergütungen des Vorstands und der Mitglieder des Aufsichtsrats verpflichtend. Diese beinhalten konkrete Angaben zum Verhältnis zwischen erfolgsunabhängigen und -abhängigen Vergütungsbestandteilen sowie zu Vergütungsbestandteilen mit langfristiger Anreizwirkung.

Es konnten insbesondere Leistungsparameter aufgeführt werden, welche die Basis der Vergütung darstellen, wie z. B.

- Aufgabenbereich,
- persönliche Leistung,
- wirtschaftliche Lage,
- Erfolg der Gesellschaft,
- Üblichkeit.

Diese bisherigen Vorgaben haben sich durch die Herauslösung des Vergütungsberichts nicht wesentlich verandert. Obwohl der Vergutungsbericht seit dem Geschäftsjahr 2021 nicht mehr Bestandteil des Jahresabschlusses ist, werden die gesetzlichen Anforderungen an den Vergütungsbericht zwar nachfolgend skizziert, jedoch mangels einer bis dato entsprechenden Veröffentlichung der SNP nicht durch beispielhafte Textauszüge ergänzt.

1. Inhalt des Vergütungsberichts

Der Inhalt des Vergütungsberichts wird durch § 162 AktG klar definiert. Die gesetzlichen Vorgaben sind:

- Vorstand und Aufsichtsrat der börsennotierten Gesellschaft erstellen gemeinsam jährlich einen klaren und verständlichen Bericht über die im letzten Geschäftsjahr jedem einzelnen gegenwärtigen oder früheren Mitglied des Vorstands und des Aufsichtsrats von der Gesellschaft und von Unternehmen desselben Konzerns (§ 290 HGB) gewährte und geschuldete Vergütung (z. B. Pensionszusagen, Aktienoptionen).
- Der Vergütungsbericht hat unter Namensnennung der Personen des Vorstands und des Aufsichtsrats die folgenden Angaben zu enthalten, soweit sie inhaltlich tatsächlich vorliegen:
    - alle festen und variablen Vergütungsbestandteile,
    - deren jeweiliger relativer Anteil sowie
    - eine Erläuterung, wie
        - sie dem maßgeblichen Vergütungssystem entsprechen,

  - wie die Vergütung die langfristige Entwicklung der Gesellschaft fördert und
  - wie die Leistungskriterien angewendet wurden;
- eine vergleichende Darstellung der jährlichen Veränderung der Vergütung, der Ertragsentwicklung der Gesellschaft sowie der über die letzten fünf Geschäftsjahre betrachteten durchschnittlichen Vergütung von Beschäftigten auf Vollzeitäquivalenzbasis, einschließlich einer Erläuterung, welcher Kreis von Beschäftigten einbezogen wurde;
- die Anzahl der gewährten oder zugesagten Aktien und Aktienoptionen und die wichtigsten Bedingungen für die Ausübung der Rechte, einschließlich Ausübungspreis, Ausübungsdatum und etwaiger Änderungen dieser Bedingungen;
- Angaben dazu, ob und wie von der Möglichkeit Gebrauch gemacht wurde, variable Vergütungsbestandteile zurückzufordern;
- Angaben zu etwaigen Abweichungen vom Vergütungssystem des Vorstands, einschließlich einer Erläuterung der Notwendigkeit der Abweichungen, und der Angabe der konkreten Bestandteile des Vergütungssystems, von denen abgewichen wurde;
- eine Erläuterung, wie der Beschluss der Hauptversammlung nach § 120a Abs. 4 HGB oder die Erörterung nach § 120a Abs. 5 HGB berücksichtigt wurde;
- eine Erläuterung, wie die festgelegte Maximalvergütung der Vorstandsmitglieder eingehalten wurde.
- Hinsichtlich der Vergütung jedes einzelnen Mitglieds des Vorstands hat der Vergütungsbericht ferner Angaben zu solchen Leistungen zu enthalten, die
  - einem Vorstandsmitglied von einem Dritten im Hinblick auf seine Tätigkeit als Vorstandsmitglied zugesagt oder im Geschäftsjahr gewährt worden sind,
  - einem Vorstandsmitglied für den Fall der vorzeitigen Beendigung seiner Tätigkeit zugesagt worden sind, einschließlich während des letzten Geschäftsjahres vereinbarter Änderungen dieser Zusagen,
  - einem Vorstandsmitglied für den Fall der regulären Beendigung seiner Tätigkeit zugesagt worden sind, mit ihrem Barwert und dem von der Gesellschaft während des letzten Geschäftsjahres hierfür aufgewandten oder zurückgestellten Betrag, einschließlich während des letzten Geschäftsjahres vereinbarter Änderungen dieser Zusagen,
  - einem früheren Vorstandsmitglied, das seine Tätigkeit im Laufe des letzten Geschäftsjahres beendet hat, in diesem Zusammenhang zugesagt und im Laufe des letzten Geschäftsjahres gewährt worden sind.

Der Gesetzgeber sieht in der Offenlegung der Vergütung einzelner Mitglieder der Unternehmensleitung und die Veröffentlichung des Vergütungsberichts einen Beitrag, um mehr Unternehmenstransparenz, eine verbesserte Rechen-

schaftspflicht der Mitglieder der Unternehmensleitung sowie eine bessere Überwachung der Vergütung von Mitgliedern der Unternehmensleitung durch die Aktionäre zu ermöglichen.
In der Praxis ist ein besonderes Augenmerk darauf zu legen, dass der Vergütungsbericht wie auch das Vergütungssystem klar und verständlich beschrieben sind und somit tatsächlich geeignet sein müssen, dem durchschnittlich informierten, aufmerksamen und verständigen Aktionär die Basis für eine informierte Entscheidung zu bereiten. Der Vergütungsbericht muss demzufolge nicht für jedermann, sondern nur dem durchschnittlichen Aktionär, d. h. einem mit der Situation des Unternehmens (z. B. aufgrund des Jahresabschlusses) entsprechend befassten Personenkreis, verständlich sein.

2. Prüfung und Veröffentlichung des Vergütungsberichts

Der Vergütungsbericht ist gemäß § 162 Abs. 3 AktG durch den/die Abschlussprüfer:in zu prüfen. Er hat allerdings nur zu prüfen, ob die Angaben nach § 162 Abs. 1 und 2 AktG (siehe vorstehende Auflistung) gemacht wurden. Die Prüfung umfasst jedoch nicht die inhaltliche Richtigkeit der entsprechenden Angaben. Er/sie hat einen Vermerk über die Prüfung des Vergütungsberichts zu erstellen. Dieser ist dem Vergütungsbericht beizufügen. § 323 HGB gilt entsprechend.
Der Vergütungsbericht und der Vermerk nach § 162 Abs. 3 S. 3 AktG sind nach dem Beschluss gemäß § 120a Abs. 4 S. 1 HGB oder nach der Vorlage gemäß § 120a Abs. 5 HGB von der Gesellschaft zehn Jahre lang auf ihrer Internetseite kostenfrei öffentlich zugänglich zu machen (§ 162 Abs. 4 AktG).
Der Vergütungsbericht darf keine Daten enthalten, die sich auf die Familiensituation einzelner Mitglieder des Vorstands oder des Aufsichtsrats beziehen. Personenbezogene Angaben zu früheren Mitgliedern des Vorstands oder des Aufsichtsrats sind in allen Vergütungsberichten zu unterlassen, die nach Ablauf von zehn Jahren nach Ablauf des Geschäftsjahres, in dem das jeweilige Mitglied seine Tätigkeit beendet hat, zu erstellen sind. Im Übrigen sind personenbezogene Daten nach Ablauf der 10-Jahresfrist gemäß Abs. 4 aus Vergütungsberichten zu entfernen, die über die Internetseite zugänglich sind (§ 162 Abs. 5 AktG).
In den Vergütungsbericht brauchen keine Angaben aufgenommen zu werden, die nach vernünftiger kaufmännischer Beurteilung geeignet sind, der Gesellschaft einen nicht unerheblichen Nachteil zuzufügen. Macht die Gesellschaft von der Möglichkeit nach Satz 1 Gebrauch und entfallen die Gründe für die Nichtaufnahme der Angaben nach der Veröffentlichung des Vergütungsberichts, sind die Angaben in den darauffolgenden Vergütungsbericht aufzunehmen (§ 162 Abs. 6 AktG).

III. Die Prüfung des Einzel- und Konzernabschlusses

Mittelgroße und *große* Kapitalgesellschaften müssen ihren Jahresabschluss und Lagebericht durch eine/n Abschlussprüfer:in prüfen lassen (§ 316 Abs. 1 HGB). Der Konzernabschluss wie auch der Konzernlagebericht unterliegen ebenfalls einer Prüfungspflicht (§ 316 Abs. 2 HGB). *Große* Kapitalgesellschaften können nur von Wirtschaftsprüfer:innen oder Wirtschaftsprüfungsgesellschaften geprüft werden. Bei einer *mittelgroßen* GmbH oder *mittelgroßen* Kapitalgesellschaft & Co. ist auch ein/e vereidigte/r Buchprüfer:in oder eine Buchführungsgesellschaft zur Abschlussprüfung berechtigt (§ 319 Abs. 1 HGB). Für Personengesellschaften ist wiederum (wie bei kleinen Kapitalgesellschaften) keine Prüfung des Jahresabschlusses vorgeschrieben, es sei denn, sie sind Großunternehmen, die unter das Publizitätsgesetz fallen.

1. Der Prüfungsbericht (§ 321 HGB)

Der/die Abschlussprüfer:in hat in die Prüfung des Jahresabschlusses die Buchführung einzubeziehen und konkret zu prüfen, ob bei der Aufstellung des Jahresabschlusses bzw. des Konzernabschlusses die gesetzlichen Vorschriften und die sie ergänzenden Bestimmungen des Gesellschaftsvertrags oder der Satzung beachtet worden sind (§ 317 Abs. 1 HGB). Darüber hinaus ist in die Prüfung der Lagebericht bzw. der Konzernlagebericht mit einzubeziehen. So ist zu prüfen, ob der Lagebericht bzw. der Konzernlagebericht insgesamt eine zutreffende Vorstellung von der Lage des Unternehmens vermittelt (§ 317 Abs. 2 HGB). In seinem Prüfungsbericht hat der/die Abschlussprüfer:in über diese Prüfung zu berichten (§ 321 Abs. 2 S. 1 HGB) und vor allem darzustellen, »ob bei Durchführung der Prüfung Unrichtigkeiten oder Verstöße gegen gesetzliche Vorschriften sowie Tatsachen festgestellt worden sind, die den Bestand des geprüften Unternehmens oder des Konzerns gefährden oder seine Entwicklung wesentlich beeinträchtigen können oder die schwerwiegenden Verstöße der gesetzlichen Vertreter oder von Arbeitnehmern gegen Gesetz, Gesellschaftsvertrag oder Satzung darstellen« (§ 321 Abs. 1 S. 3 HGB).

Die Berichtspflicht des Abschlussprüfers/der Abschlussprüferin geht aber seit dem KonTraG noch weit über diese – auf den ersten Blick schon sehr hohen – Anforderungen hinaus. So hat der/die Abschlussprüfer:in in seinem Bericht vorweg zur Beurteilung der Lage des Unternehmens oder Konzerns durch die Vorstände bzw. Geschäftsführungen Stellung zu nehmen. Hierbei ist auf die von der Unternehmensleitung vorgenommene Beurteilung des Fortbestands und der künftigen Entwicklung des Unternehmens – und bei Prüfung des Konzernabschlusses von Mutterunternehmen auch des Konzerns – einzugehen (§ 321 Abs. 1 S. 2 HGB). Da im Prüfungsbericht darüber hinaus darauf einzugehen ist, ob der Abschluss ein den tatsächlichen Verhältnissen entsprechendes Bild der Vermögens-, Finanz-

und Ertragslage der Kapitalgesellschaft vermittelt (§ 321 Abs. 2 S. 2 HGB), sollten wirtschaftliche Schieflagen oder sogar Zusammenbrüche von Kapitalgesellschaften kaum noch überraschend eintreten. Dies umso mehr, da der/die Abschlussprüfer:in im Prüfbericht über Art und Umfang sowie über das Ergebnis der Prüfung mit der gebotenen Klarheit zu berichten hat (§ 321 Abs. 1 S. 1 HGB).

Beispiel:
Besonders wichtige Prüfungssachverhalte sind solche Sachverhalte, die nach unserem pflichtgemäßen Ermessen am bedeutsamsten in unserer Prüfung des Konzernabschlusses für das Geschäftsjahr vom 1. Januar 2020 bis zum 31. Dezember 2020 waren. Diese Sachverhalte wurden im Zusammenhang mit unserer Prüfung des Konzernabschlusses als Ganzem und bei der Bildung unseres Prüfungsurteils hierzu berücksichtigt; wir geben kein gesondertes Prüfungsurteil zu diesen Sachverhalten ab.
Aus unserer Sicht waren die im Folgenden dargestellten Sachverhalte am bedeutsamsten.

Werthaltigkeit der Geschäfts- und Firmenwerte

Gründe für die Bestimmung als besonders wichtiger Prüfungssachverhalt
Die Geschäfts- und Firmenwerte betragen zum 31. Dezember 2020 33,6 Mio €. Der Anteil an der Bilanzsumme beträgt 16,3 %.
Die Geschäfts- und Firmenwerte werden auf Ebene der zahlungsmittelgenerierenden Einheiten Service und Software auf Werthaltigkeit überprüft. Die Überprüfung der Werthaltigkeit der Geschäfts- und Firmenwerte ist komplex und beruht auf einer Reihe von ermessensbehafteten Faktoren. Die bedeutsamsten Annahmen betreffen die erwarteten künftigen Umsatzerlöse, die geplante Ergebnismarge sowie den verwendeten Diskontierungszinssatz.
Als Ergebnis des durchgeführten Wertminderungstests wurde kein Wertminderungsbedarf festgestellt. Es besteht das Risiko für den Konzernabschluss, dass die Geschäfts- und Firmenwerte der zahlungsmittelgenerierenden Einheiten nicht werthaltig sind.

Unsere Vorgehensweise in der Prüfung
Auf Grundlage der Erläuterungen der Planungsverantwortlichen haben wir den Planungsprozess und die wesentlichen verwendeten Annahmen gewürdigt. Anhand der verfügbaren Informationen haben wir beurteilt, ob die in den Planungen enthaltenen wesentlichen Planwerte und die zugrunde liegenden Annahmen angemessen sind. Für die zahlungsmittelgenerierende Einheiten Service und Software haben wir die erwarteten künftigen Zahlungsströme mit der vorliegenden Planung abgeglichen.
Ferner haben wir uns durch einen retrospektiven Vergleich der Planwerte (Umsatzerlöse und Ergebnismarge) aus vergangenen Jahren mit den tatsächlich eingetre-

tenen Ist-Werten von der Planungssicherheit überzeugt. Die bei der Bestimmung des verwendeten Diskontierungszinssatzes herangezogenen Annahmen und Parameter, insbesondere Marktrisikoprämie und Betafaktor, haben wir unter Einbeziehung unserer Spezialisten gewürdigt und das Berechnungsschema nachvollzogen. Des Weiteren haben wir eigene Sensitivitätsanalysen durchgeführt, um ein mögliches Wertminderungsrisiko bei einer für möglich gehaltenen Änderung der wesentlichen Annahmen der Bewertung einschätzen zu können.
Die Berechnungsmethode des Werthaltigkeitstests haben wir beurteilt und die Ermittlung der diskontierten Zahlungsmittelüberschüsse rechnerisch nachvollzogen.

Verweis auf zugehörige Angaben
Zu den angewandten Bilanzierungs- und Bewertungsgrundsätzen sowie den durchgeführten Wertminderungstests verweisen wir auf die Angaben im Konzernanhang unter »9. Verwendung von Schätzungen« sowie »10. Wesentliche Bilanzierungs- und Bewertungsgrundsätze«.

Realisierung der Umsatzerlöse aus Service

Gründe für die Bestimmung als besonders wichtiger Prüfungssachverhalt:
Die Gesellschaft weist in der Konzern-Gewinn- und Verlustrechnung für das Geschäftsjahr 2020 Umsatzerlöse aus Service von 93,9 Mio. € aus. Der Anteil der Erlöse aus Service an den gesamten Umsätzen des Konzerns beträgt 65,3 %.
Im Bereich Service gibt es heterogene Kundenanforderungen. Aus diesen Anforderungen resultieren differenzierte Vertragsregeln. Die Realisierung der Beratungserlöse ist abhängig von komplexen vertraglichen Vereinbarungen, sodass sich unterschiedliche Realisierungszeitpunkte ergeben. Die Realisierung der Umsatzerlöse für Beratungsgeschäft erfolgt gemäß IFRS 15 »Erlöse aus Verträgen mit Kunden«.
Gemäß IFRS 15 sind für Dienstleistungen an einen Kunden die vertraglich vereinbarten Leistungsverpflichtungen zu identifizieren. Im Fall von wirtschaftlichen Interdependenzen ist zunächst zu prüfen, ob mehrere Verträge mit einem Kunden zu einem Vertrag (Mehrkomponentenvertrag) zusammenzufassen sind. Diese Einschätzung ist ermessensbehaftet.
Für die in zusammengefassten Verträgen identifizierten Leistungsverpflichtungen ist die Aufteilung der Gegenleistung ermessensbehaftet. Insoweit besteht das Risiko einer unzutreffenden Aufteilung und entsprechend fehlerhaften Umsatzrealisierung. Die SNP Schneider-Neureither & Partner SE realisiert Umsatzerlöse im Segment Service sowohl zeitpunktbezogen als auch zeitraumbezogen.
Umsatzerlöse aus kundenspezifischen Beratungsprojekten, die über einen bestimmten Zeitraum erfüllt werden, werden entsprechend dem Leistungsfortschritt realisiert. Dieser wird nach einer inputorientierten Methode ermittelt, indem grundsätzlich die bereits geleisteten Beratungsstunden ins Verhältnis zu den insgesamt zur Erfüllung der Leistungsverpflichtung geschätzten Gesamtprojektstunden gesetzt werden. Diese Methode spiegelt nach Ansicht der Gesellschaft den

Leistungsfortschritt bzw. die Übertragung der Vermögenswerte auf den Kunden am besten wider.
Die zeitraumbezogene Umsatzrealisation aus kundenspezifischen Beratungsprojekten ist komplex und ermessensbehaftet. Schätzunsicherheiten bestehen insbesondere hinsichtlich der zur Ermittlung des Grades der erreichten Fertigstellung zu schätzenden Gesamtprojektprojektstunden. Zudem besteht das Risiko, dass Aufwendungen auf falsche Projekte erfasst werden.
Es besteht das Risiko für den Konzernabschluss, dass die Abgrenzung von Umsatzerlösen aus zeitraumbezogenen kundenspezifischen Beratungsprojekten zum Bilanzstichtag fehlerhaft ist und somit Umsatzerlöse in der falschen Periode realisiert werden.

Unsere Vorgehensweise in der Prüfung
Auf Basis unseres Prozessverständnisses und der Beurteilung von Aufbau und Implementierung der eingerichteten internen Kontrollen über die zutreffende Erfassung der auftragsbezogenen Personal- und sonstigen Aufwendungen auf den internen Auftragskonten haben wir deren Wirksamkeit überprüft. Mit diesen Kontrollen ist sichergestellt, dass nur projektbezogene Stunden und Aufwendungen auf den jeweiligen Auftragskonten erfasst und abgerechnet werden.
Zudem haben wir ein Prozessverständnis über die Schätzung der Gesamtprojektstunden erlangt und den Aufbau und die Implementierung sowie die Wirksamkeit der eingerichteten internen Kontrollen gewürdigt.
Über eine Kombination aus mathematisch-statistisch und bewusst ausgewählten Aufträgen haben wir die Notwendigkeit der Zusammenfassung der Verträge sowie die Identifizierung der einzelnen Leistungsverpflichtungen beurteilt. Auf dieser Grundlage haben wir auch die Aufteilung des Transaktionspreises auf die einzelnen Leistungsverpflichtungen anhand der von uns nachvollzogenen Einzelveräußerungspreise überprüft. Für die in der Auswahl enthaltenen, nicht abgeschlossenen kundenspezifischen Beratungsprojekte haben wir die zugrunde liegenden vertraglichen Vereinbarungen dahingehend gewürdigt, ob deren Umsatzrealisierung auf Basis des Leistungsfortschritts zeitraumbezogen erfolgt. Im Anschluss haben wir für diese Projektaufträge den der Umsatzrealisierung zugrunde liegenden Leistungsfortschritt gewürdigt, indem wir die insgesamt erfassten Ist-Stunden, die geschätzten Gesamtprojektstunden und die erwarteten Auftragserlöse in der Berechnung des Mandanten beurteilt und nachvollzogen haben.
(SNP Geschäftsbericht 2020, Prüfbericht, S. 137 ff.)

Der Prüfungsbericht sollte nach der Empfehlung des Instituts der Wirtschaftsprüfer (IDW PS 450) folgenden Aufbau haben:

1. Prüfungsauftrag
2. Grundsätzliche Feststellungen
2.1 Lage des Unternehmens
2.1.1 Stellungnahme zur Beurteilung durch die gesetzlichen Vertreter

2.1.2 Entwicklungsbeeinträchtigende oder bestandsgefährdende Tatsachen
2.2 Unrichtigkeiten und Verstöße gegen gesetzliche Vorschriften und Regelungen des Gesellschaftsvertrags bzw. Satzung
2.2.1 Vorschriften zur Rechnungslegung
2.2.2 Sonstige gesetzliche und gesellschaftsvertragliche bzw. satzungsmäßige Regelungen
3. Gegenstand, Art und Umfang der Prüfung
4. Feststellung und Erläuterungen zur Rechnungslegung
4.1 Buchführung und weitere geprüfte Unterlagen
4.2 Jahresabschluss
4.2.1 Ordnungsmäßigkeit
4.2.2 Gesamtaussage
4.2.3 Aufgliederung und Erläuterung der Posten
4.3 Lagebericht
5. Feststellungen zum Risikofrüherkennungssystem (nur bei börsennotierten Kapitalgesellschaften)
6. Feststellungen zu Erweiterungen des Prüfungsauftrags
7. Wiedergabe des Bestätigungsvermerks
8. Anlagen zum Prüfungsbericht

In einem besonderen Abschnitt des WP-Berichts hat der Wirtschaftsprüfer schriftlich seine Unabhängigkeit zu erklären (§ 321 HGB).

Bestätigungsvermerk

Gibt es im Rahmen der Prüfung keinen Grund zu Beanstandungen, erteilt der/die Prüfer:in einen (uneingeschränkten) Bestätigungsvermerk, in dem erklärt wird, dass die Prüfung zu keinen Einwänden geführt hat und dass der Jahresabschluss unter Beachtung der Grundsätze ordnungsgemäßer Buchführung ein den tatsächlichen Verhältnissen entsprechendes Bild der Vermögens-, Ertrags- und Finanzlage des Unternehmens vermittelt. Sind Einwendungen zu erheben, z. B. weil gegen gesetzliche Bestimmungen verstoßen wurde, ist der Bestätigungsvermerk unter Angabe von Gründen einzuschränken oder zu versagen (§ 322 HGB, vgl. auch Abb. 52).

2. Bedeutung des Prüfberichts für die Arbeitnehmervertretungen

Für Mitglieder des Wirtschaftsausschusses und für Arbeitnehmervertreter:innen im Aufsichtsrat sind vor allem folgende Punkte des Prüfungsberichts von Bedeutung:

Grundsätzliche Feststellungen

Hier finden sich zum einen Hinweise auf eine möglicherweise abweichende Einschätzung der Lage des Unternehmens durch die Wirtschaftsprüfer gegenüber dem Vorstand, sowie Hinweise auf Tatsachen, die die zukünftige Entwicklung des Unternehmens beeinträchtigen oder sogar gefährden können, die sich in dieser Form aus dem Jahresabschluss möglicherweise nicht erkennen lassen. Zum anderen sind hier festgestellte Verstöße der Unternehmensleitung gegen gesetzliche oder satzungsmäßige Regelungen festgehalten.

Feststellung und Erläuterungen zur Rechnungslegung

Hier interessiert vor allem die detaillierte Aufschlüsselung und Erläuterung der einzelnen Posten der Bilanz und der GuV-Rechnung, soweit dies nicht schon aus dem Anhang ersichtlich ist.

Feststellung zum Risikofrüherkennungssystem

Dieser Teil findet sich nur bei börsennotierten Kapitalgesellschaften. Hat der Wirtschaftsausschuss eines solchen Unternehmens noch keine Kenntnisse über das Risikomanagementsystem des Unternehmens, findet er hier einige Hinweise, die als Grundlage für weitere Nachfragen im Wirtschaftsausschuss genutzt werden können. Außerdem werden hier Mängel des Risikomanagementsystems aufgezeigt, auf deren Beseitigung auch die Interessenvertretung zur Vermeidung von Unternehmenskrisen drängen sollte.

Beispiele:

VERMERK ÜBER DIE PRÜFUNG DES KONZERNABSCHLUSSES UND DES KONZERNLAGEBERICHTS

Prüfungsurteile

Wir haben den Konzernabschluss der SNP Schneider-Neureither & Partner SE, Heidelberg, und ihrer Tochtergesellschaften (der Konzern) – bestehend aus der Konzernbilanz zum 31. Dezember 2020, der Konzern-Gewinn- und Verlustrechnung, der Konzern-Gesamtergebnisrechnung, der Konzern-Eigenkapitalveränderungsrechnung und der Konzern-Kapitalflussrechnung für das Geschäftsjahr vom 1. Januar 2020 bis zum 31. Dezember 2020 sowie dem Konzernanhang, einschließlich einer Zusammenfassung bedeutsamer Rechnungslegungsmethoden – geprüft. Darüber hinaus haben wir den Konzernlagebericht der SNP Schneider-Neureither & Partner SE, Heidelberg, für das Geschäftsjahr vom 1. Januar 2020 bis zum 31. Dezember 2020 geprüft. Die im Abschnitt »Sonstige Informationen« unseres Bestätigungsvermerks genannten Bestandteile des Konzernlageberichts haben wir in Einklang mit den deutschen gesetzlichen Vorschriften nicht inhaltlich geprüft.

Nach unserer Beurteilung aufgrund der bei der Prüfung gewonnenen Erkenntnisse entspricht der beigefügte Konzernabschluss in allen wesentlichen Belangen den IFRS, wie sie in der EU anzuwenden sind, und den ergänzend nach § 315e Abs. 1 HGB anzuwendenden deutschen gesetzlichen Vorschriften und vermittelt unter Beachtung dieser Vorschriften ein den tatsächlichen Verhältnissen entsprechendes Bild der Vermögens- und Finanzlage des Konzerns zum 31. Dezember 2020 sowie seiner Ertragslage für das Geschäftsjahr vom 1. Januar 2020 bis zum 31. Dezember 2020 und vermittelt der beigefügte Konzernlagebericht insgesamt ein zutreffendes Bild von der Lage des Konzerns. In allen wesentlichen Belangen steht dieser Konzernlagebericht in Einklang mit dem Konzernabschluss, entspricht den deutschen

gesetzlichen Vorschriften und stellt die Chancen und Risiken der zukünftigen Entwicklung zutreffend dar. Unser Prüfungsurteil zum Konzernlagebericht erstreckt sich nicht auf den Inhalt der im Abschnitt »Sonstige Informationen« genannten Bestandteile des Konzernlageberichts.
Gemäß § 322 Abs. 3 S. 1 HGB erklären wir, dass unsere Prüfung zu keinen Einwendungen gegen die Ordnungsmäßigkeit des Konzernabschlusses und des Konzernlageberichts geführt hat.
Über eine Kombination aus mathematisch-statistisch und bewusst ausgewählten Aufträgen haben wir die Notwendigkeit der Zusammenfassung der Verträge sowie die Identifizierung der einzelnen Leistungsverpflichtungen beurteilt. Auf dieser Grundlage haben wir auch die Aufteilung des Transaktionspreises auf die einzelnen Leistungsverpflichtungen anhand der von uns nachvollzogenen Einzelveräußerungspreise überprüft. Für die in der Auswahl enthaltenen, nicht abgeschlossenen kundenspezifischen Beratungsprojekte haben wir die zugrunde liegenden vertraglichen Vereinbarungen dahingehend gewürdigt, ob deren Umsatzrealisierung auf Basis des Leistungsfortschritts zeitraumbezogen erfolgt. Im Anschluss haben wir für diese Projektaufträge den der Umsatzrealisierung zugrunde liegenden Leistungsfortschritt gewürdigt, indem wir die insgesamt erfassten Ist-Stunden, die geschätzten Gesamtprojektstunden und die erwarteten Auftragserlöse in der Berechnung des Mandanten beurteilt und nachvollzogen haben.
[...]
Übrige Angaben gemäß Artikel 10 EU-APrVO
Wir wurden von der Hauptversammlung am 30. Juni 2020 als Konzernabschlussprüfer gewählt. Wir wurden am 16. Oktober 2020 vom Verwaltungsrat beauftragt. Wir sind ununterbrochen seit dem Geschäftsjahr 2017 als Konzernabschlussprüfer der SNP Schneider-Neureither & Partner SE, Heidelberg, tätig.
Wir erklären, dass die in diesem Bestätigungsvermerk enthaltenen Prüfungsurteile mit dem zusätzlichen Bericht an den Prüfungsausschuss nach Artikel 11 EU-APr-VO (Prüfungsbericht) in Einklang stehen.

Verantwortlicher Wirtschaftsprüfer
Der für die Prüfung verantwortliche Wirtschaftsprüfer ist Christian Landgraf.
Stuttgart, den 19. April 2021
Rödl & Partner GmbH Wirtschaftsprüfungsgesellschaft Steuerberatungsgesellschaft
(SNP Geschäftsbericht 2020, Prüfbericht, S. 136ff.)

Abb. 52
Prüfung von Kapitalgesellschaften und Kapitalgesellschaften & Co

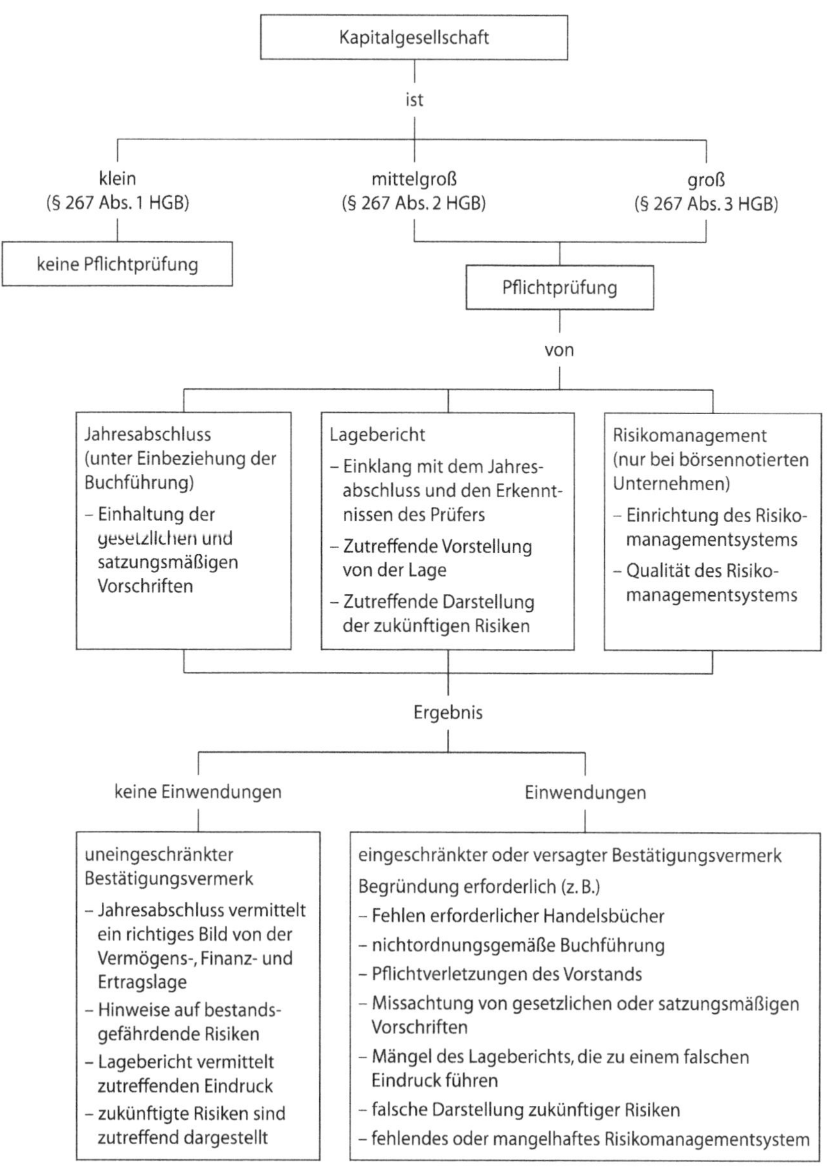

Der Bestätigungsvermerk muss zusätzlich eine Angabe enthalten, ob der Lagebericht eine zutreffende Vorstellung von der Lage der Gesellschaft vermittelt und ob Risiken der zukünftigen Entwicklung im Lagebericht zutreffend dargestellt sind. Außerdem ist im Bestätigungsvermerk auf Risiken, die den Fortbestand des Unternehmens gefährden, gesondert einzugehen.

Die Bedeutung eines uneingeschränkten oder eingeschränkten Bestätigungsvermerks sollte zwar nicht unterschätzt werden, da er eine weitgehende Gewähr bietet, dass die gesetzlichen und satzungsmäßigen Vorschriften eingehalten wurden. Allerdings sollte er trotz der Änderungen des KonTraG aus folgenden Gründen auch nicht überschätzt werden:

- Da die Bestätigung einer zutreffenden Darstellung der Vermögens-, Finanz- und Ertragslage unter der Einschränkung der Grundsätze ordnungsgemäßer Bilanzierung erfolgt. Damit ist auch zukünftig ein Jahresabschluss, der durch bilanzpolitisch motivierte Ausübungen der Bilanzierungs- und Bewertungswahlrechte des HGB erheblich gestaltet wurde, von Wirtschaftsprüfenden als etwas zu bewerten, dass einen zutreffenden Eindruck von der Lage des Unternehmens bietet, obwohl die tatsächliche Lage des Unternehmens auch von geschulten Bilanzanalytiker:innen nur mit Hilfe unternehmensinterner Informationen zu erkennen ist.
- Natürlich stellt ein Bestätigungsvermerk auch keine Garantie für den Bestand des Unternehmens dar. Ob die durch das BilMoG eingeführten Änderungen (zutreffende Darstellung zukünftiger Risiken, Hinweis auf bestandsgefährdende Risiken) besser als bisher zum Hinweis auf Gefährdungen des Unternehmens genutzt werden, kann erst die Zukunft zeigen.

Verweigert der/die Unternehmer:in die Aushändigung oder Einsichtnahme in den Wirtschaftsprüferbericht zur Vorbereitung der Wirtschaftsausschuss Sitzung, auf der der Jahresabschluss erläutert werden soll, ist zur Klärung dieser Frage die Einigungsstelle nach § 109 BetrVG zuständig. Nach der ständigen Rechtsprechung des Bundesarbeitsgerichts (BAG – 8.8.1989 – Az.: 1 ABR 61/88 – AP Nr. 6 zu § 106 BetrVG) kann der/die Unternehmer:in verpflichtet sein, dem Wirtschaftsausschuss den Wirtschaftsprüferbericht vorzulegen. In mehreren uns bekannten Einigungsstellenverfahren wurde der Wirtschaftsprüfungsbericht jeweils als erforderliche Unterlage i.S.d. § 106 Abs. 2 S. 1 BetrVG angesehen und durch Spruch entschieden, dass dieser dem Wirtschaftsausschuss zeitweise zu überlassen ist (vgl. hierzu auch AiB 1988, S. 45 und 1988, S. 314f.). Nach unseren Erfahrungen bestehen bei entsprechender Vorbereitung der Interessenvertretung und Hinzuziehung geeigneter Beisitzer gute Chancen, den Wirtschaftsprüfungsbericht über die Einigungsstelle zu erhalten.

Da selbst Fachleute immer wieder völlig überrascht sind (oder zumindest so tun), wenn große Kapitalgesellschaften plötzlich ins Schlingern geraten, stellt sich die Frage nach der Verlässlichkeit eines Prüfungsberichts. Nun kann man natürlich einwenden, dass der Prüfungsbericht keine so große Publizität erhält, da er zunächst einmal nur einem eingeschränkten Personenkreis, nämlich den Mitgliedern der Aufsichtsräte, zugänglich ist, die nach einer Änderung des AktG (§ 111 Abs. 2) durch das KonTraG sogar Auftraggeber der Prüfer sind. Allerdings haben Abschlussprüfende das Ergebnis der Prüfung in einem Bestätigungsvermerk (oder Vermerk über deren Versagung) zum Jahresabschluss und zum Konzernabschluss zusammenzufassen (§ 322 Abs. 1 S. 1 HGB). Das heißt, dieser Bestätigungsvermerk (auch Testat genannt) muss in den Jahresabschluss mit aufgenommen werden und zudem von mittelgroßen und großen Kapitalgesellschaften (sowie Kapitalgesellschaften & Co. ohne persönlich haftende Gesellschafter) veröffentlicht werden.

In diesem Bestätigungsvermerk wird der/die Abschlussprüfer:in, sofern er/sie aufgrund der Prüfung zu der Auffassung gekommen ist, dass alles (im rechtlichen Sinn) korrekt im Jahresabschluss bzw. Konzernabschluss dargestellt ist, in etwa Folgendes erklären: »Die von uns durchgeführte Prüfung hat zu keinen Einwänden geführt. Der von den gesetzlichen Vertretern der Gesellschaft aufgestellte Jahres- bzw. Konzernabschluss vermittelt aufgrund der von mir/uns bei der Prüfung gewonnenen Erkenntnisse unter Beachtung der Grundsätze ordnungsgemäßer Buchführung (bzw. in Übereinstimmung mit den IAS/IFRS) ein den tatsächlichen Verhältnissen entsprechendes Bild der Vermögens-, Finanz- und Ertragslage des Unternehmens bzw. des Konzerns.« Dieser Text ergibt sich bei Nichtvorhandensein von Einwänden aus dem Wortlaut des § 322 Abs. 3 HGB. Auf Risiken, die den Fortbestand des Unternehmens gefährden, ist im Bestätigungsvermerk gesondert einzugehen (§ 322 Abs. 2 S. 2 HGB). Haben Abschlussprüfende aufgrund ihrer Prüfung aber Einwendungen gegen den vom Vorstand bzw. den von der Geschäftsführung aufgestellten Jahresabschluss und Lagebericht, so haben diese den Bestätigungsvermerk einzuschränken oder zu versagen. Die Einschränkung und die Versagung des Bestätigungsvermerks sind zu begründen und die Einschränkungen sind so darzustellen, dass deren Tragweite erkennbar wird (§ 322 Abs. 4 HGB).

Bei einem uneingeschränkten Bestätigungsvermerk müsste man sich also eigentlich darauf verlassen können, dass man die Vermögens-, Finanz- und Ertragslage eines Unternehmens aus dem Jahresabschluss erkennt. Wird darüber hinaus von dem/der Abschlussprüfer:in auch nicht auf Gefährdungstatbestände hingewiesen, sollte man annehmen können, dass Arbeitnehmervertreter:innen im Aufsichtsrat oder Mitglieder des Wirtschaftsausschusses vor unangenehmen Überraschungen sicher sind. Dies auch deshalb, weil mit dem KonTraG auch die Haftungssummen für fahrlässiges Handeln der Abschlussprüfenden drastisch erhöht wurden. Inzwischen hafteten die Abschlussprüfenden für fahrlässiges Verhalten unter bestimmten Voraussetzungen sogar mit bis zu 16 Mio. € (vgl. § 323 Abs. 2 HGB).

Aber auch vor Fehleinschätzungen der Unternehmensrisiken durch die Abschlussprüfer:innen kann man nicht sicher sein. Beispielsweise konnten anscheinend die Abschlussprüfer:innen der Philipp Holzmann AG die Risiken von laufenden Bauprojekten nicht richtig einschätzen, denn sie fanden es völlig in Ordnung, dass im Jahresabschluss 1998 Risikorückstellungen aufgelöst wurden, um das Unternehmensergebnis zu verbessern. Das Problem war nur, dass die Risiken mit der Auflösung der entsprechenden Rückstellungen nicht aus der Welt geschafft waren. Zusammen mit den hohen operativen Verlusten, die im Geschäftsjahr 1999 auftraten, führte der nun erforderliche Rückstellungsbedarf fast zum Konkurs des Konzerns, der nur durch Forderungsverzichte der Gläubigerbanken, Einkommensverzichte der Beschäftigten und staatliche Unterstützung abgewandt werden konnte. Neuerdings stehen die Wirtschaftsprüfer von EY im Zusammenhang mit dem Zusammenbruch des Wirecard-Konzerns in der Kritik und sind wegen unzureichender Prüfungshandlungen erheblichen Schadensersatzklagen ausgesetzt. In diesem Zusammenhang sei erwähnt, dass die in § 321 Abs. 1 HGB von dem/der Abschlussprüfer:in geforderte Überprüfung der von der Unternehmensleitung abzugebenden Beurteilung hinsichtlich des Fortbestandes und der künftigen Entwicklung des Unternehmens bzw. Konzerns eingeschränkt wird. So ist auf diese Beurteilung der Unternehmensleitung nur einzugehen, »soweit die geprüften Unterlagen und der Lagebericht oder der Konzernlagebericht eine solche Beurteilung erlauben« (§ 321 Abs. 1 HGB).
Auch die im Bestätigungsvermerk angegebene Formulierung, dass der von den gesetzlichen Vertretern der Gesellschaft aufgestellte Jahresabschluss bzw. Konzernabschluss insgesamt »unter Beachtung der Grundsätze ordnungsgemäßer Buchführung ein den tatsächlichen Verhältnissen entsprechendes Bild der Vermögens-, Finanz- und Ertragslage des Unternehmens oder des Konzerns vermittelt«, ist so eindeutig nicht, wie es auf den ersten Blick erscheint. Das tatsächliche Bild eines Unternehmens wird nämlich dadurch eingeschränkt, dass dieses sich an rechtliche Regelungen halten soll, die aber wiederum Bilanzierungs- und Bewertungsspielräume zulassen. Mit dem Hinweis auf die Grundsätze ordnungsgemäßer Buchführung kommt dies auch im Bestätigungsvermerk zum Ausdruck.
Die Frage ist natürlich nun, welchen Wert der Bestätigungsvermerk der Abschlussprüfenden nebst Prüfungsbericht insgesamt für interessierte Lesende des Jahresabschlusses hat? Zunächst einmal zeigt die Einschränkung oder Versagung eines Bestätigungsvermerks auf, was bei der Aufstellung des Jahresabschlusses bzw. Konzernabschlusses nicht richtig gelaufen ist, da eine derartige Entscheidung durch Wirtschaftsprüfende zu begründen ist (§ 322 Abs. 4 HGB). Von großem Informationsgehalt ist auch ein im Zusammenhang mit dem Bestätigungsvermerk beschriebener Hinweis auf Risiken, die den Fortbestand des Unternehmens bzw. Konzerns gefährden.

Bei einem uneingeschränkten Bestätigungsvermerk muss man hingegen davon ausgehen, dass die rechtlichen Vorschriften bei der Erstellung des Jahresabschlusses bzw. Konzernabschlusses eingehalten wurden. Ein realistisches Bild der Vermögens-, Finanz- und Ertragslage erschließt sich Lesenden jedoch alleine aus dem Jahresabschluss bzw. Konzernabschluss aber noch nicht, da die rechtlichen Vorschriften Bilanzierungs- und Bewertungsspielräume zulassen. Will man ein klareres Bild der Vermögens-, Finanz- und Ertragslage eines Unternehmens erhalten, ist eine Bilanzanalyse unerlässlich. Hierbei ist der Prüfungsbericht u. U. sehr hilfreich, denn im Prüfungsbericht sind »die Posten des Jahres- und des Konzernabschlusses aufzugliedern und ausreichend zu erläutern, soweit dadurch die Darstellung der Vermögens-, Finanz- und Ertragslage wesentlich verbessert wird und diese Angaben im Anhang nicht enthalten sind« (§ 321 Abs. 2 S. 5 HGB).

E. Bilanzpolitik und Bilanzierungsspielräume

I. Ziele und Instrumente der Bilanzpolitik

Unter Bilanzpolitik versteht man die bewusste und zielorientierte Gestaltung eines Einzelunternehmens- oder Konzernabschlusses. Die Gestaltungsspielräume beziehen sich dabei auf den gesamten Jahresabschluss eines Unternehmens oder Konzerns, also Bilanz, GuV und Anhang, einschließlich der entsprechenden Ergänzungsrechnungen in Form der Kapitalflussrechnung, des Eigenkapitalspiegels und der Segmentberichterstattung sowie des Lageberichts.[1]
Mögliche Ziele der Bilanzpolitik sind regelmäßig finanzielle Ziele (z. B. Gestaltung der Ausschüttungsbemessungsgrundlage, Sicherung der Liquidität und Kreditwürdigkeit), Beeinflussung des Verhaltens von Investoren und Geschäftspartnern sowie allgemein die Außendarstellung des Unternehmens bzw. Konzerns.[2] Dabei können einzelne Ziele durchaus im Widerspruch zueinander stehen (z. B. Verringerung der Ausschüttungsbemessungsgrundlage und Beibehaltung bzw. Erhöhung der Kreditwürdigkeit). Diese Ziele beeinflussen insgesamt die Bilanzstrategie, die eine Zieloptimierung anstrebt und vom Grundsatz her eine eher konservative oder eine eher offene Bilanzierung verfolgen kann. Ihre Grenzen findet die Bilanzpolitik immer dort, wo Sachverhalte auf eine Art und Weise dargestellt werden, die die wirtschaftliche Realität nicht oder nur sehr bedingt widerspiegeln und damit gegen die Forderung des HGB, dass der Jahresabschluss unter Beachtung der Grundsätze ordnungsmäßiger Buchführung ein den tatsächlichen Verhältnissen entsprechendes Bild der Vermögens-, Finanz- und Ertragslage vermitteln soll (§ 264 Abs. 2 HGB), verstoßen wird.
Das zur Umsetzung der Bilanzpolitik zur Verfügung stehende Instrumentarium ist in Abb. 53 dargestellt.

1 Vgl. Fink/Reuther, Bilanzpolitik als Mittel zur Gestaltung des Jahresabschlusses, in: Fink/Schultze/Winkeljohann, Bilanzpolitik und Bilanzanalyse nach neuem Handelsrecht, S. 4.
2 Vgl. ebd.

Abb. 53
Bilanzpolitische Instrumente

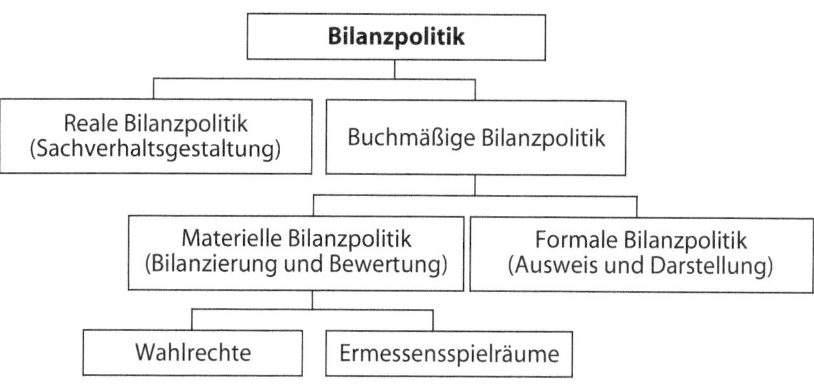

(Quelle: Wagenhofer, A., Ewert, R. (2015): Externe Unternehmensrechnung, Berlin, 3. Auflage, S. 3)

Bei der realen Bilanzpolitik geht es um kurz- und langfristige Sachverhaltsgestaltung. Zu den kurzfristigen Maßnahmen gehören z. B.:

- Veräußerung von (nicht betriebsnotwendigem) Anlagevermögen
- Kauf oder Verkauf von Vorratsvermögen und Wertpapieren
- Beeinflussung des Lieferzeitpunkts von Waren

Zu den langfristigen Maßnahmen gehören z. B.

- Sale-and-lease-Back,
- Ausgliederung von Teilbetrieben, Outsourcing von betrieblichen Funktionen, z. B. IT-Dienstleistungen.

Bei der formellen Bilanzpolitik geht es um die Gestaltung des Ausweises, der Struktur und Darstellung in Bilanz, GuV, Anhang und Lagebericht (z. B. durch Zusammenfassung oder weitergehende Untergliederung einzelner Bilanzpositionen, die Verlagerung von Informationen aus Bilanz und GuV in den Anhang, Wahrnehmung von Saldierungswahlrechten, Detaillierungsgrad und Darstellungsweise in Anhang und Lagebericht). Die formelle Bilanzpolitik findet immer nach dem Bilanzstichtag statt und hat keine Auswirkungen auf das Ergebnis.
Bei der materiellen Bilanzpolitik geht es um die Wahrnehmung von Bewertungs- und Ansatzwahlrechten, die immer nach dem Bilanzstichtag stattfinden. Ansatzwahlrechte betreffen z. B. das Disagio (§ 250 Abs. 3 HGB) oder die Aktivierung selbst geschaffener immaterieller Vermögensgegenstände des Anlagevermögens (§ 248 Abs. 2 S. 1 HGB). Bewertungswahlrechte können sich auf die Aktiva (z. B. Methodenwahlrecht bei planmäßigen Abschreibungen auf das Anlagevermögen, Methodenwahlrecht bei der Ermittlung des Vorratsvermögens) und die Passiva

(z. B. Rückstellungsbildung) beziehen. Materielle Bilanzpolitik ist immer ergebniswirksam.
Obwohl die Einzelabschlüsse die Grundlage für den Konzernabschluss darstellen, kann im Rahmen der Konsolidierung eine eigenständige Konzernbilanzpolitik betrieben werden (z. B. konzerneinheitliche Bilanzierungs- und Bewertungsmethoden, Abgrenzung des Konsolidierungskreises, Nutzung von Wahlrechten bei der Anwendung der Konsolidierungsmethode).
Durch das BilMoG erfahren die bilanzpolitischen Instrumente eine deutliche Einschränkung durch die Abschaffung einer Vielzahl von Wahlrechten (vgl. Abb. 54).

Abb. 54
Änderungen von Bewertungs-, Ansatz- und Ausweiswahlrechten im Handelsgesetzbuch durch BilMoG

HGB alt	HGB neu
Passivierungswahlrecht für Sonderposten mit Rücklageanteil (§ 247 Abs. 3 HGB)	Passivierungsverbot aufgrund der Streichung einschlägiger Regelungen; aber: Beibehaltungswahlrecht für bereits gebildete Sonderposten
Passivierungswahlrecht für Instandhaltungsrückstellungen bei Nachholung in 4–12 Monaten (§ 249 Abs. 1 HGB)	Passivierungsverbot (§ 249 Abs. 2 HGB)
Passivierungswahlrecht für Aufwandsrückstellungen (§ 249 Abs. 2 HGB)	Passivierungsverbot (§ 249 Abs. 2 HGB)
Aktivierungswahlrecht für Zölle/Verbrauchssteuern auf aktivierte Vorräte sowie Umsatzsteuer auf geleistete Anzahlungen (§ 250 Abs. 1 HGB)	Aktivierungsverbot (§ 250 Abs. 1 HGB)
Wahlrecht zur außerplanmäßigen Abschreibung im Anlagevermögen bei nicht dauerhafter Wertminderung (rechtsformabhängig) (§ 253 Abs. 2 HGB)	Verbot zur außerplanmäßigen Abschreibung im Anlagevermögen bei nicht dauerhafter Wertminderung (Ausnahme: Finanzanlagen) (§ 250 Abs. 3 HGB)
Möglichkeit der Verlustantizipation im Umlaufvermögen (§ 253 Abs. 3 HGB)	Verbot der Verlustantizipation im Umlaufvermögen (§ 253 HGB)
Wahlrecht zur Abschreibung im Rahmen vernünftiger kaufmännischer Beurteilung (§ 253 Abs. 4 HGB)	Verbot zur Abschreibung im Rahmen vernünftiger kaufmännischer Beurteilung (§ 253 HGB)

HGB alt	**HGB neu**
Wertaufholungswahlrecht (§ 253 Abs. 5 HGB)	Wertaufholungsgebot (Ausnahme: derivativer Geschäfts-/Firmenwert) (§ 253 Abs. 5 HGB)
Zulässigkeit steuerlich niedrigerer Wertansätze (§ 254 HGB)	Verbot steuerlich niedrigerer Wertansätze
Aktivierungswahlrecht für Material-/Fertigungsgemeinkosten als Herstellungskosten (§ 255 Abs. 2 HGB)	Aktivierungsgebot für Material-/Fertigungsgemeinkosten als Herstellungskosten (§ 255 Abs. 2 HGB)
Aktivierungswahlrecht für derivativen Geschäfts-/Firmenwert (§ 255 Abs. 4 HGB)	Aktivierungspflicht für derivativen Geschäfts-/Firmenwert (§ 246 Abs. 1 HGB)
Wahlrecht zur Pauschalabschreibung des derivativen Geschäfts-/Firmenwerts (§ 255 Abs. 4 HGB)	Verbot Wahlrecht zur Pauschalabschreibung des derivativen Geschäfts-/Firmenwerts (§ 246 i. V. m. 253 Abs. 2 HGB)
Wahlrecht bei der Anwendung verschiedenster Verbrauchsfolgeverfahren beim Vorratsvermögen (§ 256 HGB)	Nur noch Durchschnittsmethode, Lifo- und Fifo-Methode zulässig (§ 256 HGB)
Aktivierungswahlrecht für Ingangsetzungs- und Erweiterungsaufwand als Bilanzierungshilfe (§ 269 HGB)	Aktivierungsverbot (§ 246 Abs. 1 HGB)
Wahlrecht zum Ausweis nicht eingeforderter ausstehender Einlagen auf der Aktivseite vor dem Anlagevermögen oder zur offenen Absetzung vom gezeichneten Kapital (§ 272 Abs. 1 und 3 HGB)	Offene Absetzung vom gezeichneten Kapital (§ 272 Abs. 1 HGB)
Aktivierung eigener Anteile im Umlaufvermögen inkl. Rücklagenbildung oder offene Absetzung vom Eigenkapital (§ 272 i. V. m. § 265 HGB)	Offene Absetzung vom Eigenkapital (§ 272 Abs. 1a und b HGB)
Aufgliederung von Verbindlichkeiten in Bilanz oder im Anhang (§ 285 Abs. 2 HGB)	Aufgliederung von Verbindlichkeiten zwingend im Anhang (§ 285 Abs. 2 HGB)
Gesonderte Aufstellung des Anteilsbesitzes zulässig (§ 287 i. V. m. § 285 Nr. 11, 11a HGB)	Gesonderte Aufstellung des Anteilsbesitzes zwingend im Anhang (§ 285 Nr. 11, 11a HGB)

(Quelle: Fink/Reuther, a. a. O., S 15f.)

Aus der Übersicht wird deutlich, dass durch das BilMoG bisher bestandene Wahlrechte deutlich eingeschränkt wurden. Allerdings brachte das BilMoG aber auch einige neue Möglichkeiten bilanzpolitischer Gestaltung. So z. B. das damals neu eingeführte Wahlrecht zur Aktivierung selbsterstellter immaterieller Vermögensgegenstände bei gleichzeitiger Ausschüttungssperre (§ 248 Abs. 2 HGB). Grenzen der Bilanzpolitik ergeben sich z. B. aus dem Stetigkeitsprinzip, das die Beibehaltung einmal gewählter Ansatz- und Bewertungswahlrechte fordert (§ 246 Abs. 2, § 252 Abs. 1 Nr. 6 und § 265 Abs. 1 HGB), womit Änderungen in einzelnen Geschäftsjahren verhindert werden. Dort, wo Änderungen bei den Ansatz- und Bewertungswahlrechten rechtlich zulässig sind, müssen im Anhang die Auswirkungen auf den Unternehmenserfolg dargestellt, also aufgedeckt werden. Durch die Angabe latenter Steuern werden auch unterschiedliche Bewertungen in Handels- und Steuerbilanz in ihrer Ergebniswirkung deutlich.

II. Bilanzierungsspielräume und ihre Auswirkungen auf einzelne Bilanzpositionen

1. Immaterielle Vermögensgegenstände

a) Geschäfts- oder Firmenwert (Goodwill)

Bei dem in der Position »Immaterielle Vermögensgegenstände« aufgeführten »Geschäfts- oder Firmenwert« handelt es sich um den Unterschiedsbetrag zwischen dem Bilanzwert eines gekauften Unternehmens und dem tatsächlich gezahlten Preis. Man nennt dies auch »Goodwill« oder derivativer (entgeltlich erworbener) Geschäfts- oder Firmenwert. Hierbei handelt es sich um einen zeitlich begrenzt nutzbaren Vermögensgegenstand, der folglich zu aktivieren ist (§ 246 Abs. 1 HGB). In § 253 Abs. 3 S. 3 HGB wird die Abschreibung des Goodwill geregelt. Dort heißt es: »Kann in Ausnahmefällen die voraussichtliche Nutzungsdauer eines selbst geschaffenen immateriellen Vermögensgegenstands des Anlagevermögens nicht verlässlich geschätzt werden, sind planmäßige Abschreibungen auf die Herstellungskosten über einen Zeitraum von zehn Jahren vorzunehmen. Satz 3 findet auf einen entgeltlich erworbenen Geschäfts- oder Firmenwert entsprechende Anwendung.«

Trotz der vorgeschriebenen Aktivierungspflicht steckt hinter der Position »Geschäfts- oder Firmenwert« nur dann ein Vermögenswert, wenn sich dieser beim Verkauf des übernommenen Unternehmens auch wieder realisieren ließe. Da sich dies aber zum Zeitpunkt der Bilanzierung des Geschäfts- oder Firmenwerts häufig gar nicht abschätzen lässt und die Bilanz eine Stichtagsbetrachtung der Vermögenssituation des Unternehmens ist, sollte im Regelfall bei einer Bilanzanalyse der aktivierte Geschäfts- oder Firmenwert aus der Bilanz herausgerechnet, d.h. mit dem Eigenkapital verrechnet werden.

Dies gilt gleichermaßen für den Geschäfts- oder Firmenwert, der im Konzernabschluss im Rahmen der Kapitalkonsolidierung gebildet wurde (§ 301 Abs. 3 HGB). Im Rahmen der Kapitalkonsolidierung ist der Unterschiedsbetrag zwischen Anschaffungskosten für die Beteiligung und des übernommenen Reinvermögens zu Zeitwerten als Geschäfts- oder Firmenwert auszuweisen. Der im Konzernabschluss im Rahmen der Kapitalkonsolidierung gebildete Geschäfts- oder Firmenwert unterscheidet sich damit hinsichtlich der Entstehung und des Inhalts nicht vom Geschäfts- oder Firmenwert, der im Einzelabschluss gebildet wird. Das heißt, auch bei der Analyse des Konzernabschlusses ist der Geschäfts- oder Firmenwert aus der Bilanz herauszunehmen (gegen das Eigenkapital zu verrechnen).

Im Konzernabschluss nach HGB kann die Abschreibung auf den Geschäfts- oder Firmenwert allerdings unterschiedlich (linear oder degressiv) vorgenommen werden. So kann diese Abschreibung über die GuV erfolgen, was den ausgewiesenen Gewinn und damit indirekt das Eigenkapital schmälert. Oder aber diese Abschreibung erfolgt über eine Direktverrechnung mit dem Eigenkapital (Verrechnung mit den Rücklagen), was zu einem höheren Gewinnausweis führt (siehe § 309 Abs. 1 HGB und § 253 Abs. 3 HGB).

Auch nach IAS 22 ist ein derivativer Geschäfts- oder Firmenwert (Goodwill) zwingend in der Bilanz auszuweisen. Gemäß IFRS 3 i.V.m. IAS 36 erfolgt eine Abschreibung des Goodwill allerdings nur dann, wenn ein jährlich vorzunehmender »Impairment Test« (Werthaltigkeitsprüfung) ergibt, dass der Goodwill nicht mehr werthaltig ist. Die Abschreibung auf den Goodwill erfolgt in einem nach den IAS/IFRS aufgestellten Konzernabschluss über die GuV.

Im Rahmen einer Jahresabschluss- bzw. Konzernabschluss-Analyse sollte man also darauf achten, ob die GuV Abschreibungen auf den Geschäfts- oder Firmenwert (Goodwill) enthält und damit das Unternehmens- bzw. Konzernergebnis belastet wird. Sollte es im Rahmen der Kapitalkonsolidierung im Konzernabschluss zu einem Ausweis eines passivischen Unterschiedsbetrags (dem sogenannten »Badwill«) gekommen sein, wird dieser auf der Passivseite als »Unterschiedsbetrag aus der Kapitalkonsolidierung« aufgeführt und kann unter den Voraussetzungen des § 309 Abs. 2 HGB (§§ 297, 289 HGB) aufgelöst werden. Hierin liegt ein weiterer Ermessensspielraum für die Bilanzpolitik. Zu einem Kaufpreis unter den Buchwerten des Eigenkapitals des Tochterunternehmens kann es insbesondere kommen, falls es stille Lasten, also Passiva des Tochterunternehmens gibt die unterbewertet sind, eine ungünstige Erfolgsaussicht für das Unternehmen besteht oder ein Kauf unter Wert stattgefunden hat.

b) Aktivierung von Entwicklungskosten

Hinsichtlich der in einem Unternehmen bzw. Konzern anfallenden »Forschungs- und Entwicklungskosten« erfolgte nach dem BilMoG eine Angleichung des HGB an IAS/IFRS. Danach sind die Entwicklungskosten nach IAS 38 zu aktivieren (immaterielle Vermögensgegenstände), wenn mit hinreichender Wahrscheinlichkeit davon auszugehen ist, dass aus den aufgewandten Entwicklungskosten ein künftiger wirtschaftlicher Nutzen fließen wird. Zur Ermittlung des Wertansatzes ist strikt zwischen Aufwendungen für Forschung und Aufwendungen für Entwicklung zu unterscheiden. Für Forschungsaufwendungen besteht ein Aktivierungsverbot. Damit Entwicklungsaufwendungen aktiviert werden können, müssen nach IAS 38.57 folgende Voraussetzungen erfüllt sein:

- Technische Realisierbarkeit bis zur Markt- oder Gebrauchsreife;
- Absicht, den immateriellen Vermögenswert weiterzuentwickeln und selbst zu nutzen oder zu vermarkten;
- Fähigkeit, den immateriellen Vermögenswert selbst zu nutzen oder zu vermarkten;
- Nachweis eines Marktes bzw. der Brauchbarkeit für das Unternehmen (bei interner Nutzung);
- Verfügbarkeit adäquater technischer, finanzieller und anderer Mittel zum Abschluss der Entwicklung und zur Vermarktung bzw. Nutzung;
- Fähigkeit, Forschungs- und Entwicklungskosten verlässlich voneinander abgrenzen zu können.

2. Sach- und Finanzanlagen

a) Abschreibungen

Abschreibungen sollen grundsätzlich dazu dienen, den ursprünglichen Wert von Vermögensgegenständen dem aktuellen Wert zum Zeitpunkt der Bilanzaufstellung anzupassen. So einleuchtend es ist, dass z. B. eine Maschine nach ein paar Jahren des Gebrauchs nicht nur wegen Verschleißes, sondern auch wegen technischer Veralterung nur noch einen Teil ihrer ursprünglichen Anschaffungskosten wert ist, umso schwerer ist es – ja eigentlich unmöglich –, den realen aktuellen Wert einer Maschine festzustellen, wenn diese nicht verkauft wird. In § 253 Abs. 2 HGB heißt es hierzu: »Bei Vermögensgegenständen des Anlagevermögens, deren Nutzung zeitlich begrenzt ist, sind die Anschaffungs- oder Herstellungskosten um planmäßige Abschreibungen zu vermindern. Der Plan muss die Anschaffungs- oder Herstellungskosten auf die Geschäftsjahre verteilen, in denen der Vermögensgegenstand voraussichtlich genutzt werden kann.« In der Praxis orientiert man sich bei der Schätzung der Nutzungsdauer an den steuerlichen »AfA-Tabellen«. In begründeten Fällen kann von diesen Werten abgewichen werden. Da in aller Regel die Nutzungsdauer gemäß AfA-Tabellen niedriger ist als die wirtschaftliche Nutzungsdauer, führen die erhöhten Abschreibungen zu einer Unterbewertung des Anlagevermögens (Bildung stiller Reserven) und in den Jahren der Abschreibung zu einem geringeren Gewinnausweis in der GuV.

Nach § 243 HGB hat der Jahresabschluss und damit auch das zu wählende Abschreibungsverfahren den Grundsätzen ordnungsmäßiger Buchführung zu entsprechen. Demnach sind Abschreibungsmethoden, die dem Abnutzungsverlauf offensichtlich widersprechen, unzulässig.

Die Abb. 55 zeigt die unterschiedlichen Abschreibungsmethoden im Überblick.

Am meisten verbreitet ist in der Praxis die lineare und die geometrisch-degressive Abschreibungsmethode mit Wechsel zur linearen Abschreibung des Restbuchwerts in dem Jahr, in dem der lineare Abschreibungsbetrag höher bzw. gleich ist als der geometrisch-degressive. Der Gesetzgeber hat den Unternehmen die Möglichkeit der degressiven Abschreibung (wieder) rückwirkend, befristet für die Anschaffungsjahre 2020 und 2021 eingeräumt, um Unternehmen während der Corona-Pandemie steuerlich zu entlasten. Die Wahlmöglichkeit zwischen linearer Abschreibung und geometrisch-degressiver Abschreibung gestattet es, das Abschreibungsvolumen in einem gewissen Umfang zu gestalten. (Die degressive Abschreibung darf allerdings nur max. das Zweieinhalbfache der linearen Abschreibung betragen.). Die Übersicht in Abb. 56 macht deutlich, wie unterschiedlich die Abschreibungsbeträge, die ja Aufwendungen in der GuV-Rechnung darstellen, je nach Abschreibungsverfahren ausfallen. Der in der Übersicht angegebene Buchwert geht in die Bilanz als Restbuchwert ein. Je nach gewählten Abschreibungsverfahren kann es also bei neu angeschafften Maschinen zu einem sehr unterschiedlichen Ausweis des Anlagevermögens kommen.

Darüber hinaus sind *außerplanmäßige Abschreibungen* im Anlagevermögen wegen außergewöhnlicher technischer oder wirtschaftlicher Wertminderung oder Sinkens der Wiederbeschaffungskosten vorzunehmen, wenn es sich um eine voraussichtlich dauernde Wertminderung (strenges Niederstwertprinzip) handelt (§ 253 Abs. 3 HGB). Handelt es sich aber nicht um eine dauernde Wertminderung (gemildertes Niederstwertprinzip), besteht bei Finanzanlagen ein Bewertungswahlrecht. So können Unternehmen bei vorübergehenden Kursschwankungen bei Wertpapieren je nach Interessenlage ihre Finanzanlagen außerplanmäßig abschreiben oder den bisherigen Buchwert beibehalten. Allerdings besteht ein Wertaufholungsgebot, wenn die Gründe, die zur außerplanmäßigen Abschreibung geführt haben, nicht mehr bestehen (§ 253 Abs. 5 HGB). Die Rückgängigmachung von Abschreibungen erfolgt über sog. Zuschreibungen. Das heißt, im Anlagespiegel werden die abgeschriebenen Anlagegegenstände um eine Zuschreibung erhöht, die wiederum in der GuV in den *sonstigen betrieblichen Erträgen* ausgewiesen wird. Im Falle der Vornahme einer Zuschreibung

Abb. 55
Unterschiedliche Abschreibungsmethoden

Abschreibungs-methode	Beschreibung	Kommentar
Leistungs- bzw. verbrauchsbedingte Abschreibung	Die AHK werden nicht über die Nutzungsdauer, sondern im Verhältnis der jährlichen Leistungsabgabe im Verhältnis zur möglichen Gesamtleistungsabgabe verteilt	Spezifische Anwendung bei Bergbauunternehmen, Steinbrüchen, Kiesgruben; teilweise auch bei Fuhrparks; sehr hoher Ermittlungsaufwand; natürlicher Verschleiß und wirtschaftliche Entwertung finden keine Berücksichtigung.
Lineare Abschreibung	Die AHK werden gleichmäßig über die voraussichtlichen Jahre der Nutzung verteilt	Diese Methode lässt sich am einfachsten berechnen. Hierbei wird unterstellt, dass ein Anlagegut über den Zeitraum hinweg gleichmäßig stark beansprucht wird.
Geometrisch-degressive Abschreibung	Die AHK werden mit jährlich fallenden Abschreibungsbeträgen über die Jahre der Nutzung verteilt. Für die Berechnung der Abschreibungsbeträge wird ein festgesetzter Abschreibungssatz verwendet. Er beträgt zz. 25 % der linearen Abschreibung.	Es kommt hier nicht zu einer vollständigen Abschreibung auf den Restbuchwert Null. Deshalb in der Praxis nur in Kombination mit linearer Abschreibung.
Arithmetrisch-degressive (digitale) Abschreibung	Die AHK werden mit jährlich fallenden Abschreibungsbeträgen über die Jahre der Nutzung verteilt. Für die Berechnung der Abschreibungsbeträge wird ein jährlich sinkender Abschreibungssatz verwendet.	In der Praxis nicht gebräuchlich.
Progressive Abschreibung	Die AHK werden mit jährlich steigenden Abschreibungsbeträgen über die Jahre der Nutzung verteilt. Für die Berechnung der Abschreibungsbeträge wird ein jährlich steigender Abschreibungssatz verwendet.	Diese Methode findet Anwendung bei Anlagegütern, die bis zur vollständigen Nutzung eine längere Anlaufzeit benötigen, z. B. Obstplantagen, Verkehrs- und Versorgungsbetriebe.

wird also nicht nur das Anlagevermögen buchmäßig aufgewertet, sondern es wird in einem Geschäftsjahr ein zusätzlicher Gewinn buchhalterisch und nicht operativ erwirtschaftet.

Abb. 56
Auswirkung unterschiedlicher Abschreibungsverfahren auf den Restbuchwert

Jahr	AHK bzw. Restbuchwert Vorjahr (in €)	Lineare Abschreibung	Restbuchwert Geschäftsjahr (in €)	Geometrisch-degressive Abschreibung	Restbuchwert Geschäftsjahr (in €)
1	100000	10000	90000	25000	75000
2	90000	10000	80000	18750	56250
3	80000	10000	70000	14063	42187
4	70000	10000	60000	10547	31640
5	60000	10000	50000	7910	23730
6	50000	10000	40000	5933	17797
7	40000	10000	30000	4449	13348
8	30000	10000	20000	4449	8899
9	20000	10000	10000	4449	4450
10	10000	10000	0	4450	0

AHK = 100000 €
Nutzungsdauer: 10 Jahre

b) Geringwertige Wirtschaftsgüter

Über das Steuerrecht, das in § 6 Abs. 2 und 2a EStG die totale Abschreibungsmöglichkeit geringwertiger Wirtschaftsgüter (GWG) im Jahr der Anschaffung bzw. Herstellung gestattet, kommt ein weiteres Wahlrecht in den handelsrechtlichen Jahresabschluss. Bei den geringwertigen Wirtschaftsgütern handelt es sich um Güter, die selbständig genutzt und bewertet werden können und deren Anschaffungs- bzw. Herstellungskosten (AHK) ohne Umsatzsteuer 250 € nicht überschreiten. GWG mit AHK bis zu 800 € (ohne MwSt.) können dann sofort abgeschrieben werden, wenn sie in einem GWG-Verzeichnis aufgeführt sind. Selbständig nutzbare Wirtschaftsgüter, deren Anschaffungs- oder Herstellkosten zwischen 250 € und 1000 € liegen, können pro Wirtschaftsjahr in einen Sammelposten aufgenommen und über drei oder fünf Jahre abgeschrieben werden (§ 6 Abs. 2a EStG).

Die Abschreibungen geringwertiger Wirtschaftsgüter, die vornehmlich bei der Position Betriebs- und Geschäftsausstattung vorgenommen werden, sind nicht zu unterschätzen. Zu den »geringwertigen« Wirtschaftsgütern gehören z. B. Schränke, Bürostühle, Tische usw., nicht aber z. B. Verbrauchsmaterialien wie Papier, Stifte, etc. Auf diese Art und Weise können ganze Büroeinrichtungen,

die sich aus Sachanlagen von unter 250 € pro Stück zusammensetzen, auf einmal abgeschrieben werden, obwohl man sie mehrere Jahre nutzen kann. Die sofortige Totalabschreibung verschlechtert also das Jahresergebnis und führt zur Bildung stiller Reserven. Da keine Dokumentationspflichten im Anhang bestehen, kann der Umfang der stillen Reserven somit auch nicht ermittelt werden.
In den IFRS kommen geringwertige Wirtschaftsgüter hingegen nicht vor. Wegen des Grundsatzes der Wesentlichkeit wird man aber davon ausgehen können, dass eine Sofortabschreibung von geringwertigen Wirtschaftsgütern auch nach IFRS zulässig ist.[3]

c) Leasing/Sale-and-lease-back-Geschäfte

Beim Unternehmensleasing leiht sich ein Unternehmen (Leasingnehmer) von einem anderen Unternehmen (Leasinggeber) zur wirtschaftlichen Nutzung eine Maschine, ein Fahrzeug, Räume o. Ä. und muss für diese Nutzung Leasinggebühren (Miete) zahlen. Rechtlich ist der Leasinggeber Eigentümer und der Leasingnehmer lediglich der derzeitige Besitzer des Leasingobjekts. Wirtschaftlich sieht die Sache häufig allerdings ganz anders aus. Leasingverträge sind oft so ausgestaltet, dass sie über die gesamte voraussichtliche Nutzungsdauer des Leasingobjektes laufen oder dass das Leasingobjekt nach Beendigung der vereinbarten Leasingzeit in das Eigentum der Leasingnehmers übergeht oder zu einem Restwert durch eine Kaufoption erworben werden kann. Im zweiten Fall ist die Bezahlung des übergegangenen Wirtschaftsguts durch die während des Leasingzeitraums gezahlten Leasingraten erfolgt. Man spricht in beiden Fällen von einem sog. Finanzierungsleasing.
Angesichts fehlender konkreter Regelungen im HGB richtet sich die Bilanzierung von Leasingverhältnissen im handelsrechtlichen Abschluss nach steuerrechtlichen Leasingerlassen der deutschen Finanzbehörden. Durch geschickte Vertragsgestaltung ist es auch bei einem sog. Finanzierungsleasing möglich, dass bei einem handelsrechtlichen Jahresabschluss bzw. Konzernabschluss das Leasingobjekt nicht beim Leasingnehmer bilanziert wird und die Leasingraten während des Nutzungszeitraums in den jeweiligen Gewinn- und Verlustrechnungen als Aufwand gebucht werden. Damit besteht bei handelsrechtlichen Abschlüssen faktisch ein Bilanzierungswahlrecht.
Bei einem nach den IAS/IFRS aufgestellten Konzernabschluss kommt es nicht so sehr auf die vertragliche Gestaltung als vielmehr auf den wirtschaftlichen Gehalt eines Leasingvertrags an. Das heißt, bei einem sog. Finanzierungsleasing ist das Leasingobjekt beim Leasingnehmer zu bilanzieren sofern es sich bei den Leasing-Konditionen nicht um völlig variable oder rein nutzungsbezogene Leasinggebühren handelt, die entsprechend über die Gewinn- und Verlustrechnung

---

3 Vgl. Coenenberg/Haller/Schultze, a. a. O., S. 178.

berücksichtigt werden. Die Bilanzierung richtet sich nach IFRS 16 und führt dazu, dass für die Leasingverträge eine Bilanzierung der Nutzungsrechte (»right-of-use«) als Vermögenswerte auf der Aktivseite und die Verbindlichkeiten aus dem Leasing auf der Passivseite ausgewiesen werden. Die Leasingverbindlichkeiten, die aus einem Leasing mit festen Werten, variablen Leasinggebühren, die an einen Index oder einen Zinssatz gebunden sind, Beträge für Restwertgarantien aus dem Leasingverhältnis, Ausübungspreise für Kaufoptionen, die hinreichend sicher ausgeübt werden sollen und Zahlungen für die Beendigung des Leasingverhältnisses sind mit dem Barwert der noch zu leistenden Zahlungen zu bewerten. In der Gewinn und Verlustrechnung werden dann sowohl die Leasinggebühren als auch die veränderten Abschreibungen von Nutzungsrechten aus dem Leasing als Aufwand berücksichtigt.

Da das Finanzierungsleasing eigentlich nichts anders darstellt als eine besondere Form der Fremdkapitalfinanzierung von Investitionen, führt die verpflichtende Bilanzierungsregelung nach IAS 17 und IFRS 16 dazu, dass die wirtschaftlichen Verhältnisse eines Unternehmens/Konzerns realistischer dargestellt werden. Konzerne, deren Konzernabschlüsse auf Grundlage der IAS/IFRS aufgestellt wurden, sind somit besser miteinander vergleichbar. Allerdings sind auch neue Gestaltungsspielräume hinzugekommen, die sich aus der Ansetzbarkeit von Verlängerungs-, Kauf- und Beendigungsoptionen und der Einschätzung, ob sie hinreichend sicher zu bestimmen sind, ergeben.

Mit dem IFRS 16 wird die aus dem IAS 17 resultierende Differenzierung von Operating- und Finanzierungsleasing für Mieter verändert, was vielfältige Auswirkungen insbesondere auf das Thema der Überführung von Mietverträgen in Leasingverträge hatte. Seit Januar 2019 sind alle bisher außerbilanziellen Mietverpflichtungen nach IFRS in der Bilanz auszuweisen. Da die Mietkosten der klassischen Miete im Falle eines Leasings von Immobilien (für einen Zeitraum über 12 Monate) nun als Nutzungsrechte aus Leasing (»right-of-use«) als Vermögenswerte beim Leasingnehmer erfasst werden und ähnlich wie Vermögenswerte zu Anschaffungskosten reduziert um kumulierte Abschreibungen und Wertminderungsaufwendungen geführt werden. Die Abschreibungen der Nutzungsrechte entspricht der Laufzeit des Leasingvertrages. Für die Leasinggeber resultiert mit IFRS 16 eine Ausbuchung der verleasten Vermögensgegenstände und der Erfassung von Forderungen, die sich aus den abgezinsten Leasingzahlungen und dem nicht garantierten Restwert zusammensetzt, wobei der Zinssatz der Abzinsung dem für das Leasing vereinbarten Zinssatz entspricht. Unterschiede zwischen dem Buchwert der Leasingobjekte und den Forderungen werden in der Gewinn- und Verlustrechnung erfasst. Somit ergeben sich aus dem IFRS 16 doch deutliche Einflüsse auf die Vermögens- und Schuldendarstellung des Unternehmens bzw. Konzerns.

Auch sog. Sale-and-lease-back-Geschäfte, also jene Geschäfte, bei denen ein Vermögensgegenstand verkauft wird und unmittelbar danach »zurückgeleast« wird, werden in einem nach IAS/IFRS aufgestellten Konzernabschluss so »verbucht«, dass die wirtschaftliche Lage realistischer wiedergeben wird als in einem HGB-Abschluss. Nicht nur, dass die im Wege des Leasing zurücküberlassenen Wirtschaftsgüter dem Finanzierungsleasing zuzuordnen sind und damit die schon voran gemachten Ausführungen hierzu gelten. Darüber hinaus dürfen anders als nach dem HGB die aus diesen Geschäften anfallenden Buchgewinne nicht sofort realisiert werden. Nach IAS 17 muss beim Finanzierungsleasing ein Buchgewinn in einen Rechnungsabgrenzungsposten eingestellt werden, der gewinnbringend (Position sonstige betriebliche Erträge) nur über die gesamte Leasingvertragsdauer aufgelöst werden darf.

3. Vorräte

Für die Bewertung des Vorratsvermögens gilt handelsrechtlich das absolute Niederstwertprinzip; d. h., das Vorratsvermögen darf höchstens mit seinen Anschaffungs- bzw. Herstellungskosten (§ 253 Abs. 1 HGB) bewertet werden. Bei einem niedrigeren Börsen- oder Marktpreis am Bilanzstichtag muss es sogar mit diesem niedrigeren Wert bewertet werden (§ 253 Abs. 3 HGB). Trotz des absoluten Niederstwertprinzips bestehen bei der Position Vorratsvermögen wohl die meisten bilanzpolitischen Gestaltungsmöglichkeiten.

a) Bewertung der Roh-, Hilfs- und Betriebsstoffe

Gleichartige Vermögensgegenstände des Vorratsvermögens können – abweichend vom Grundsatz der Einzelbewertung – so vereinfacht bewertet werden, dass deren bilanzierter Wert kaum etwas mit den aktuell realistischen Marktpreisen zu tun haben muss. Die nach § 240 Abs. 3 und 4 sowie § 256 HGB zulässigen Bewertungsverfahren sollen im Folgenden an der Position »Roh-, Hilfs- und Betriebsstoffe« dargestellt werden. Zur Bewertung dieser Position am Bilanzstichtag sind handelsrechtlich folgende Bewertungsverfahren zulässig:

aa) Festbewertung (§ 240 Abs. 3 HGB)

Vermögensgegenstände des Sachanlagevermögens, deren Gesamtwert für das Unternehmen von untergeordneter Bedeutung ist und deren Bestand in seiner Größe, seinem Wert und seiner Zusammensetzung nur geringen Schwankungen unterliegt, dürfen mit einem Festwert angesetzt werden (§ 240 Abs. 3 HGB).

bb) Durchschnittsmethode (§ 240 Abs. 4 HGB)

Gleichartige Roh-, Hilfs- und Betriebsstoffe werden zu einer Gruppe zusammengefasst und mit einem gewogenen Durchschnittspreis bewertet. Dieser Durchschnittspreis wird aus dem Anfangstatbestand und den Zugängen des Geschäftsjahres gebildet.

cc) Verbrauchsfolgeverfahren (§ 256 HGB)

Soweit es den Grundsätzen ordnungsmäßiger Buchführung entspricht, kann für den Wertansatz gleichartiger Roh-, Hilfs- und Betriebsstoffe unterstellt werden, dass die zuerst oder die zuletzt angeschafften Waren zuerst verbraucht oder veräußert worden sind (sog. Fifo- oder Lifo-Verfahren). Da diese Verfahren *nicht* der tatsächlichen Verbrauchs- oder Veräußerungsfolge im Unternehmen entsprechen, eröffnet sich ein nicht geringer Spielraum bei der Bewertung der Rohstoffvorräte.

- *Fifo-Verfahren* (first in – first out)

Bei diesem Verfahren wird unterstellt, dass die zuerst angeschafften Roh-, Hilfs- und Betriebsstoffe auch zuerst verbraucht oder veräußert worden sind. Die am Bilanzstichtag vorhandenen Rohstoffbestände stammen demnach aus den letzten Einkäufen. Entsprechend werden die Rohstoffbestände mit den Preisen der letzten Einkäufe bewertet. Bei fallenden Rohstoffpreisen innerhalb eines Geschäftsjahres bietet dieses Verfahren die Möglichkeit, durch einen buchmäßigen Aufwand den Gewinn zu schmälern. Gegenüber der Durchschnittsmethode fällt die Position »Materialaufwand« in der GuV höher aus (und die Bilanzposition »Roh-, Hilfs- und Betriebsstoffe« wird entsprechend kleiner ausgewiesen). Bei Preiserhöhungen im Laufe des Geschäftsjahres wirkt sich die Anwendung des Fifo-Verfahrens gegenüber der Durchschnittsmethode gewinnerhöhend aus (s. Abb. 57).

- *Lifo-Verfahren* (last in – first out)

Bei der Anwendung dieses Verfahrens wird unterstellt, dass die zuletzt angeschafften oder hergestellten Roh-, Hilfs- und Betriebsstoffe zuerst verbraucht oder veräußert worden sind. Die am Bilanzstichtag vorhandenen Bestände stammen also aus dem Anfangsbestand und den ersten Zugängen des Geschäftsjahres (sofern sich der Bestand gegenüber dem Vorjahr erhöht hat). Dieses Verfahren bietet bei fallenden Rohstoffpreisen innerhalb eines Geschäftsjahres die Möglichkeit, durch niedrigeren buchmäßigen Aufwand als bei der Durchschnittsmethode den Gewinn zu erhöhen. Steigen die Preise im Laufe des Geschäftsjahres, wirkt sich die Anwendung des Lifo-Verfahrens gegenüber der Durchschnittsmethode gewinnsenkend aus (s. Abb. 57).

Abb. 57
Die Anwendung des Fifo- oder Lifo-Verfahrens bei gleichartigen Rohstoffen und die möglichen Auswirkungen auf die Bilanz und die Gewinn- und Verlustrechnung

Preisänderung / Verbrauchsfolgeverfahren	Steigerung der Einkaufspreise bei Rohstoffen im Geschäftsjahr	Senkung der Einkaufspreise bei Rohstoffen im Geschäftsjahr
Fifo-Verfahren (first in – first out)	Materialaufwand: niedriger Bilanzausweis und Jahresergebnis: höher	Materialaufwand: höher Bilanzausweis und Jahresergebnis: niedriger
Lifo-Verfahren (last in – first out)	Materialaufwand: höher Bilanzausweis und Jahresergebnis: niedriger	Materialaufwand: niedriger Bilanzausweis und Jahresergebnis: höher

Hinsichtlich der Bewertung gleichartiger Roh-, Hilfs- und Betriebsstoffe unterscheiden sich die IAS/IFRS nicht wesentlich von den handelsrechtlichen Vorschriften. IAS 2 lässt sowohl die Durchschnittsmethode als auch das Fifo-Verfahren zu.

b) Bewertung der unfertigen und fertigen Erzeugnisse

Nicht nur bei der Selbsterstellung von Maschinen gilt es die Herstellungskosten zu ermitteln, um das Sachanlagevermögen entsprechend zu erhöhen; die Ermittlung der Herstellungskosten betrifft in viel stärkerem Maße die sich zum Bilanzstichtag im Unternehmen befindlichen unfertigen und fertigen Erzeugnisse. Entsprechend ihren Herstellungskosten sollen diese Erzeugnisse in der Bilanz eingestellt werden.

Nach § 255 Abs. 2 HGB gibt es eine Wertuntergrenze und eine Wertobergrenze bei der Ermittlung der Herstellungskosten. Die *Wertuntergrenze*, zu der ein selbst erstellter Vermögensgegenstand bilanziert werden muss, stellen die Einzelkosten (Materialeinzelkosten, Fertigungseinzelkosten (= Fertigungslöhne) und Sondereinzelkosten der Fertigung) sowie angemessene Teile der Material- und Fertigungsgemeinkosten sowie der Abschreibungen dar, die bei den Produkten dieses Vermögensgegenstandes entstanden sind.

Abb. 58
Pflicht- und Wahlbestandteile der Herstellungskosten nach HGB und EStR

Kostenbestandteile	HGB/EStR
Materialeinzelkosten	Pflicht
Fertigungseinzelkosten	Pflicht
Sondereinzelkosten der Fertigung	Pflicht
Material- und Fertigungsgemeinkosten	Pflicht
Allgemeine Verwaltungskosten	Wahlrecht
Fremdkapitalkosten	Wahlrecht
Sondereinzelkosten des Vertriebs	Verbot
Vertriebskosten	Verbot
Forschungskosten	Verbot

Zur *Wertobergrenze* bei der Ermittlung der Herstellungskosten eines Vermögensgegenstandes heißt es in § 255 Abs. 2 HGB: »Bei der Berechnung der Herstellungskosten dürfen auch Kosten der allgemeinen Verwaltung sowie Aufwendungen für soziale Einrichtungen des Betriebs, für freiwillige soziale Leistungen und für betriebliche Altersversorgung aktiviert werden, soweit sie sich auf den Zeitraum der Herstellung beziehen.« Ein Aktivierungsverbot gilt lediglich für Forschungs- und Vertriebskosten. Bei den Fremdkapitalzinsen allerdings mit der Ausnahme, dass – soweit Zinsen auf den Zeitraum der Herstellung entfallen – eine Bilanzierung zulässig ist, wenn das Fremdkapital zur Finanzierung der Herstellung eines Vermögensgegenstands verwendet wird (§ 255 Abs. 3 HGB).
Nach den IAS/IFRS gibt es keine Wahlrechte hinsichtlich der Bewertung der unfertigen und fertigen Erzeugnisse. Nach IAS 2 sind sämtliche Kosten, die dem Produktionsprozess zugerechnet werden können, einzubeziehen (Vollkostenansatz).
Die handelsrechtlichen Wahlrechte beim Ansatz der Herstellungskosten eröffnen natürlich einen Spielraum zur Gewinnverlagerung. Ein Ausweis von fertigen und unfertigen Erzeugnissen mit der Wertuntergrenze hat u. a. zur Folge, dass im Jahr eines Lageraufbaus die Erzeugnisse zu niedrig, der Materialaufwand zu hoch und der Jahresüberschuss folglich zu niedrig ausgewiesen werden. Eine Lagerauflösung im folgenden Jahr durch Abverkauf hat hingegen zur Folge, dass dann der Materialaufwand zu niedrig und der Jahresüberschuss entsprechend überhöht ausgewiesen werden. An diesem Beispiel wird deutlich, dass die Wahl, nur die Wertuntergrenze anzusetzen, automatisch zur Bildung und Auflösung stiller Reserven bei Lagerbildung und -auflösung und zu entsprechenden Verzerrungen in der Darstellung der Ertragslage führt.

4. Latente Steuern

Das Konzept der Abgrenzung latenter Steuern ist für den Einzelabschluss in § 274 HGB und für den Konzernabschluss in § 306 HGB geregelt.

Aktive bzw. passive latente Steuern ergeben sich aufgrund unterschiedlicher Wertansätze in Handels- und Steuerbilanz, die sich in künftigen Perioden wieder umkehren.

Aktive latente Steuern entstehen, wenn

- ein Disagio in der Handelsbilanz nicht aktiviert wird (Wahlrecht), aber in der Steuerbilanz aktiviert wird (Aktivierungspflicht)
- ein Geschäfts- oder Firmenwert in der Handelsbilanz über 15 Jahre abgeschrieben wird und in der Steuerbilanz über einen längeren Zeitraum
- der Barwert der Pensionsrückstellungen in der Handelsbilanz mit einem niedrigeren Steuersatz berechnet wird als in der Steuerbilanz
- Rückstellungen handelsrechtlich abgezinst werden; steuerlich hingegen besteht ein Abzinsungsverbot.[4]

Aktive latente Steuern können sich außerdem auch aufgrund steuerlicher Verlustvorträge oder vergleichbarer Sachverhalte, wie z. B. Steuergutschriften, Zinsvorträge, ergeben.

Eine sich insgesamt ergebende zukünftige Steuerbelastung ist als passive latente Steuer auszuweisen. Passive latente Steuern entstehen, wenn

- selbst geschaffene immaterielle Vermögensgegenstände in der Handelsbilanz aktiviert werden (Wahlrecht), während in der Steuerbilanz ein Aktivierungsverbot besteht,
- in der Handelsbilanz Fremdkapitalzinsen bei der Ermittlung der Herstellungskosten berücksichtigt werden (Wahlrecht) und in der Steuerbilanz nicht (Aktivierungsverbot).[5]

Aktive und passive latente Steuern dürfen saldiert werden. Ergibt eine Saldierung einen Überhang aktiver latenter Steuern, besteht im Einzelabschluss ein Aktivierungswahlrecht, verbunden mit einer Ausschüttungssperre (§ 268 Abs. 8 S. 2 HGB). Passive latente Steuern sind im Einzelabschluss auszuweisen (Passivierungspflicht). Im Anhang ist zu erläutern, aus welchen Gründen die latenten Steuern resultieren. Außerdem ist zu erläutern, mit welchem Steuersatz die latenten Steuern errechnet wurden (§ 289 Nr. 29 HGB). Ein gebildeter passiver oder aktiver latenter Steuerposten ist aufzulösen, sobald die Steuerbelastung oder -entlastung eintritt oder mit ihr voraussichtlich nicht mehr zu rechnen ist (§ 274 Abs. 2 S. 2 HGB).

---

4 Vgl. ebd., S. 497.

5 Vgl. ebd.

Im Unterschied zum Einzelabschluss besteht im Konzernabschluss eine Aktivierungs- bzw. Passivierungspflicht für latente Steuern. Eine Saldierung ist zulässig. Im Übrigen gelten die Ausführungen zum Einzelabschluss entsprechend.
Auch in einem nach den IAS/IFRS aufgestellten Konzernabschluss ist die Aktivierung zukünftiger Steuerentlastungen durch die Bildung einer Bilanzposition »aktive latente Steuern« zwingend vorgesehen (IAS 12). Jedoch werden mit den Bilanzpositionen »aktive latente Steuern« und »passive latente Steuern« keine zum Bilanzstichtag vorhandenen, sondern zukünftige voraussichtliche Vermögenswerte und Schulden in die Bilanz aufgenommen. Im Rahmen einer Bilanzanalyse sollte man deshalb ausgewiesene latente Steuern aus der Bilanz herausrechnen, d. h. mit dem Eigenkapital verrechnen.

5. Disagio

Das bei der Kreditaufnahme entstehende Disagio (Unterschiedsbetrag zwischen Erfüllungs- und Ausgabebetrag) *darf* ebenfalls in der handelsrechtlichen Bilanz aktiviert werden (§ 250 Abs. 3 HGB). Dieses Disagio ist durch planmäßige jährliche Abschreibungen abzubauen. Diese Abschreibungen können auf die gesamte Laufzeit der Verbindlichkeiten verteilt werden, für die das Disagio erhoben wurde. Eine derartige Vorgehensweise ist durchaus logisch, da mit einem hohen Disagio der noch zu zahlende Zins für einen Kredit niedriger ausfällt. Mit dem Disagio sind also quasi Kreditzinsen für die Folgejahre bereits gezahlt worden. Dennoch steht hinter der Bilanzposition »Disagio« kein realer Vermögenswert. Deshalb ist auch das Disagio im Rahmen der Bilanzanalyse aus der Bilanz herauszurechnen.
In einem nach den IAS/IFRS aufgestellten Konzernabschluss wird man hingegen keine Position »Disagio« finden. Nach IAS 39 werden die mit der Aufnahme eines Kredits anfallenden Kapitalbeschaffungskosten vom Kreditvolumen abgezogen und lediglich dieser Wert wird in der Bilanz als Finanzverbindlichkeit gebucht. Das Disagio wird dann – auf die Laufzeit des Kredits verteilt – in den Folgejahren nicht nur als Aufwand in der GuV verbucht, sondern auch der bilanzierten Finanzverbindlichkeit zugeschlagen. Am Ende der Kreditlaufzeit steht dann der aufgenommene Kredit mit seinem Rückzahlungsbetrag in der Bilanz.[6]
Dies klingt nicht nur kompliziert, es wäre auch kompliziert, im Rahmen der Bilanzanalyse eine »Unterbewertung« der Finanzverbindlichkeiten zu ermitteln. Angesichts des i. d. R. relativ geringen Volumens (bezogen auf die Bilanzsumme) des Disagios sollte man bei einem nach den IAS/IFRS aufgestellten Konzernabschluss auf eine Korrektur der Finanzverbindlichkeiten im Rahmen der Bilanzanalyse verzichten.

6 Vgl. Lüdenbach, S. 182ff.

6. Rückstellungen

Nach § 249 Abs. 1 S. 2 Nr. 1 HGB hat jeder Kaufmann für ungewisse Verbindlichkeiten und drohende Verluste aus schwebenden Geschäften Rückstellungen zu bilden. Für andere Zwecke dürfen keine Rückstellungen gebildet werden.[7] So müssen für im Geschäftsjahr unterlassene Aufwendungen für Instandhaltung, die im folgenden Geschäftsjahr innerhalb von drei Monaten nachgeholt werden, Rückstellungen gebildet werden. Rückstellungen für Instandhaltung, die nach Ablauf der Frist von drei Monaten nachgeholt werden, sind nach BilMoG nicht mehr zulässig. In der Vergangenheit gebildete Rückstellungen dürfen jedoch beibehalten werden. Durch die Terminierung der nachgeholten Instandhaltung hat also eine Unternehmensleitung eine weitere Möglichkeit, ihren handelsrechtlichen Jahresabschluss zu gestalten. Im Rahmen der Bilanzanalyse ist es kaum möglich, diesen Bilanzierungsspielraum auszuleuchten. Man könnte sich allerdings alle sog. Aufwandsrückstellungen genauer anschauen und von Fall zu Fall entscheiden, ob man sie im Rahmen einer Umgruppierung aus dem Block Fremdkapital herausnimmt.

Nach der IAS/IFRS-Konzeption (IAS-Rahmenkonzept 64) können hingegen Rückstellungen ausschließlich nur für gegenwärtige Verpflichtungen eines Unternehmens gegenüber externen Dritten aus Ereignissen der Vergangenheit gebildet werden. Damit ist es ausgeschlossen, dass Aufwandsrückstellungen – die ja keine Verpflichtung gegen Dritte darstellen – in einem nach den IAS/IFRS erstellten Konzernabschluss enthalten sind. Es gibt damit zwar einen Bilanzierungsspielraum weniger, andererseits ist zu bedenken, dass z. B. bei Nicht-Vorhandensein einer Rückstellung für unterlassene Instandhaltung, zusätzliche Aufwendungen im folgenden Geschäftsjahr anfallen, obwohl die Ursache des Aufwands im vorangegangenen Geschäftsjahr lag.

III. Umbewertungen und Währungsumrechnungen in der Konzernbilanz

Zwar heißt es in § 308 Abs. 1 HGB, dass die in den Konzernabschluss übernommenen Vermögensgegenstände und Schulden der in den Konzernabschluss einbezogenen Unternehmen »... nach den auf den Jahresabschluss des Mutterunternehmens anwendbaren Bewertungsmethoden einheitlich zu bewerten sind«. Jedoch kann hiervon in Ausnahmefällen abgewichen werden (§ 308 Abs. 2 HGB). Dies ist allerdings im Konzernanhang anzugeben und zu begründen. Da-

7 Vgl. Coenenberg/Haller/Schultze, a. a. O., S. 458.

rüber hinaus dürfen aber auch für das Mutterunternehmen zulässige Bilanzierungswahlrechte im Konzernabschluss unabhängig von ihrer Ausübung in den Jahresabschlüssen in den Tochterunternehmen ausgeübt werden (§ 300 Abs. 2 HGB). Das heißt z. B., die Inanspruchnahme von Wahlrechten in einem Tochterunternehmen kann in der Konzernbilanz wieder rückgängig gemacht werden.
Über eine »Umbewertung« muss allerdings erst dann im Konzernanhang berichtet werden, wenn sich hierdurch Abweichungen zu den Bewertungsmethoden ergeben, die im Mutterunternehmen angewandt werden (§ 308 Abs. 1 HGB). Im Umkehrschluss folgt daraus, dass eine Berichtspflicht ausscheidet, wenn im Zuge der Konsolidierung eine Angleichung der Bewertungsmethoden in den Einzelabschlüssen der Tochtergesellschaften an die des Mutterunternehmens erfolgt.
Obwohl durch eine Neubewertung im Konzernabschluss das Erscheinungsbild eines Konzerns nicht unerheblich beeinflusst werden kann, sind die Umbewertungen im Konzernabschluss nicht so ohne Weiteres erkennbar. Erfolgt durch die Unternehmensleitung kein freiwilliger Bericht (im Konzernanhang), so verfügt der Außenstehende, und dies sind in diesem Fall auch der Betriebsrat und der/die Arbeitnehmervertreter:in im Aufsichtsrat, nicht über die Informationen, um die Auswirkungen, die sich im Rahmen der Konsolidierung hinsichtlich der Umbewertung ergeben, hinreichend zu erkennen und zu quantifizieren. Dem kann nur durch Fragen in der Wirtschaftsausschusssitzung bzw. in der Aufsichtsratssitzung abgeholfen werden.
Ähnlich verhält es sich bei den im Rahmen der Konsolidierung erforderlichen Währungsumrechnungen. Sind nämlich ausländische Tochterunternehmen in den Konzernabschluss einzubeziehen, so sind deren Einzelabschlüsse in Euro umzurechnen (§ 298 Abs. 1 i. V. m. § 244 HGB). Da das HGB nicht vorschreibt, wie diese Umrechnung zu erfolgen hat, eröffnet sich damit für die Konzernleitung ein weiterer Bilanzierungsspielraum. So könnte die Umrechnung der Jahresabschlusswerte einer ausländischen Tochtergesellschaft zu einem historischen Kurs (Wechselkurs zum Zeitpunkt der Anschaffung) oder zu einem Stichtagskurs (Wechselkurs zum Stichtag des Konzernabschlusses) erfolgen. Hinzu kommt noch, dass die Möglichkeit besteht, sowohl den Geldkurs (Ankaufskurs der Bank) wie auch den Briefkurs (Verkaufskurs der Bank) oder den Mittelkurs aus beiden für die Umrechnung zu benutzen.
Im § 313 Abs. 1 HGB heißt es lediglich: »Im *Konzernanhang* müssen (…) die Grundlagen für die Umrechnung in Euro angegeben werden, sofern der Konzernabschluss Posten enthält, denen Beträge zugrunde liegen, die auf fremde Währungen lauten oder ursprünglich auf fremde Währungen lauteten.« Damit ist allerdings für den Außenstehenden keineswegs klar, wie sich die Anwendung einer bestimmten Währungsumrechnungsmethode im Vergleich zu anderen auswirkt.

Die IAS/IFRS schränken allerdings den Bilanzierungsspielraum bei der Währungsumrechnung ein. In einem in Deutschland nach den IAS/IFRS aufgestellten Konzernabschluss hat die auf den Euro vorzunehmende Währungsumrechnung der GuV-Positionen mit dem Durchschnittskurs des Geschäftsjahres zu erfolgen. Die Bilanzpositionen sind mit dem Kurs am Bilanzstichtag umzurechnen (vgl. IAS 21).

F. Bilanzanalyse

I. Vom »Warum?« zum »Wie?« der Bilanzanalyse

Wie aus dem Abschnitt »Bewertungsspielräume« deutlich wurde, gibt es für eine Unternehmensleitung einige Möglichkeiten, den Einzelabschluss bzw. Konzernabschluss so zu gestalten, dass beim Bilanzlesen zumindest auf den ersten Blick ein bestimmter Eindruck hervorgerufen wird. Die Wahrnehmung dieser Möglichkeiten zur interessengerichteten Darstellung des Jahresabschlusses nennt man Bilanzpolitik. Im Rahmen der Bilanzpolitik können von einer Unternehmensleitung folgende Ziele verfolgt werden:

- Abwehr von Ansprüchen der Beschäftigten an das Unternehmen,
- Abwehr von Ansprüchen der (Klein-)Aktionäre nach Dividendenzahlung bzw. höherer Dividendenzahlung,
- Abwehr von Ansprüchen der Öffentlichkeit (z. B. Kommunen) an das Unternehmen und Begründung eigener Ansprüche an die Öffentlichkeit,
- Vortäuschung einer nicht vorhandenen Finanzkraft und Leistungsfähigkeit, um Lieferanten nicht zu verunsichern und um Kapitalbeschaffung zu erleichtern,
- Erzielung hoher Bezüge für die Unternehmensleitung (bei Koppelung dieser Bezüge an das Unternehmensergebnis).

Die ersten drei Ziele erfordern einen möglichst geringen Gewinnausweis, während die beiden letztgenannten Punkte einen möglichst hohen Gewinnausweis im Jahresabschluss voraussetzen. Aufgrund des Gläubigerschutzprinzips im HGB lässt sich generell sagen, dass es bei einem HGB-Abschluss leichter ist, mit den legalen bilanzpolitischen Instrumenten eine Unterbewertung als eine Überbewertung der Vermögenswerte herbeizuführen. Generell lässt sich feststellen, dass das von der Unternehmensleitung im handelsrechtlich aufgestellten (Einzel-)Jahresabschluss und Konzernabschluss ausgewiesene Jahresergebnis nicht in einem Geschäftsjahr erwirtschaftet, sondern im Hinblick auf die unternehmerische Zielsetzung »erbucht« worden ist. Dies gilt in eingeschränktem Maße auch für einen Konzernabschluss, der nach den IAS/IFRS aufgestellt wurde.

Aufgabe der Bilanzanalyse sollte es also sein, den bilanzpolitischen Schleier vom Einzelabschluss bzw. Konzernabschluss zu entfernen. *Unter Bilanzanalyse versteht man die kritische Beurteilung und wirtschaftliche Auswertung von Einzel- und Konzernabschlüssen bzw. Zwischenabschlüssen.* Hierbei werden die Bilanz- und die GuV-Posten zur Gewinnung eines besseren Einblicks und zum Zweck eines Vergleichs mit den Vorjahren oder anderen Unternehmen statistisch aufbereitet. Praktisch bedeutet dies: Sie werden zusammengefasst, gruppiert und zueinander in Beziehung gesetzt. Man sollte sich allerdings keiner Illusion hingeben: Ein »objektives« Bild von den wirtschaftlichen Verhältnissen wird man trotz einiger »Insider-Informationen« als Mitglied des Betriebsrats oder des Aufsichtsrats nie erhalten können. Hier gilt das aus der Statistik abgewandelte Sprichwort: Traue keinem Jahresabschluss, den du nicht selbst gestaltet hast! Darüber hinaus sollte man nie vergessen, dass die Jahresabschlussdaten zum Zeitpunkt ihrer Veröffentlichung bereits veraltet sind.

Im Folgenden soll beispielhaft ein nach dem HGB aufgestellter (Einzel-) Jahresabschluss analysiert werden. Dies deshalb, weil alle in Deutschland ansässigen Unternehmen einen derartigen Jahresabschluss aufzustellen haben und auch etliche Konzernabschlüsse nach den handelsrechtlichen Vorschriften aufgestellt werden. Darüber hinaus ist man mit den Kenntnissen, die bei der Analyse eines handelsrechtlichen Jahresabschlusses angewandt werden, auch in der Lage, einen Konzernabschluss nach IAS/IFRS auszuwerten.

Die Bilanzanalyse erfolgt im Folgenden anhand von Formblättern, die fast alle möglichen Fälle abdecken, die bei einem Jahresabschluss bzw. Konzernabschluss nach HGB auftreten können. Im Anhang dieses Buches befinden sich blanko die Formblätter für einen HGB-Abschluss (Gesamtkosten- und Umsatzkostenverfahren) und für einen Konzernabschluss nach IAS/IFRS (Gesamtkosten- und Umsatzkostenverfahren). Überdies sind über *https://www.bund-verlag.de/buecher/dl-bilanzanalyse-2022* Formularsätze zur Auswertung der verschiedenen Formen von Jahres- und Konzernabschlüssen downloadbar, die entsprechend den spezifischen Besonderheiten eines Unternehmens bzw. Konzerns abgeändert werden können.

Diese Formularsätze sind nicht nur blanko, sondern auch mit Rechenformeln hinterlegt downloadbar. Bei Verwendung der Formblätter mit hinterlegten Rechenformeln entfällt das langwierige Rechnen, sodass eigentlich nur noch Eingabefehler auftreten dürften. **Dieses »Bilanzanalyseprogramm« wurde mit Microsoft-Excel erstellt; wenn man dieses Programm nutzen will, benötigt man auf seinem PC die Software MS-Excel.**

II. Umstrukturierung der Bilanz

Bevor man an die Analyse der Bilanz im eigentlichen Sinne gehen kann, ist es notwendig, die Bilanz um jene Positionen zu verkürzen, hinter denen keine realen Vermögenswerte stehen und die folglich zu einem zu hohen Eigenkapitalausweis führen.
In den Abschnitten B.II.1.b und E.II.1 wurde bereits deutlich gemacht, dass hinter den Bilanzposten

- Aufwendungen für die Ingangsetzung und Erweiterung des Geschäftsbetriebs (soweit sie aufgrund des Beibehaltungswahlrechts nach BilMoG noch in der Bilanz ausgewiesen sind),
- aktivierter Geschäfts- oder Firmenwert und
- Disagio

eigentlich keine realen Vermögenswerte stehen. Hier handelt es sich um Bilanzierungshilfen, durch die besondere Aufwendungen über mehrere Geschäftsjahre verteilt werden können. Darüber hinaus ist der Eigenkapitalausweis um

- ausstehende Einlagen und
- eigene Anteile

zu reduzieren, da die ausstehenden Einlagen sich zum Zeitpunkt der Bilanzerstellung noch nicht im Unternehmen befanden und die eigenen Anteile letztlich nichts anderes darstellen als Anteilsscheine am Unternehmen, die ebenfalls zum Zeitpunkt der Bilanzerstellung noch nicht verkauft sind.
Werden auf der Aktivseite der Bilanz latente Steuern ausgewiesen, sind diese wegen ihres fiktiven Vermögenscharakters vom Eigenkapital abzuziehen. Auf der Passivseite der Bilanz ausgewiesene latente Steuern sind hingegen dem Eigenkapital zuzuordnen. Das heißt, bei passivischen latenten Steuern kommt es also nicht zu einer Verkürzung der Bilanz, sondern zu einer bestimmten Zuordnung innerhalb der Passivseite.
Nachdem man im Rahmen der Bilanzanalyse etwas Luft aus der Bilanz gelassen hat, kann man nun darangehen, die einzelnen Bilanzposten zu gruppieren, d. h. nach bestimmten Gruppen zu ordnen. Als Ordnungsschema sollte man die Bindungsdauer der Vermögenswerte im Unternehmen wählen. Unter Bindungsdauer ist die zeitliche Festlegung von Vermögenswerten im Unternehmen zu verstehen; sie gibt Auskunft darüber, in welchem wahrscheinlichen Zeitraum Vermögenswerte in liquide Mittel umgewandelt werden können. Die Kapitalseite der Bilanz (Passiva) sollte man hingegen nach der Kapitalstruktur gliedern. Es bietet sich an, eine Gliederung nach *Eigenkapital, Wirtschaftlichem Eigenkapital* (Kapital, mit dem das Unternehmen wie mit Eigenkapital wirtschaften kann, obwohl es zum Teil juristisch gesehen Fremdkapital darstellt) und *Fremdkapital* vorzunehmen. Das Fremdkapital gilt es dann nach seiner Fälligkeit zu gruppie-

ren. Nur so lässt sich z. B. im Vergleich mit den gruppierten Vermögenswerten der Aktivseite etwas zur Zahlungsfähigkeit eines Unternehmens sagen.
Die Jahresabschlussdaten der Paul Hartmann AG sollen hier als Fallbeispiel in dem oben besprochenen Sinne umstrukturiert werden. Bei der Paul Hartmann AG handelt es sich um ein international operierendes Unternehmen der Textilindustrie, das Hygieneprodukte und medizinische Produkte herstellt (Verbandstoffe, Wundauflagen, Windeln etc.). Die Paul Hartmann AG hält in einem erheblichen Maße Unternehmensbeteiligungen. So sind in den Konzernabschluss der Paul Hartmann AG für das Geschäftsjahr 2020 allein 18 inländische und 65 ausländische Tochterunternehmen einbezogen worden (u. a. die Kneipp Werke und die Bode Chemie GmbH). Es wird für die Bilanzanalyse (genauer: Jahresabschlussanalyse) der veröffentlichte Jahresabschluss herangezogen, und zwar für die Jahre 2018, 2019 und 2020, um Vergleichsmöglichkeiten zu haben und um Veränderungen in den Bilanzpositionen feststellen zu können. Im Falle der Anwendung der Bilanzanalyse auf den Konzernabschluss wird auf die konzernspezifischen Besonderheiten sowohl nach HGB als auch nach IFRS besonders eingegangen.

Abb. 59
Bilanzen für die Geschäftsjahre 2018 bis 2020 der Paul Hartmann AG (in Tsd. €)

Aktiva	**31.12.2020**	**31.12.2019**	**31.12.2018**
A. Anlagevermögen	**618 109**	**621 301**	**620 448**
I. Immaterielle Vermögensgegenstände	78 466	89 539	99 183
– davon Geschäfts- oder Firmenwert*	(–)	(–)	(–)
II. Sachanlagen	113 588	104 943	97 445
III. Finanzanlagen	426 055	426 819	423 819
B. Umlaufvermögen	**540 957**	**346 920**	**348 190**
I. Vorräte	97 995	96 195	97 460
– davon Roh-, Hilfs- u. Betriebsstoffe*	(27 383)	(26 177)	(25 057)
– davon unfertige Erzeugnisse*	(2054)	(2116)	(2128)
– davon fertige Erzeugnisse*	(19 298)	(24 969)	(26 148)
– Waren*	(47 045)	(42 854)	(44 048)
– davon geleistete Anzahlungen*	(2215)	(79)	(79)
II. Forderungen und sonstige Vermögensgegenstände	305 351	217 230	216 237
– davon Forderungen insgesamt*	(298 768)	(212 328)	(203 016)

Aktiva	31.12.2020	31.12.2019	31.12.2018
– davon Forderungen mit einer Restlaufzeit von mehr als einem Jahr*	0	0	0
– davon Sonstige Vermögensgegenstände insgesamt*	(6582)	(4901)	(13221)
– davon Sonstige Vermögensgegenstände mit einer Restlaufzeit von mehr als einem Jahr*	(1569)	(128)	(160)
III. Wertpapiere	24	24	24
IV. Kassenbestand, Guthaben bei Kreditinstituten, Schecks	137587	33470	34469
C. Rechnungsabgrenzungsposten	8087	8981	7558
	1167154	**977201**	**976196**

* Wurde dem jeweiligen Anhang entnommen (s. Jahresabschlüsse 2018 bis 2020 der Paul Hartmann AG, Bundesanzeiger).

Zusätzliche Informationen aus dem Anhang:
Forderungen an verbundene Unternehmen: 2020 262773 Tsd. €; 2019 185416 Tsd. €.
Zusätzliche Informationen aus dem Anlagespiegel
- für 2020:

in Tausend €	kumulierte Anschaffungs-/Herstellungswerte				
Anlagevermögen	Stand 1.1.2020	Zugänge	Umbuchungen	Abgänge	Stand 31.12.2020
I. Immaterielle Vermögensgegenstände					
1. Gewerbliche Schutzrechte und ähnliche Rechte	177609	1356	129	3457	175637
2. Geleistete Anzahlungen und immaterielle Vermögensgegenstände im Bau	5172	6903	–129	0	11946
	182781	**8259**	**0**	**3457**	**187583**

in Tausend €	kumulierte Anschaffungs-/Herstellungswerte				
II. Sachanlagen					
1. Grundstücke, grundstücksgleiche Rechte und Bauten	120951	1073	569	0	122593
2. Technische Anlagen und Maschinen	171487	2661	6404	1216	179337
3. Andere Anlagen, Betriebs- und Geschäftsausstattung	123499	4467	160	4914	123212
4. Geleistete Anzahlungen und Anlagen im Bau	17784	20874	–7134	0	31524
	433721	**29075**	**0**	**6129**	**456666**
III. Finanzanlagen					
1. Anteile an verbundenen Unternehmen	522597	2466	0	0	525063
2. Beteiligungen	2568	0	0	0	2568
3. Geleistete Anzahlungen auf Finanzanlagen	0	0	0	0	0
4. Wertpapiere des Anlagevermögens	0	0	0	0	0
	525165	**2466**	**0**	**0**	**527631**
Summe I.–III.	**1141667**	**39800**	**0**	**9586**	**1171881**

– für 2019:

in Tausend €	kumulierte Anschaffungs-/Herstellungswerte				
Anlagevermögen	Stand 1.1.2019	Zugänge	Umbuchungen	Abgänge	Stand 31.12.2019
I. Immaterielle Vermögensgegenstände					
1. Gewerbliche Schutzrechte und ähnliche Rechte	175479	3075	178	1123	177609

in Tausend €	kumulierte Anschaffungs-/Herstellungswerte				
2. Geleistete Anzahlungen und Immaterielle Vermögensgegenstände im Bau	3905	1444	–178	0	5172
	179 385	**4520**	**0**	**1123**	**182 781**
II. Sachanlagen					
1. Grundstücke, grundstücksgleiche Rechte und Bauten	119 936	963	59	8	120 951
2. Technische Anlagen und Maschinen	170 046	1804	761	1124	171 487
3. Andere Anlagen, Betriebs- und Geschäftsausstattung	120 926	6341	362	4131	123 499
4. Geleistete Anzahlungen und Anlagen im Bau	5236	13 730	–1182	0	17 784
	416 145	**22 838**	**0**	**5262**	**433 721**
III. Finanzanlagen					
1. Anteile an verbundenen Unternehmen	507 275	15 322	0	0	522 597
2. Beteiligungen	2568	0	0	0	2568
3. Geleistete Anzahlungen auf Finanzanlagen	0	0	0	0	0
4. Wertpapiere des Anlagevermögens	0	0	0	0	0
	509 843	**15 322**	**0**	**0**	**525 165**
Summe I–III	**1 105 373**	**42 680**	**0**	**6386**	**1 141 667**

– für 2018:

in Tausend €	kumulierte Anschaffungs-/Herstellungswerte				
Anlagevermögen	Stand 1.1.2018	Zugänge	Umbuchungen	Abgänge	Stand 31.12.2018
I. Immaterielle Vermögensgegenstände					
1. Gewerbliche Schutzrechte und ähnliche Rechte	167 196	7754	1209	680	175 479
2. Geleistete Anzahlungen und immaterielle Vermögensgegenstände im Bau	4448	661	–1203	0	3905
	171 643	**8415**	**6**	**680**	**179 385**
II. Sachanlagen					
1. Grundstücke, grundstücksgleiche Rechte und Bauten	119 250	517	169	0	119 936
2. Technische Anlagen und Maschinen	164 021	7719	3487	5181	170 046
3. Andere Anlagen, Betriebs- und Geschäftsausstattung	118 536	5955	186	3750	120 926
4. Geleistete Anzahlungen und Anlagen im Bau	4929	4156	–3849	0	5236
	406 736	**18 346**	**–6**	**8931**	**416 145**
III. Finanzanlagen					
1. Anteile an verbundenen Unternehmen	427 151	80 124	0	0	507 275
2. Beteiligungen	2568	0	0	0	2568
3. Geleistete Anzahlungen auf Finanzanlagen	0	0	0	0	0

in Tausend €	kumulierte Anschaffungs-/Herstellungswerte				
	429 719	80 124	0	0	509 843
Summe I–III	1 008 098	106 886	0	9611	1 105 373

Passiva	31.12.2020	31.12.2019	31.12.2018
A. Eigenkapital	**437 008**	**392 017**	**391 859**
I. Gezeichnetes Kapital	91 328	91 328	91 328
– abzgl. eigene Anteile	–529	–529	–529
II. Kapitalrücklage	50 828	50 828	50 828
III. Gewinnrücklage	234 069	214 069	214 069
IV. Bilanzgewinn	61 312	36 321	36 163
B. Rückstellungen	**228 168**	**192 104**	**179 467**
1. Rückstellungen für Pensionen und ähnliche Verpflichtungen	99 580	94 557	87 596
2. Übrige Rückstellungen	128 588	97 547	91 871
– davon Steuerrückstellungen*	(47 248)	(36 039)	(31 281)
– davon Sonstige Rückstellungen*	(81 340)	(61 508)	(60 590)
C. Verbindlichkeiten	**501 978**	**393 081**	**404 870**
– davon mit einer Restlaufzeit bis zu 1 Jahr*	(501 978)	(393 081)	(404 639)
– davon mit einer Restlaufzeit über 5 Jahre*	(0)	(0)	(0)
D. Rechnungsabgrenzungsposten	**0**	**0**	**0**
E. Passive latente Steuern	**0**	**0**	**0**
	1 167 154	**977 201**	**976 196**

* wurde dem jeweiligen Anhang entnommen (s. Jahresabschlüsse der Paul Hartmann AG 2018–2020, Bundesanzeiger)

Zusätzliche Informationen aus dem Anhang:
In den Verbindlichkeiten enthaltene Verbindlichkeiten gegen verbundene und beteiligte Unternehmen: 2020 442 654 Tsd. €; 2019 347 055 Tsd. €; 2018 347 240 Tsd. €.

In das »**Formblatt Umstrukturierung der Bilanz-Aktivseite**« (Abb. 60) werden nun die Daten der Bilanz der Paul Hartmann AG übertragen.

Abb. 60
Umstrukturierung der Bilanz-Aktivseite für die Geschäftsjahre 2018 bis 2020 der Paul Hartmann AG (in Tsd. €)

	Aktiva		31.12.2020	31.12.2019	31.12.2018
1		Immaterielle Vermögensgegenstände	**78466**	**89539**	**99183**
2	–	Geschäfts- oder Firmenwert	–	–	–
3	**I.**	**Immaterielle Vermögensgegenstände (bereinigt)**	**78466**	**89539**	**99183**
4	**II.**	**Sachanlagen**	**113588**	**104943**	**97445**
5	**III.**	**Finanzanlagen**	**426055**	**426819**	**423819**
6	**A**	**Gesamtes Anlagevermögen (Zeile 3+Zeile 4+Zeile 5)**	**618109**	**621301**	**620448**
7	**I.**	**Vorräte**	**97995**	**96195**	**97460**
8		davon fertige Erzeugnisse und Waren	66343	67823	70196
9		Forderungen und sonstige Vermögensgegenstände mit Restlaufzeit länger als 1 Jahr	283667	164755	140357
10		Vorräte ohne fertige Erzeugnisse und Waren	31652	28372	27264
11	**II.**	**Mittelfristig liquides Umlaufvermögen (Zeile 9+Zeile 10)**	**315319**	**193127**	**167621**
13		Forderungen und sonstige Vermögensgegenstände	305351	217230	216237
14	–	Forderungen und sonstige Vermögensgegenstände mit Restlaufzeit länger als 1 Jahr	283667	164755	140357
15	+	Sonstige Vermögensgegenstände mit Restlaufzeit unter 1 Jahr	5013	4773	13061

	Aktiva		31.12.2020	31.12.2019	31.12.2018
16	+	Wertpapiere des UV insgesamt	24	24	24
17	–	Eigene Anteile	529	529	529
18	**III.**	**Kurzfristig liquides Umlaufvermögen (Zeile 8+Zeile 13-Zeile 14+Zeile 15+Zeile 16-Zeile 17)**	**92 535**	**124 566**	**158 632**
19	**IV.**	**Liquide Mittel (Kasse, Bank etc.)**	**137 587**	**33 470**	**34 469**
20	**B**	**Umlaufvermögen (Zeile 11+Zeile 18 + Zeile 19)**	**545 441**	**351 163**	**360 722**
21	**Gesamtvermögen (Zeile 6+Zeile 20)**		**1 163 550**	**972 464**	**981 170**

Der Posten »Immaterielle Vermögensgegenstände« wird im Interesse einer vorsichtigen Vermögensbewertung um die darin enthaltene Position »Geschäfts- oder Firmenwert« reduziert (siehe die entsprechenden Begründungen im Abschnitt E. »Bilanzierungsspielräume«). Der Geschäfts- oder Firmenwert wird zu einem späteren Zeitpunkt als Korrekturposten zum Eigenkapital (Formblatt »Umstrukturierung der Bilanz-Passivseiten«, Abb. 61) verbucht. Die um den Geschäfts- oder Firmenwert geschrumpften immateriellen Vermögensgegenstände bilden zusammen mit den Sach- und Finanzanlagen das **bereinigte Anlagevermögen**.

Die verbleibenden Bilanzpositionen der Aktivseite stellen das Umlaufvermögen dar und können nun nach der Zeitdauer gegliedert werden, die benötigt wird, um diese Vermögenswerte zu Geld zu machen. Entsprechend den vorgeschriebenen Angaben für Kapitalgesellschaften bietet sich folgende Gliederung an:

- **Mittelfristig liquides Umlaufvermögen**
  (länger als ein Jahr im Unternehmen gebunden)
- **Kurzfristig liquides Umlaufvermögen**
  (innerhalb eines Jahres zu Geld zu machen)
- **Liquide Mittel**
  (innerhalb von ein paar Tagen zu Geld zu machen)

Kapitalgesellschaften müssen nach § 268 Abs. 4 HGB Forderungen mit einer Laufzeit von mehr als einem Jahr in der Bilanz oder im Anhang ausweisen. Die »fertigen Erzeugnisse und Waren« des Vorratsvermögens sowie die »Forderungen« und »sonstigen Vermögensgegenstände« mit mehr als einem Jahr Laufzeit bezeichnet man als »mittelfristig liquides Umlaufvermögen«.

Forderungen gegenüber verbundenen Unternehmen sowie Unternehmen, mit denen ein Beteiligungsverhältnis besteht, sollte man eigentlich aus den liquiden Vermögen herausrechnen. So wird eine Muttergesellschaft gegenüber einer Tochtergesellschaft kaum auf fristgerechter Zahlung bestehen, wenn die Tochtergesellschaft hierdurch in Schwierigkeiten käme. Ähnlich dürfte sich ein Unternehmen verhalten, das an einem anderen eine wesentliche Beteiligung hält.

Die Paul Hartmann AG weist zwar in ihrem Anhang Forderungen gegen Unternehmen, mit denen ein Beteiligungsverhältnis besteht, aus, jedoch wird nicht kenntlich gemacht, inwieweit diese Forderungen bereits in den Forderungen mit einer Restlaufzeit von mehr als einem Jahr enthalten sind. (Dies ist in den Jahresabschlüssen der meisten Gesellschaften so.) Um nicht bei der Ermittlung des »kurzfristig liquiden Umlaufvermögens« Forderungen gegen verbundene oder beteiligte Unternehmen doppelt herauszurechnen (einmal als Forderungen gegen verbundene und beteiligte Unternehmen und einmal als Forderungen mit einer Laufzeit von mehr als 1 Jahr), sollte man diese Forderungen nicht gesondert berücksichtigen. Um allerdings die Bedeutung der Forderungen gegenüber verbundenen und beteiligten Unternehmen besser zu erkennen, werden im Rahmen der Bilanzanalyse diese Forderungen an späterer Stelle informativ auf einem Übersichtsblatt (Abb. 62 »Bilanzübersicht«) festgehalten.

Die nicht länger als ein Jahr gebundenen Forderungen und sonstigen Vermögensgegenstände sowie die Wertpapiere des Umlaufvermögens (ohne eigene Anteile) stellen das »kurzfristig liquide Umlaufvermögen« dar. Bei den im Umlaufvermögen aufgeführten Wertpapieren kann man nämlich davon ausgehen, dass diese innerhalb eines Jahres verkauft werden könnten. Allerdings sind von der Position »Wertpapiere« die darin enthaltenen »eigenen Anteile« abzuziehen. In gleicher Höhe ist dann das Eigenkapital zu korrigieren. Die liquiden Mittel müssen bereits in der Bilanz als Gesamtposten ausgewiesen werden (»Kassenbestand, Bundesbankguthaben, Guthaben bei Kreditinstituten und Schecks«).

Wie schon weiter oben ausgeführt, verbergen sich im Rechnungsabgrenzungsposten auf der Aktivseite der Bilanz keine realen Vermögenswerte. (So bekommt man z. B. im Rechnungsabgrenzungsposten enthaltene Mietvorauszahlung i. d. R. auch dann nicht zurück, wenn man das Mietobjekt trotz Mietvertrag nicht mehr nutzen will.) Unter diesem Aspekt sollte man den gesamten Rechnungsabgrenzungsposten von der Aktivseite der Bilanz nehmen. Dies bedeutet dann aber auch, dass man die Summe des Rechnungsabgrenzungspostens der Aktivseite der Bilanz von dem auf der Passivseite der Bilanz stehenden Eigenkapital abziehen muss. Die Bilanzsumme wird also gekürzt. Eine Verrechnung nicht vorhandener Vermögenswerte muss immer mit dem Eigenkapital erfolgen, da sich

eine alternative Verrechnung mit Fremdkapital ausschließt; handelt es sich hier doch um Schulden gegenüber Außenstehenden.
Aktivische latente Steuern können sowohl im Rechnungsabgrenzungsposten der Aktivseite enthalten sein, als auch als eigenständige Bilanzposition ausgewiesen werden. Werden aktivische latente Steuern in der Bilanz als eigenständige Bilanzposition ausgewiesen, werden sie nicht in das »Formblatt Umstrukturierung der Aktivseite« aufgenommen.
Wie der auf der Aktivseite der Bilanz stehende Rechnungsabgrenzungsposten sind auch die auf der Aktivseite der Bilanz ausgewiesenen latenten Steuern vom Eigenkapital abzuziehen, da auch sie zum Bilanzstichtag keinen realen Vermögenswert darstellen. (Passivische latente Steuern wären hingegen aus dem Fremdkapital herauszurechnen und das Eigenkapital um den Betrag der passivischen latenten Steuern zu erhöhen.) Da die Paul Hartmann AG in ihrem Einzelabschluss keine aktiven latenten Steuern ausweist, gibt es für das Eigenkapital auch keinen entsprechenden Korrekturbedarf.
Anhand des **Formblatts** für die **»Umstrukturierung der Bilanz-Passivseite«** (Abb. 61) soll zunächst einmal ermittelt werden, wie hoch das Eigenkapital eigentlich ist.

Abb. 61
Umstrukturierung der Bilanz-Passivseite für die Geschäftsjahre 2018 bis 2020 der Paul Hartmann AG (in Tsd. €)

		Passiva	31.12.2020	31.12.2019	31.12.2018
1		Eigenkapital (Summe aus der Bilanz)	437 008	392 017	391 859
2	–	Ausstehende Einlagen	–	–	–
3	–	Geschäfts- oder Firmenwert	–	–	–
4	–	Eigene Anteile (in Position Wertpapiere des UV enthalten, siehe Anhang)	–	–	–
5	–	Rechnungsabgrenzungsposten (Aktiva)	8087	8981	7558
6	–	Aktivische latente Steuern (offen auf der Aktivseite ausgewiesen)	0	0	0
7	+	Passivische latente Steuern (offen auf der Passivseite ausgewiesen)	0	0	0

	Passiva		31.12.2020	31.12.2019	31.12.2018
8	+	Passivische latente Steuern (in den Steuerrückstellungen enthalten)			
9	**I.**	**Eigenkapital (Zeile 1-Zeile 2-Zeile 3-Zeile 4-Zeile 5-Zeile 6+Zeile 7+Zeile 8+Zeile 9)**	**428921**	**383063**	**384301**
10	**II.**	**Eigenkapitalähnliche Mittel (Pensionsrückstellungen)**	**99580**	**94557**	**87596**
11	**A**	**Wirtschaftliches Eigenkapital (Zeile 10+Zeile 11)**	**528501**	**477620**	**471897**
12	**I.**	**Langfristiges Fremdkapital (Verbindlichkeiten > 5 Jahre Restlaufzeit)**	**0**	**0**	**0**
13		Verbindlichkeiten insgesamt	501978	393081	404870
14	–	Verbindlichkeiten > 5 Jahre Laufzeit	0	0	0
15	–	Verbindlichkeiten bis 1 Jahr Laufzeit	501978	393081	404639
16	+	1/4 Sonstige Rückstellungen	81340	61508	60590
17	**II.**	**Mittelfristiges Fremdkapital (Zeile 14-Zeile 15-Zeile 16+Zeile 17+Zeile 18)**	**81340**	**61508**	**60821**
18		Verbindlichkeiten bis 1 Jahr Laufzeit	501978	393081	404639
19	+	Steuerrückstellungen	47248	36039	31281
20	–	Passivische latente Steuern (wenn in Steuerrückstellung enthalten)	0	0	0
21	+	3/4 Sonstige Rückstellungen	61005	46131	45443
22	+	Rechnungsabgrenzungsposten (Passiva)	0	0	0
23	**III.**	**Kurzfristiges Fremdkapital (Zeile 20+Zeile 21-Zeile 22+ Zeile 23+Zeile 24)**	**610231**	**475251**	**481363**

	Passiva	31.12.2020	31.12.2019	31.12.2018
24	B Fremdkapital (Zeile 13+Zeile 19+Zeile 25)	691 571	536 759	542 184
25	Gesamtkapital (Zeile 12+Zeile 26)	1 220 072	1 014 379	1 014 081

So ist das in der Bilanz ausgewiesene Eigenkapital (Summe) um mehrere Bilanzposten der Aktivseite zu berichtigen. Zunächst wären einmal die ausstehenden Einlagen vom Eigenkapital abzuziehen, da zum Zeitpunkt der Bilanzaufstellung das sog. »gezeichnete Kapital« in Höhe der »ausstehenden Einlagen« noch nicht eingezahlt ist. Die Paul Hartmann AG weist allerdings in ihrer Bilanz keine ausstehenden Einlagen aus, sodass im konkreten Beispiel diese Wertberichtigung des Eigenkapitals nicht erfolgt.
Die Position »Geschäfts- oder Firmenwert« ist ebenfalls vom Eigenkapital abzuziehen, da sie lediglich eine Bilanzierungshilfe darstellt, die es ermöglicht, Aufwendungen über mehrere Jahre zu verteilen. Wären diese Aufwendungen im Jahr ihrer Entstehung verbucht worden, wäre das Jahresergebnis entsprechend schlechter und das in der Bilanz ausgewiesene Eigenkapital, in das der Jahresüberschuss bzw. -fehlbetrag eingeht, entsprechend niedriger ausgefallen. Die Bilanz bzw. der Anhang der Paul Hartmann AG enthalten allerdings keine Position »Geschäfts- oder Firmenwert«.
Allerdings ist der schon bei der Umstrukturierung der Aktivseite der Paul Hartmann-Bilanz gestrichene »Rechnungsabgrenzungsposten« vom Eigenkapital abzuziehen. Vom in der Bilanz der Paul Hartmann AG ausgewiesenen Eigenkapital sind darüber hinaus noch die auf der Aktivseite der Bilanz ausgewiesenen »eigenen Anteile« abzuziehen, die ja auch in der vorgenommenen Umstrukturierung der Aktivseite (siehe Abb. 60) von den Wertpapieren des Umlaufvermögens abgezogen worden waren. Ebenfalls vom Eigenkapital abzuziehen sind die auf der Aktivseite der Bilanz ausgewiesenen »(aktivischen) latenten Steuern«, während auf der Passivseite die im Fremdkapital ausgewiesene »(passivische) latente Steuern« als noch nicht reale Steuerschuld wiederum dem Eigenkapital hinzuzurechnen wären. Da die Paul Hartmann AG in ihren Bilanzen der Geschäftsjahre 2018 bis 2020 von ihrem Wahlrecht gem. § 274 Abs. 1 HGB Gebrauch macht (saldiert ergibt sich ein Überschuss aktiver latenter Steuern) und daher weder auf der Aktivseite noch auf der Passivseite »latente Steuern« ausweist, gibt es unter steuerlichen Aspekten keinen Korrekturbedarf hinsichtlich des Eigenkapitals.
Die »Pensionsrückstellungen« werden – wie schon aufgezeigt – als eigenkapitalähnliche Mittel betrachtet. Im Rahmen einer vereinfachten Bilanzanalyse stellen sie zusammen mit dem Eigenkapital das **wirtschaftliche Eigenkapital** dar, also

jenes Kapital, mit dem die Unternehmensleitung langfristig wirtschaften kann, ohne auf Kapitalgeber angewiesen zu sein.

Die restlichen Positionen der Passivseiten der Bilanz stellen **Fremdkapital** dar. Mit Hilfe des **Formblatts »Umstrukturierung der Bilanz-Passivseiten«** wird dieses Fremdkapital nun nach der Zeitdauer gegliedert, die dem Unternehmen zur Verfügung steht. Entsprechend den nach dem HGB zu machenden Angaben bietet sich folgende Gliederung an:

- **Langfristiges Fremdkapital**
  (steht dem Unternehmen zum Zeitpunkt der Bilanzerstellung noch mehr als fünf Jahre zur Verfügung)
- **Mittelfristiges Fremdkapital**
  (steht dem Unternehmen zum Zeitpunkt der Bilanzerstellung zwischen einem und fünf Jahren zur Verfügung)
- **Kurzfristiges Fremdkapital**
  (wird in einem Zeitraum bis zu einem Jahr fällig)

Diese Einteilung kann auf dem Formblatt »Umstrukturierung der Bilanz-Passivseiten« vorgenommen werden (Abb. 61). So haben Kapitalgesellschaften die langfristigen Verbindlichkeiten, die mit dem langfristigen Fremdkapital gleichzusetzen sind, im Anhang anzugeben.

Die mittelfristigen Verbindlichkeiten erhält man, wenn man von den gesamten Verbindlichkeiten die Verbindlichkeiten abzieht, die eine Laufzeit von mehr als fünf Jahren haben, sowie diejenigen, die eine Laufzeit bis zu einem Jahr haben. Die »sonstigen Rückstellungen« sind i. d. R. überwiegend kurzfristiger Art (z. B. Rückstellungen für Urlaubsansprüche und Gleitzeitguthaben), jedoch können in diesem Posten auch Rückstellungen enthalten sein, deren Inanspruchnahme erst nach einem Jahr erwartet wird (z. B. Rückstellungen für Schadenersatzforderungen und Patentverletzungen). Ohne Kenntnis der genauen Aufteilung der »sonstigen Rückstellungen« sollte man im Rahmen der Bilanzanalyse von den »sonstigen Rückstellungen« 1/4 dem mittelfristigen Fremdkapital zuordnen Das heißt, das sog. mittelfristige Fremdkapital setzt sich aus den Verbindlichkeiten mit einer Laufzeit von 1 bis 5 Jahren und 1/4 der sonstigen Rückstellungen zusammen.

Die Verbindlichkeiten mit einer Laufzeit bis zu einem Jahr bilden zusammen mit den Steuerrückstellungen (ohne enthaltene passivische latente Steuern) und 3/4 der sonstigen Rückstellungen das kurzfristige Fremdkapital. Der von der Höhe i. d. R. relativ geringe passive Rechnungsabgrenzungsposten wird der Einfachheit halber dem kurzfristigen Fremdkapital zugeschlagen.

Um einen besseren Überblick über die Struktur der Bilanz zu erhalten, ist es sinnvoll – aber nicht notwendig –, die auf den Formblättern für die Aktiv- und Passivseite der Bilanz ermittelten Vermögens- und Kapitalblöcke auf das **Formblatt »Bilanzübersicht (Bilanzstrukturen)«** (Abb. 62) zu übertragen. In dieses

Übersichtsblatt kann man dann auch noch die im Umlaufvermögen enthaltenen Forderungen an verbundene und beteiligte Unternehmen sowie die im Fremdkapital enthaltenen Verbindlichkeiten gegen verbundene und beteiligte Unternehmen ausweisen, um im Rahmen der Bilanzanalyse zu Relativierungen der Forderungen bzw. der Verbindlichkeiten zu kommen. Das Bild, das man sich von der Vermögens- und Finanzierungsseite machen kann, ist nun wesentlich klarer, als man dies aus der Original-Bilanz hätte gewinnen können.

Abb. 62
Bilanzübersicht (Bilanzstrukturen) für die Geschäftsjahre 2018 bis 2020 der Paul Hartmann AG (in Tsd. €)

in Tsd. €			
Aktiva	**31.12.2020**	**31.12.2019**	**31.12.2018**
Anlagevermögen (korrigiert)	**618 109**	**621 301**	**620 448**
Vorräte	**97 995**	**96 195**	**97 460**
In den Vorräten enthalten: Fertige Erzeugnisse und Waren	66 343	67 823	70 196
Mittelfristig liquides Umlaufvermögen Anlage länger als 1 Jahr	315 319	193 127	167 621
Kurzfristig liquides Umlaufvermögen Anlage kürzer als 1 Jahr	92 535	124 566	158 632
Liquide Mittel	137 587	33 470	34 469
Umlaufvermögen (korrigiert)	545 441	351 163	360 722
Im Umlaufvermögen enthalten: Forderungen an verbundene und beteiligte Unternehmen			
Gesamtvermögen (korrigiert)	**1 163 550**	**972 464**	**981 170**
Passiva	**31.12.2020**	**31.12.2019**	**31.12.2018**
Eigenkapital (korrigiert)	428 921	383 063	384 301
Wirtschaftliches Eigenkapital	**528 501**	**477 620**	**471 897**
Langfristiges Fremdkapital Fälligkeit nach 5 Jahren und später	0	0	0
Mittelfristiges Fremdkapital Fälligkeit zwischen 1–5 Jahren	81 340	61 508	60 821
Kurzfristiges Fremdkapital Fälligkeit innerhalb 1 Jahres	610 231	475 251	481 363

in Tsd. €			
Gesamtes Fremdkapital (korrigiert)	**691 571**	**536 759**	**542 184**
Im Fremdkapital enthalten: Verbindlichkeiten gegen verbundene und beteiligte Unternehmen	442 654	347 055	347 240
Gesamtkapital (korrigiert)	**1 220 072**	**1 014 379**	**1 014 081**

Die im Formblatt »Bilanzübersicht (Bilanzstrukturen)« wiedergegebenen Werte spiegeln allerdings immer noch nicht den tatsächlichen Vermögens- und Finanzwert der Paul Hartmann AG wider. So stecken im Anlagevermögen beachtliche stille Reserven. Schon in der Vergangenheit hat die Unternehmensleitung der Paul Hartmann AG alle rechtlich zulässigen Abschreibungsmöglichkeiten genutzt (planmäßige, steuerrechtliche und außerplanmäßige Abschreibungen). Aus den Anhängen der Paul Hartmann AG für die Geschäftsjahre 2018–2020 erfährt man Folgendes: »Soweit beim beweglichen Anlagevermögen die lineare Abschreibung die degressive Abschreibung übersteigt, wurde auf die lineare Methode übergegangen. (…) Geringwertige Vermögensgegenstände wurden im Jahr der Anschaffung in voller Höhe als Aufwand behandelt«[1]. Im Konzern-Anhang der Paul Hartmann AG werden allerdings die geringwertigen Vermögensgegenstände nicht beziffert.

Auch im Umlaufvermögen der Paul Hartmann AG stecken nicht unerhebliche stille Reserven. So heißt es in den Anhängen der Geschäftsjahre 2018–2020: »Die Bewertung der fertigen und unfertigen Erzeugnisse erfolgte zu Herstellungskosten, soweit nicht zur Beachtung des Niederstwertprinzips ein niedriger Wertansatz geboten war. Die Herstellungskosten entsprachen den nach § 225 Abs. 2 S. 2 HGB aktivierungspflichtigen Einzelkosten«.[2] Das heißt, anteilige Gemeinkosten sind in den Produktionskosten der fertigen und unfertigen Erzeugnisse im Vorratsvermögen nicht enthalten. Das Vorratsvermögen ist also so niedrig bewertet worden, wie dies handelsrechtlich gerade noch möglich war.

Pensionsrückstellungen wurden auf der Basis der Heubeck-Richttafeln von 2018 und einem Rechnungszinsfuß von 2,3 % auf Basis eines 10-Jahres Durchschnitts angesetzt. Des Weiteren wurden folgende grundlegenden Bewertungsannahmen getroffen: Gehaltserhöhungen p.a. 3 %, Rentenanpassung p.a. 1 %–1,75 %, Fluktuationsrate 5 % sowie Erhöhung der Beitragsbemessungsgrenze p.a. 3 %.[3]

1 Paul Hartmann AG: Jahresabschlüsse 2018–2020, Anhänge, Bundesanzeiger.
2 Ebd.
3 Ebd.

Allein aus der Umstrukturierung der Aktiv- und Passivseite der Bilanz lassen sich erste Erkenntnisse gewinnen. Begründungen für die Veränderungen findet man dann im jeweiligen Geschäftsbericht für das betreffende Geschäftsjahr.
Die auf der Aktivseite abgebildete Gesamtvermögensentwicklung verlief uneinheitlich. Von 2018 auf 2019 war ein leichter Rückgang des Gesamtvermögens zu verzeichnen; in 2020 erhöhte sich das Gesamtvermögen hingegen um mehr als 90 Mio. €. Die Ursachen dieser signifikanten Erhöhung sind leicht zu erkennen: Ein deutliches Aufstocken der Liquidität um über 100 Mio. € sowie ein Anstieg der Vorräte sind beides Ausdruck eines sehr positiven Geschäftsverlaufs in 2020.
Auf der Passivseite fällt zunächst die Zunahme des Eigenkapitals in 2020 um mehr als 50 Mio. € auf. Dies ist im Wesentlichen der Zuführung des größten Teils des Gewinns in die Gewinnrücklage (20 Mio. €) sowie dem deutlich erhöhten Bilanzgewinn (Zunahme um über 26 Mio. €) geschuldet. Das Fremdkapital – die Verschuldung – nahm um etwa 155 Mio. € zu, wobei vor allem auch die Verschiebungen bei den Fristen von Bedeutung sind. Während das mittelfristige Fremdkapital »nur« um etwa 20 Mio. € zunahm, erhöhte sich im selben Zeitraum das kurzfristige Fremdkapital um 135 Mio. €. Langfristige Verbindlichkeiten (Laufzeit > 5 Jahre) existieren im Unternehmen überhaupt nicht. Insgesamt stiegen die Bankschulden um 155 Mio. €. Damit wurden vor allem höhere Investitionen und ein erhöhter Working-Capital-Bedarf aufgrund der erheblichen Ausweitung des Umsatzes (um mehr als 145 Mio. €) finanziert.
Die in dem Formblatt »Bilanzübersicht (Bilanzstrukturen)« (Abb. 62) enthaltenen korrigierten Bilanzwerte der Paul Hartmann AG sind also vor dem Hintergrund zu sehen, dass in dem Unternehmen nicht bezifferbare stille Reserven stecken. Das heißt, das Vermögen und das Eigenkapital der Paul Hartmann AG sind wesentlich größer, als dies auch nach der Korrektur der Bilanz zum Ausdruck kommt. Dies ist bei der später folgenden Kennzahlenrechnung im Hinterkopf zu behalten. An dieser Stelle wird aber auch deutlich, wie wichtig der Anhang mit seinen Ergänzungsinformationen zur Bilanz ist.

III. Aufgliederung der Gewinn- und Verlustrechnung

Von besonderem Interesse für die betrieblichen Interessenvertreter dürfte es sein zu wissen, wodurch in einem Unternehmen Gewinne bzw. Verluste entstanden sind. Die für Kapitalgesellschaften nach dem HGB vorgeschriebene Gliederung der GuV erlaubt es dem Betrachter ohne Mühe, eine grobe Aufspaltung des Unternehmensergebnisses vorzunehmen. Wie schon bei der Darstellung der GuV angesprochen, müssen in der GuV die Zwischensummen **Ergebnis der gewöhnlichen Geschäftstätigkeit** und **Außerordentliches Ergebnis** ausgewiesen

Abb. 63
Aufgliederung der Gewinn- und Verlustrechnung

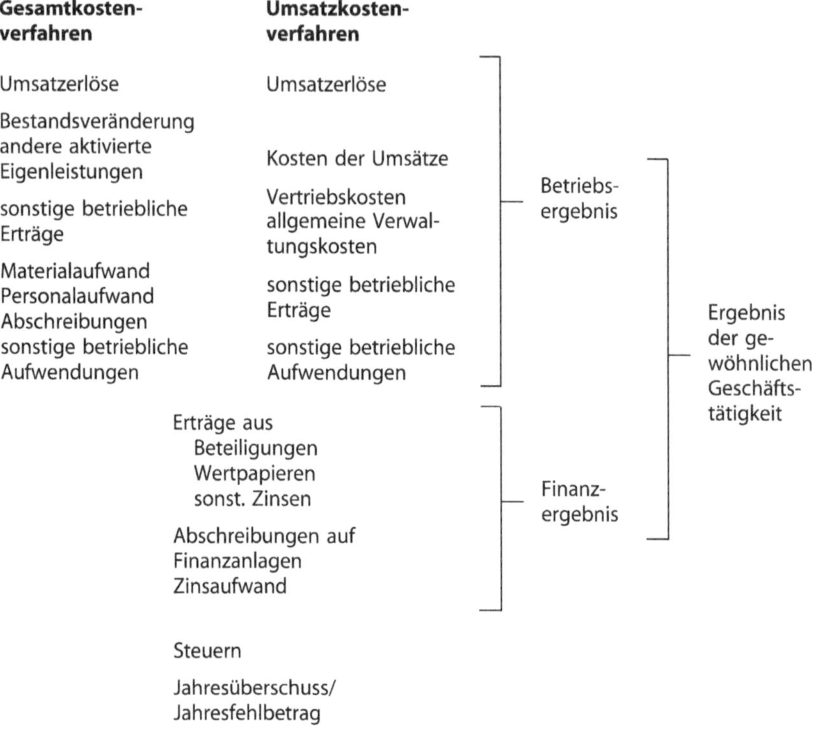

werden. Das Ergebnis der gewöhnlichen Geschäftstätigkeit lässt sich wiederum sehr einfach in ein Betriebsergebnis und ein Finanzergebnis aufspalten.
Sowohl beim Gesamtkosten- wie beim Umsatzkostenverfahren bilden die GuV-Positionen von »Umsatzerlöse« bis »sonstige betriebliche Aufwendungen« das sog. **Betriebsergebnis**. Die nach den »sonstigen betrieblichen Aufwendungen« folgenden und bis zur Zwischensumme »Ergebnis der gewöhnlichen Geschäftstätigkeit« reichenden Positionen bilden das sog. **Finanzergebnis** (siehe Abb. 63). Die Aufspaltung des Ergebnisses der gewöhnlichen Geschäftstätigkeit in ein Betriebs- und ein Finanzergebnis ist zwar nicht ganz exakt, da z. B. »Erträge aus der Veräußerung von Wertpapieren« unter der Position »Sonstige betriebliche Erträge« und damit im Betriebsergebnis und nicht im Finanzergebnis verbucht werden, doch dürfte diese Art von Erträgen in Produktionsbetrieben von nicht allzu großer Bedeutung sein. Anhand der GuV der Paul Hartmann AG (Abb. 64) soll nun beispielhaft das »Betriebsergebnis vor Steuern« ermittelt werden. Hier-

für bietet es sich an, das **Formblatt »Aufschlüsselung der GuV«** zu verwenden (Abb. 65), weil sich auch so die wichtigen wirtschaftlichen Kennzahlen »Gesamtleistungen« und »Rohergebnis« leicht bilden lassen. Dieses Betriebsergebnis wird auch als »EBIT = Earnings Before Interest and Taxes« (Ergebnis vor Zinsen und Steuern) bezeichnet.

Abb. 64
Gewinn- und Verlustrechnung der Geschäftsjahre 2018 bis 2020 der Paul Hartmann AG (in Tsd. €)

	2020	**2019**	**2018**
Umsatzerlöse	1 189 964	935 099	882 687
Veränderungen der Bestände an fertigen u. unfertigen Erzeugnissen	–5733	–1191	4502
Andere aktivierte Eigenleistungen	3661	2954	2910
Gesamtleistung	**1 187 892**	**936 862**	**890 099**
Sonstige betriebliche Erträge	36 808	44 350	40 815
– davon Erträge aus Auflösung von Rückstellungen*	(3295)	(3929)	(5356)
– davon Erträge aus Abgang von Anlagevermögen*	(64)	(4)	(9)
Materialaufwendungen	–694 730	–557 650	–527 654
Personalaufwand	–221 331	–194 174	–186 006
– davon Löhne und Gehälter*	(184 332)	(159 045)	(153 362)
– davon soziale Abgaben etc.*	(27 108)	(25 043)	(23 165)
– davon Aufwendungen für Altersversorgung*	(9891)	(10 086)	(9478)
Abschreibungen auf immaterielle Vermögensgegenstände und Sachanlagen	–39 491	–29 476	–29 300
– davon Abschreibungen Sachanlagen*			
Sonstige betriebl. Aufwendungen	–227 696	–218 189	–189 334
Finanzergebnis	56 705	47 978	39 697
– davon Erträge aus Beteiligungen*	(45 198)	(54 661)	(38 614)
– davon Zinsen und ähnliche Erträge*	(1562)	(1842)	(1783)
– davon Erträge aus Ergebnisabführungsverträgen*	(42 706)	(13 720)	(11 777)

	2020	2019	2018
– davon Zinsen und ähnliche Aufwendungen*	(–3769)	(–4462)	(–4356)
– davon Abschreibungen auf Finanzanlagen*	(–3230)	(–12 397)	(–4179)
Ergebnis vor Steuern	**98 157**	**29 701**	**38 318**
Steuern von Einkommen und Ertrag	–27 011	–3443	–5640
Sonstige Steuern	–1293	–1238	–1649
Jahresüberschuss	**69 853**	**25 020**	**31 029**
Entnahme (+) aus/Einstellung (–) in Gewinnrücklagen	–20 000	0	–7500
Bilanzgewinn	**61 312**	**36 321**	**36 163**

* wurde dem jeweiligen Anhang entnommen (s. Jahresabschlüsse der Paul Hartmann AG 2018–2020, Bundesanzeiger).

Zusätzliche Informationen aus dem Anhang:
Arbeitnehmer i. S. v. § 267 Abs. 5 HGB: 2018 2232; 2019 2287; 2020 2412
Gesamtbezüge des Vorstandes: 2018 4861 Tsd. € (davon variabel: 2438 Tsd. €); 2019 4787 Tsd. € (davon variabel: 2193 Tsd. €); 2020 6190 Tsd. € (davon variabel: 3350 Tsd. €).

Abb. 65
Aufschlüsselung der GuV der Geschäftsjahre 2018 bis 2020 der Paul Hartmann AG (in Tsd. €)

		2020	2019	2018
Umsatzerlöse (Netto)		1 189 964	935 099	882 687
+/–	Bestandsveränderungen (Bei Abnahmen Minus!)	–5733	–1191	4502
+	Aktivierte Eigenleistungen	3661	2954	2910
=	**Gesamtleistung**	**1 187 892**	**936 862**	**890 099**
+	Sonstige betriebliche Erträge	36 808	44 350	40 815
–	Materialaufwand	694 730	557 650	527 654
=	**Rohergebnis**	**529 970**	**423 562**	**403 260**
–	Löhne und Gehälter	184 332	159 045	153 362
–	Soziale Abgaben	27 108	25 043	23 165

		2020	2019	2018
–	Aufwendungen für Altersversorgung	9891	10086	9478
–	Sonstige betriebliche Aufwendungen	227696	218189	189334
=	**EBITDA** (Earnings Before Interest, Taxes, Depreciation and Amortization)	**80943**	**11199**	**27921**
–	Abschreibungen auf Immaterielle Vermögensgegenstände und Sachanlagen	39491	29476	29300
=	**Betriebsergebnis vor Steuern/EBIT** (Earnings Before Interest and Taxes)	**41452**	**–18277**	**–1379**

Abb. 66
Aufschlüsselung der GuV – »Ordentliches« Betriebsergebnis der Geschäftsjahre 2018 bis 2020 der Paul Hartmann AG (in Tsd. €)

		2020	2019	2018
Betriebsergebnis vor Steuern/EBIT		41452	–18277	–1379
–	Erträge aus Auflösung Rückstellungen (in den sonstigen betrieblichen Erträgen; lt. Anhang)	3295	3929	5356
–	Erträge aus Abgang Anlagevermögen (in den sonstigen betrieblichen Erträgen; lt. Anhang)	64	4	9
–	Erträge aus der Ausgliederung bzw. dem Verkauf von Geschäftsfeldern (in den sonstigen betrieblichen Erträgen; lt. Anhang)	–	–	–
–	Sonstige Erträge Vorjahre (in den sonstigen betrieblichen Erträgen; lt. Anhang)	2773	650	1417
–	Sonstige ungewöhnliche und periodenfremde Erträge			
+	Außerplanmäßige Abschreibungen auf Vermögensgegenstände des AV (in Abschreibungen auf immaterielle VG und Sachanlagen; lt. Anhang)	8906	50	907
+	Verluste aus dem Abgang von Anlage- und Umlaufvermögen (in den sonstigen betrieblichen Aufwendungen lt. Anhang)	2543	2508	6201
+	Sonstige ungewöhnliche und periodenfremde Aufwendungen (Restrukturierungsaufwand in sonstigen betrieblichen Aufwendungen; lt. Anhang)	2773	650	14484

		2020	2019	2018
+	Sonstige ungewöhnliche und periodenfremde Aufwendungen (Umstellung der Pensionszusagen und Altersteilzeit in Personalaufwand; lt. Anhang)	48	6693	6151
+	Sonstige ungewöhnlichen und periodenfremde Aufwendungen	64	4	9
=	**»Ordentliches« Betriebsergebnis**	**37 315**	**-27 049**	**-8129**

Da im Betriebsergebnis aber periodenfremde und außerhalb der eigentlichen Unternehmensaktivitäten anfallende Erträge und Aufwendungen enthalten sein können (in den Positionen »Sonstige betriebliche Erträge« und »Sonstige betriebliche Aufwendungen« sowie in den »Abschreibungen«) ist es sinnvoll, aus dem Betriebsergebnis ein sogenanntes »Ordentliches« Betriebsergebnis abzuleiten. Hierzu kann man sich des Formblattes »Aufschlüsselung der GuV – Ordentliches Betriebsergebnis« bedienen (Abb. 66). Das »Ordentliche« Betriebsergebnis wird konkret ermittelt, in dem vom Betriebsergebnis zunächst folgende in den »Sonstigen betrieblichen Erträgen« enthaltene Positionen abgezogen werden:

- »Erträge aus der Auflösung von Rückstellungen«
- »Erträge aus dem Abgang von Anlagevermögen«
- »Erträge aus dem Verkauf von Geschäftsfeldern, Markenrechten u. Ä.«
- »Sonstige ungewöhnliche und periodenfremde Erträge«

Danach werden dem Betriebsergebnis die in den »Abschreibungen auf immaterielle Vermögensgegenstände des Anlagevermögens und Sachanlagen« enthaltenen

- Außerplanmäßigen Abschreibungen

und die in den »Sonstigen betrieblichen Aufwendungen« enthaltenen

- »Verluste aus dem Abgang von Anlage- und Umlaufvermögen« sowie
- »Sonstigen ungewöhnlichen und periodenfremden Aufwendungen«

abgezogen. Die für die Ermittlung des »Ordentlichen« Betriebsergebnisses notwendigen Informationen findet man zu einem Teil im Anhang und detailliert im Prüfbericht (WP-Bericht).

Das handelsrechtliche Betriebsergebnis (EBIT) war in 2020 vor allem durch den Corona-bedingten Umsatzanstieg von über 60 % im Geschäftsbereich Desinfektionsmittel und medizinische Schutzbekleidung positiv beeinflusst, während ebenfalls Corona-bedingt durch den Ausfall von Operationen und dem Rückgang von Arztbesuchen das Segment Wundmanagement einen Umsatzrückgang von über 15 % zu verzeichnen hatte.

Abb. 67
Aufschlüsselung der GuV – Finanzergebnis für die Geschäftsjahre 2018 bis 2020 der Paul Hartmann AG (in Tsd. €)

		2020	**2019**	**2018**
Erträge aus Beteiligungen		45 198	54 661	38 614
+	Erträge aus Wertpapieren und Ausleihungen	–	–	–
+	Sonstige Zinsen und ähnliche Erträge	1562	1842	1783
+	Erträge aus Ergebnisabführungsverträgen (wenn nicht bereits in den vorangegangenen Positionen enthalten)	16 945	8258	7835
	Zuschreibungen auf Finanzanlagen	0	75	0
=	**Finanzerträge**	**89 466**	**70 298**	**52 174**
	Abschreibungen auf Finanzanlagen und Wertpapiere	3230	12 322	4179
+	Zinsen und ähnliche Aufwendungen	3769	4462	4356
+	Aufwendungen aus Ergebnisabführungsverträgen (wenn nicht bereits in den vorangegangenen Positionen enthalten)	25 761	5462	3942
=	**Finanzaufwendungen**	**32 760**	**22 321**	**12 477**
=	**Finanzergebnis vor Steuern**	**56 706**	**47 977**	**39 697**

Das in der GuV der Paul Hartmann AG ausgewiesene Finanzergebnis gilt es anhand des Formblattes »**Aufschlüsselung der GuV – Finanzergebnis**« (Abb. 67) aufzuschlüsseln. Es ist nicht nur wichtig zu wissen, welche Beteiligungserträge bzw. Erträge aus Gewinngemeinschaften dem Unternehmen zufließen, das immerhin für die Anteile an verbundenen Unternehmen von knapp 100 Mio. € in seiner Bilanz 2020 ausweist. Darüber hinaus sagen die Abschreibungen auf Finanzanlagen (Anteile an verbundenen Unternehmen) auch etwas darüber aus, wie sinnvoll bestimmte Unternehmenskäufe in der Vergangenheit waren bzw. inwieweit damalige Kaufpreise überhöht waren.
Ca. 80 % des EBIT in 2020 entfällt auf das Finanzergebnis. Dabei sind die Beteiligungserträge der Haupttreiber. Der leichte Rückgang der Zinsaufwendungen bei gleichzeitiger Erhöhung der kurz- und mittelfristigen Verbindlichkeiten dürfte dem insgesamt niedrigen Zinsniveau geschuldet sein.
In das **Formblatt »Aufgliederung des Unternehmensergebnisses«** (Abb. 68) können nun das »Betriebsergebnis/EBIT« (zusätzlicher Ausweis des »Ordentliches Betriebsergebnisses«) und das »Finanzergebnis« (zusätzlicher Ausweis

»Finanzerträge« und »Abschreibungen auf Finanzanlagen«) übertragen werden. »Betriebsergebnis« und »Finanzergebnis« bilden das in der GuV auszuweisende »Ergebnis der gewöhnlichen Geschäftstätigkeit«. Im Regelfall ist dies auch das **»Ergebnis vor Steuern«.** Wird ein »außerordentliches Ergebnis« in der GuV ausgewiesen, bildet dieses zusammen mit dem »Ergebnis der gewöhnlichen Geschäftstätigkeit« das »Ergebnis vor Steuern«. Vom »Ergebnis vor Steuern« werden die ertragsabhängigen Steuern (»Steuern vom Einkommen und Ertrag«) sowie die ertragsunabhängigen Steuern (»Sonstige Steuern«) abgezogen. Nach Abzug dieser Steuern kann man vom **»Ergebnis nach Steuern«** sprechen, das i. d. R. mit dem »Jahresüberschuss« bzw. »Jahresfehlbetrag« identisch ist. Lediglich wenn es sich um ein Unternehmen handelt, dessen Verluste von einem verbundenen Unternehmen übernommen werden oder das aufgrund eines Gewinnabführungsvertrags seine Gewinne abführen muss, ist das »Ergebnis nach Steuern« nicht mit dem »Jahresüberschuss« oder »Jahresfehlbetrag« identisch. Mit Hilfe des Formblattes »Aufgliederung des Unternehmensergebnisses« gelangt man also zu einer einfachen Übersicht, aus der zu ersehen ist, wo die Gewinn- und Verlustquellen im Unternehmen liegen.

Abb. 68
Aufgliederung des Unternehmensergebnisses für die Geschäftsjahre 2018 bis 2020 der Paul Hartmann AG (in Tsd. €)

		2020	2019	2018
Betriebsergebnis vor Steuern (EBITDA)		**41452**	**18277**	**1379**
	(davon »Ordentliches« Betriebsergebnis)	37315	–27049	–8120
+	**Finanzergebnis vor Steuern** (Bei einem negativen Ergebnis »–«)	**56706**	**47977**	**39697**
	(davon Abschreibungen Finanzanlagen)	(3230)	(12397)	(4179)
	(davon Finanzerträge)	(63705)	(64761)	(48232)
=	**Ergebnis vor Steuern**	**98158**	**29700**	**67618**
–	Steuern vom Einkommen und Ertrag (Bei einer Steuerrückerstattung »–«; wird dann addiert)	27011	3443	5640
–	Sonstige Steuern	1293	1238	1649
=	**Ergebnis nach Steuern**	**71147**	**25019**	**31029**
+	Erträge aufgrund der Verlustübernahme durch ein verbundenes Unternehmen	–	–	–
–	Abgeführter Gewinn aufgrund eines Gewinnabführungsvertrags	–	–	–

		2020	2019	2018
=	**Jahresüberschuss/Jahresfehlbetrag (–)**	**71 147**	**25 019**	**31 029**
–	Anderen Gesellschaften zustehende Gewinne	–	–	–
+	Verlustanteil anderer Gesellschafter	–	–	–
+	Gewinnvortrag aus dem Vorjahr	–	–	–
–	Verlustvortrag aus dem Vorjahr	–	–	–
+	Entnahmen aus den Gewinnrücklagen	–	–	–
–	Einstellungen in die Gewinnrücklagen	20 000	0	7500
=	**Bilanzgewinn/Bilanzverlust (–)**	**51 147**	**25 019**	**31 029**

Insgesamt zeigen die Bilanzgewinne, dass sich das Unternehmen bzw. der Konzern in wenig krisenanfälligen, robusten Märkten bewegt, die sich zudem durch starkes Wachstum auszeichnen.

IV. Kennzahlen als Beurteilungshilfe

Die Aufgliederung der Bilanz wie der GuV verschafft dem Leser eines Jahresabschlusses schon einen groben Überblick über die wirtschaftliche Verfassung eines Unternehmens. Einige Zahlen, die man dem Jahresabschluss entnehmen oder durch Umgruppierung schnell ermitteln kann, kennzeichnen die wirtschaftliche Lage eines Unternehmens. Gemeint sind z. B. die Zu- und Abgänge bei den Sachanlagen, der Umsatz, die Gesamtleistung oder das Betriebsergebnis/EBIT. Diese absoluten Zahlen kann man aufgrund ihrer Aussagefähigkeit – auf die noch eingegangen wird – als Kennzahlen bezeichnen.

Für eine tiefergehende Bilanzanalyse ist es allerdings erforderlich, dass man einige absolute Zahlen des Jahresabschlusses in Bezug zu anderen Zahlen des Jahresabschlusses setzt. So sagen z. B. die gestiegenen Lohn- und Gehaltskosten für sich allein wenig aus – auch wenn manche Unternehmensleitungen gegenüber den Wirtschaftsausschüssen und den Arbeitnehmervertretern im Aufsichtsrat bevorzugt auf einen solchen Sachverhalt isoliert hinweisen.

Es gibt zur Erfassung der wirtschaftlichen Lage eines Unternehmens eine Reihe wichtiger Daten, die man sowohl der GuV wie auch der Bilanz und dem Anhang entnehmen kann. Es gilt, diese Daten, von denen manche für sich schon eine Kennzahl darstellen, richtig zueinander in Beziehung zu setzen, um relative Kennzahlen zu erhalten. Diese Vorgehensweise nennt man *Kennzahlenrechnung*, weil man einige Kennzahlen nicht unmittelbar ablesen kann, sondern selbst errechnen muss. Wenn man sich hierzu der folgenden Formblätter bedient, kann rechnerisch nicht viel schiefgehen. Doch das Rechnen ist nur die eine Seite; viel entscheidender ist es zu wissen, was die so gebildeten Kennzahlen eigentlich aussagen.

Mit Hilfe der Formblätter zur Kennzahlenrechnung werden nur wenige Kennzahlen errechnet, da es in aller Regel vollkommen ausreicht, sich auf einige wenige aussagekräftige Kennzahlen zu beschränken. Die im Folgenden angesprochenen Kennzahlen sind u. E. die aussagefähigsten und auch diejenigen, mit denen Arbeitnehmervertreter:innen am häufigsten konfrontiert werden. Darüber hinaus sollten auch einige den Arbeitnehmervertreter:innen bekannte soziale Daten – wie z. B. Beschäftigtenzahl oder geleistete Beschäftigungsstunden – in Relation zu wirtschaftlichen Daten gesetzt werden. Hieraus ließen sich z. B. Schlussfolgerungen hinsichtlich der Leistungsfähigkeit bzw. der Belastung der im Unternehmen beschäftigten Arbeitnehmer ziehen. Gleichwohl sollte man Kennzahlen nicht überbewerten, auch wenn es ein beliebtes Spiel – insbesondere von Unternehmensleitungen größerer Unternehmen – ist, den Arbeitnehmervertretern eine Menge Kennzahlen vorzusetzen und diese möglichst auch noch mit englischen Namen zu belegen. Durch solche Schaumschlägerei sollte man sich nicht beeindrucken lassen und in jedem Fall, wenn man eine Kennzahl nicht kennt, nach deren Bedeutung fragen. Hinsichtlich der Aussagefähigkeit von Kennzahlen darf man nie vergessen, dass diese in aller Regel aus Daten des Jahresabschlusses gebildet werden und diese Daten nicht nur das Ergebnis von Ermessensspielräumen sind, sondern überdies vergangenheitsbezogen sind.

Umgekehrt können Kennzahlen gerade auch für Arbeitnehmervertreter:innen von großer Wichtigkeit sein, da sie bei genauer Beobachtung – z. B. auch der Sozialkennzahlen – bestimmte Trends rasch verdeutlichen können. In Verbindung mit *Plandaten* und betriebspolitischen Zielsetzungen können sie sich als nützliches Hilfsmittel einer gezielten Interessenvertretung erweisen.[4]

1. Bilanzkennzahlen

a) Veränderungen im Anlagevermögen

Abgänge von Sachanlagen, die entweder auf der Aktivseite der Bilanz oder im Anhang ausgewiesen werden, können auf sog. *Sale-and-lease-back-Geschäfte* zurückzuführen sein. Bei diesen Geschäften werden Grundstücke und/oder Gebäude und Maschinen verkauft und im gleichen Zug vom neuen Eigentümer wieder angemietet. Auf der einen Seite können solche Transaktionen sicher dazu

4 Zur Berechnungsmethode von Kennziffern (auch mit mathematischen Beispielen) und zur strategischen Nutzanwendung von Kennzahlen insgesamt vgl.: Laßmann/Mengay/Rupp, Handbuch Wirtschaftsausschuss, 11. Aufl., Bund-Verlag 2020, S. 380ff.

beitragen, Zahlungsengpässe zu überwinden. Auf der anderen Seite lassen sich durch solche Transaktionen stille Reserven bei unterbewertetem Anlagevermögen aufdecken, die dann zur »Bilanzverschönerung« eingesetzt werden können. Auch lassen sich durch solche Transaktionen innerhalb eines Konzern stille Reserven von einem Unternehmen auf ein anderes übertragen.

Zwar müssen die Belastungen, die sich aus Leasing-Geschäften ergeben, im Anhang einer Kapitalgesellschaft aufgeführt werden. Doch welcher Nutzen bzw. Schaden durch solche Sale-and-lease-back-Geschäfte für das Unternehmen entstanden ist, lässt sich hieraus nicht erkennen. Die Bilanz wie die GuV (auch durch die zukünftigen Mietbelastungen) lassen sich nachhaltig durch derartige Geschäfte beeinflussen. Abgänge bei den Sachanlagen stellen deshalb eine wichtige Bilanzkennzahl dar. Größere Sachanlageabgänge sollten die betrieblichen Interessenvertreter:innen zum Anlass nehmen, zu überprüfen, wie sich dies auf die GuV ausgewirkt hat (Erträge aus Anlageabgängen in den »Sonstigen betrieblichen Erträgen oder Aufwendungen aus Anlageabgängen in den »Sonstigen betrieblichen Aufwendungen«). Darüber hinaus sollte in diesem Zusammenhang nach der Unternehmensstrategie gefragt werden.

Aus dem Anlagespiegel kann man auch die Höhe der **Investitionen** (Zugänge) und **Abschreibungen** entnehmen. Da Investitionen im Bereich Technische Anlagen und Maschinen für ein Unternehmen allein schon deshalb erforderlich sind, um an technischen Weiterentwicklungen teilzunehmen, sind Investitionen lebenswichtig für ein Unternehmen. Da darüber hinaus Maschinen nicht nur veralten, sondern auch noch verschlissen werden, ist es sinnvoll, den Abschreibungen (und Abgängen) die Investitionen (Zugänge) gegenüberzustellen. Bleiben die Investitionen über mehrere Jahre unterhalb der Abschreibungen, so kann man davon reden, dass ein Unternehmen von der Substanz lebt. Die Ursache kann hierfür zum einen sein, dass dem Unternehmen keine Finanzmittel für erforderliche Investitionen zur Verfügung stehen. Zum anderen kann diese sog. Investitionszurückhaltung in dem mangelnden Interesse der Eigentümer begründet sein, da diese entweder keine Zukunftsperspektiven für das Unternehmen sehen oder ihnen andere Anlagemöglichkeiten rentabler erscheinen.

Man muss sich in diesem Zusammenhang vergegenwärtigen, dass Investitionen natürlich entsprechende Abschreibungen in den Folgejahren nach sich ziehen. Abschreibungen sind aber in der Systematik der GuV Aufwendungen, die das Jahresergebnis schmälern. Doch eine Investitionszurückhaltung führt nur zu kurzfristigen Ertragsverbesserungen. Ohne Investitionen in den Bereich Technische Anlagen und Maschinen verliert ein Unternehmen seine Wettbewerbsfähigkeit. Mittelfristig ist die Ertragslage eines solchen Unternehmens schlechter als die eines investierenden Unternehmens.

Abschreibungen und Investitionen sind also wichtige Kennzahlen. Sollten die Investitionen (Zugänge) bei technischen Anlagen und Maschinen über mehrere

Jahre niedriger als die Abschreibungen und Abgänge sein, so sollten die betrieblichen Interessenvertreter nach den Gründen fragen.
Bei der Paul Hartmann AG betrugen nach den Angaben im jeweiligen Anlagespiegel die Investitionen im Sachanlagenbereich (Zugänge Sachanlagen) 2018: 18 346 Tsd. €; 2019: 22 838 Tsd. €; 2020: 29 075 Tsd. €. Dem standen nach den jeweiligen Anlagespiegeln Abschreibungen auf Sachanlagen i. H. v. 15 383 Tsd. € (2018), 15 311 Tsd. € (2019) und 20 161 € (2020) gegenüber. In den Jahren 2018 bis 2020 lagen die Investitionen deutlich über den Abschreibungen. Im Zusammenhang mit den gestiegenen Umsätzen ist der Ausbau des Kapitalstocks folgerichtig.

b) Liquiditätskennzahlen

Auch für die Arbeitnehmer:innen ist die Antwort auf die Frage nach der Liquidität eines Unternehmens (Zahlungsfähigkeit eines Unternehmens) von besonderer Bedeutung. Denn Illiquidität, also die Unfähigkeit, fällige Schulden begleichen zu können, führt zur Insolvenz und gefährdet damit erheblich die Arbeitsplätze. Der Jahresabschluss ist deshalb nach Informationen zu durchforsten, die Hinweise auf die Zahlungsunfähigkeit des Unternehmens liefern.
Bei der sog. Liquiditätsanalyse sind kurz- und längerfristige Aspekte zu beachten. So sind den kurzfristigen Zahlungsverpflichtungen die Vermögenswerte gegenüberzustellen, die dem Unternehmen auch innerhalb eines Jahres zur Verfügung stehen bzw. innerhalb eines Jahres zu Geld zu machen sind. In der Praxis werden häufig drei Liquiditätsgrade ermittelt, die im Folgenden als Liquidität 1., 2. und 3. Grades bezeichnet werden.

Liquidität 1. Grades (Barliquidität)

Die Liquidität 1. Grades ermittelt man, indem man die »liquiden Mittel« in Relation zum »kurzfristigen Fremdkapital« (kurzfristige Schulden) setzt. Zu den liquiden Mitteln zählen Kassenbestand, Bundesbankguthaben, Guthaben bei Kreditinstituten und Schecks. Diese sog. Barmittel sind auf der Aktivseite der Bilanz bereits in einer Position zusammengefasst. Das kurzfristige Fremdkapital setzt sich – wie schon im Abschnitt »Umstrukturierung der Bilanz« gezeigt – aus Positionen zusammen, die voraussichtlich innerhalb eines Jahres zum Abfluss von Zahlungsmitteln aus dem Unternehmen führen. Der Bruch (Quotient)

$$\frac{\text{liquide Mittel}}{\text{kurzfristiges Fremdkapital}}$$

wird mit 100 multipliziert, um zu einem Prozentergebnis zu kommen. Das Ergebnis sagt nun aus, wie viel Prozent die liquiden Mittel das kurzfristige Fremdkapital abdecken.

$$\text{Liquidität 1. Grades (Barliquidität)} \quad \frac{\text{liquide Mittel}}{\text{kurzfristiges Fremdkapital}} \times 100 = \%$$

Bei der Berechnung der Liquiditätskennzahlen für die Paul Hartmann AG kann man auf das Formblatt »Bilanzübersicht (Bilanzstrukturen)« (Abb. 62) zurückgreifen und mit den dort ausgewiesenen Zahlen arbeiten. Für die Paul Hartmann AG wurden zum 31. 12. 2020 liquide Mittel i. H. v. 137 587 Tsd. € und kurzfristiges Fremdkapital i. H. v. 610 231 Tsd. € ausgewiesen. Der Bruch zur Ermittlung der Liquidität 1. Grades lautet so:

$$\frac{137\,587}{610\,231} \times 100 = 22{,}5\,\%$$

Das obige Ergebnis sagt nun aus, dass die liquiden Mittel das kurzfristige Fremdkapital zum 31. 12. 2020 zu 22,5 % abdeckten.

Die Barliquidität des Unternehmens wird i. d. R. sehr gering sein, da mit Geld, das in der Kasse oder auf dem »normalen« Konto liegt, nichts verdient werden kann. Wenn man sich vergegenwärtigt, dass jedes Unternehmen auch mit Fremdkapital finanziert ist, wäre es betriebswirtschaftlich unsinnig, sich auf der einen Seite Fremdkapital zu leihen, für das man Zinsen zahlen muss, und auf der anderen Seite Geld in der Kasse zu haben, für das man nichts bekommt. Insofern ist eine geringe Barliquidität der Normalfall und nichts Beängstigendes. Außerdem handelt es sich um eine Stichtagsbetrachtung.

Eine hohe Barliquidität könnte dafür sprechen, dass ein Unternehmen seine »Kriegskasse« gefüllt hat und in nächster Zeit größere Ausgaben (z. B. Firmenübernahme, Sonderausschüttungen) plant. Tatsächlich wurde im Nachtragsbericht des Jahresabschlusses 2020 über den aus liquiden Mitteln finanzierten Erwerb einer weiteren Gesellschaft mit einem Kaufpreis von fast 62 Mio. € berichtet. Der Grund für eine hohe Barliquidität sollte auf jeden Fall im Rahmen der Erläuterung des Jahresabschlusses erfragt werden.

Liquidität 2. Grades

Die Liquidität 2. Grades ist schon eine etwas aussagefähigere Kennzahl, da hier Vermögenswerte und Schulden gegenübergestellt werden, die innerhalb eines identischen Zeitraums verfügbar bzw. fällig werden. Konkret werden die »liquiden Mittel« und das »kurzfristig liquide Umlaufvermögen« (innerhalb eines Jahres verfügbar) dem »kurzfristigen Fremdkapital« (innerhalb eines Jahres fällig) gegenübergestellt.

$$\text{Liquidität 2. Grades} = \frac{\text{liquide Mittel} + \text{kurzfristig liquides Umlaufvermögen}}{\text{kurzfristiges Fremdkapital}} \times 100 = \%$$

Das kurzfristig liquide Umlaufvermögen setzt sich aus den Positionen »Forderungen aus Lieferungen und Leistungen« und »sonstige Vermögensgegenstände« – soweit diese nicht eine Restlaufzeit von mehr als einem Jahr haben – sowie aus der im Umlaufvermögen aufgeführten Position »Wertpapiere (ohne eigene Anteile)« zusammen.
Bei der Berechnung der Kennzahl Liquidität 2. Grades für die Paul Hartmann AG kann wiederum auf das Formblatt »Bilanzübersicht (Bilanzstrukturen)« (Abb. 62) zurückgegriffen werden. Für die Paul Hartmann AG wird dort zum 31. 12. 2020 neben liquiden Mitteln i. H. v. 137 587 Tsd. € ein kurzfristig liquides Umlaufvermögen i. H. v. 92 535 Tsd. € ausgewiesen. Das kurzfristige Fremdkapital beträgt 610 231 Tsd. €. Die Liquidität 2. Grades beträgt folglich:

$$\frac{(137\,587 + 92\,535)}{610\,231} \times 100 = 37{,}7\,\%$$

Zum 31. 12. 2020 waren also kurzfristige Schulden der Paul Hartmann AG durch kurzfristig dem Unternehmen zur Verfügung stehende Vermögenswerte zu 37,7 % abgedeckt.
In den meisten Unternehmen dürfte sich als Ergebnis der ermittelten Liquidität 2. Grades herausstellen, dass die liquiden und kurzfristig liquiden Mittel die kurzfristigen Verbindlichkeiten nicht zu 100 % abdecken. Dieses ist auch bei der Paul Hartmann AG der Fall. Wenn man auch sagen kann, dass ein Unternehmen bei einem Wert von 100 % und mehr keine Liquiditätsprobleme hat, so kann man im Umkehrschluss nicht automatisch folgern, dass ein Unternehmen Liquiditätsprobleme hat, wenn die Liquidität 2. Grades unter 100 % liegt. Es bestehen schließlich für ein Unternehmen innerhalb eines Jahres immer noch einige Möglichkeiten, Zahlungsmittel zu erhalten (z. B. neue Kredite, Verkauf von Anlagevermögen, Reduzierung des Vorratslagers). Sollte allerdings die Liquidität 2. Grades unter 50 % liegen, besteht grundsätzlich die Gefahr, dass in der Folgezeit im Unternehmen Liquiditätsprobleme auftauchen können. Bei der insgesamt guten Bilanzstruktur der Paul Hartmann Gruppe sind Liquiditätsprobleme aber nicht zu befürchten.
Die Berechnung der Liquidität 2. Grades ist nicht nur deshalb sehr aufschlussreich, weil hier zeitgleiche Positionen (kurzfristiges Umlaufvermögen und kurzfristige Verbindlichkeiten) betrachtet werden, sondern auch, weil es sich hier um Positionen handelt, die der »Bilanzgestaltung« weitgehend entzogen sind.

Liquidität 3. Grades

Bei der Ermittlung der Liquidität 3. Grades – die wichtigste der drei Liquiditätskennzahlen – stellt man den kurzfristigen Verbindlichkeiten neben den Barmitteln und kurzfristig liquiden Vermögensgegenständen auch noch die Fertigerzeugnisse des Vorratsvermögens gegenüber. Sie ergibt sich aus folgender Bruchrechnung:

$$\text{Liquidität 3. Grades} = \frac{\begin{array}{l}\text{liquide Mittel}\\ + \text{kurzfristig liquides Umlaufvermögen}\\ + \text{fertige Erzeugnisse}\end{array}}{\text{kurzfristige Verbindlichkeiten}} \times 100 = \%$$

Hinsichtlich der Ermittlung dieser Kennzahl liegt die Überlegung zugrunde, dass zur Begleichung von Verbindlichkeiten auch noch die fertigen Erzeugnisse und Waren herangezogen werden können, da man davon ausgehen kann, dass diese innerhalb eines Jahres verkauft werden. Die Liquidität 3. Grades sollte deshalb über 100 % liegen. Ist dies nicht der Fall, muss man damit rechnen, dass das Unternehmen zahlungsunfähig wird.

Legt man die Werte der Paul Hartmann AG zugrunde, so sieht die Berechnung der bis zum 31. 12. 2020 bestehenden Liquidität 3. Grades wie folgt aus:

$$\frac{(137\,587 + 92\,535 + 66\,343)}{610\,231} \times 100 = 48{,}6\,\%$$

Das heißt, zum 31. 12. 2020 decken liquide Mittel, kurzfristig liquides Umlaufvermögen und die fertigen Erzeugnisse des Vorratsvermögens das kurzfristige Fremdkapital zu 48,6 % ab. Trotz dieser schlechten Kennziffer sind Liquiditätsprobleme bei der Paul Hartmann Gruppe aufgrund der insgesamt guten Bilanzstruktur und Gewinnsituation nicht zu befürchten. Im Konzern übersteigen die kurzfristigen Vermögenswerte von knapp einer Mrd. € die kurzfristigen Verbindlichkeiten von ca. 460 Mio. € um mehr als das Doppelte. Im Übrigen wird im Konzern ein Cash-Pooling-System praktiziert, das Liquiditätsprobleme einzelner Konzerngesellschaften ausschließt. Bei Konzernzusammenhängen ist es grundsätzlich empfehlenswert, neben der Analyse der Einzelabschlüsse, auch den Konzernabschluss zu berücksichtigen, um Fehlinterpretationen zu vermeiden.

c) Strukturelle Finanzierungskennzahlen

Neben der kurz- und mittelfristigen Liquidität eines Unternehmens sind auch langfristige Aspekte in die Analyse eines Unternehmens einzubeziehen. Ein Unternehmen muss entsprechend seinen speziellen Risiken mit Eigenkapital ausgestattet sein. So erfordert z. B. die Betätigung in einer Branche, die durch schnelle Veränderungen, Produktinnovationen, raschen technischen Fortschritt gekennzeichnet ist, ein weitaus höheres Haftungskapital als etwa die Betätigung im Reinigungsgewerbe. Überdies gewährleistet ein hohes Eigenkapital im Verhältnis zur Bilanzsumme (Gesamtkapital) die Dispositionsfreiheit und weitgehende Unabhängigkeit des Unternehmens von Kreditgebern. Zudem führt eine hohe Eigenkapitelquote regelmäßig zu besseren Konditionen (z. B. Zinssatz, Disagio) bei der Aufnahme von Fremdkapital.

Eigenkapitalanteil

Der Eigenkapitalanteil (Eigenkapitalquote) drückt aus, wie viel Eigenkapital im Verhältnis zum Gesamtkapital des Unternehmens vorhanden ist. Die absolute Eigenkapitalhöhe wäre nämlich wenig aussagefähig, da entsprechend der Größe eines Unternehmens auch die Risiken und damit möglichen Verlustquellen steigen. Die Kennzahl Eigenkapitalanteil ist eine der bekanntesten und gebräuchlichsten, was sicherlich auch mit ihrer einfachen Berechnung zusammenhängt. Im Rahmen von Nebenvereinbarungen zu Kreditverträgen (sog. Convenants) gehört die Vereinbarung einer Mindesteigenkapitalquote zu den am häufigsten vereinbarten Kennzahlen.

$$\text{Eigenkapitalanteil} = \frac{\text{Eigenkapital}}{\text{Gesamtkapital}} \times 100 = \%$$

Die Ermittlung des Eigenkapitals erfolgte bereits mit Hilfe des Formblattes »Umstrukturierung der Bilanz-Passivseite« (Abb. 61), und die ermittelten Werte waren auf das Formblatt »Bilanzübersicht (Bilanzstrukturen)« (Abb. 62) übertragen worden. Anhand der für die Paul Hartmann AG ermittelten Werte ergibt sich zum 31. 12. 2020 folgende Berechnung für den Eigenkapitalanteil:

$$\frac{437\,008}{1\,167\,154} \times 100 = 37{,}4\,\%$$

Das heißt, zum 31. 12. 2020 hatte das Eigenkapital einen Anteil am Gesamtvermögen von 37,4 %.

Anteil des wirtschaftlichen Eigenkapitals

Wie bereits ausgeführt, bilden Eigenkapital und eigenkapitalähnliche Mittel das wirtschaftliche Eigenkapital. Setzt man dieses wirtschaftliche Eigenkapital in ein Verhältnis zum Gesamtkapital, so erhält man den Anteil des wirtschaftlichen Eigenkapitals. Die Rechenformel lautet wie folgt:

$$\text{Anteil des wirtschaftlichen Eigenkapitals} = \frac{\text{Eigenkapital} + \text{eigenkapitalähnliche Mittel}}{\text{Gesamtkapital}} \times 100 = \%$$

Anhand der Daten der Paul Hartmann AG, die man dem Formblatt »Bilanzübersicht (Bilanzstrukturen)« (Abb. 62) entnehmen kann, gelangt man für den 31. 12. 2020 zu folgender Berechnung:

$$\frac{(437\,008 + 99\,580)}{1\,167\,154} \times 100 = 46{,}0\,\%$$

Zum 31. 12. 2020 betrug der Anteil des wirtschaftlichen Eigenkapitals also 46,0 %. Dies ist ein sehr hoher Wert, da man in der deutschen Wirtschaft nur sehr wenige Unternehmen findet, die mit einer derartigen Eigenkapitalausstattung arbeiten. Ob der Anteil des wirtschaftlichen Eigenkapitals ein guter oder schlechter Wert ist, hängt nicht zuletzt von der Branche ab, in der das Unternehmen tätig ist. Doch je höher der Eigenkapitalanteil bzw. der Anteil des wirtschaftlichen Eigenkapitals am Gesamtvermögen ist, desto besser ist dies aus Sicht der Beschäftigten. Denn je größer der Eigenkapitalanteil, umso größer ist die Substanz, von der in wirtschaftlich schlechten Zeiten gezehrt werden kann.

Anlagenintensität

Interessant ist auch, sich die Vermögensstruktur eines Unternehmens anzuschauen.

$$\text{Anlagenintensität} = \frac{\text{Anlagevermögen}}{\text{Gesamtkapital}} \times 100 = \%$$

Setzt man das Anlagevermögen ins Verhältnis zum Gesamtvermögen, so weiß man nicht nur, in welchem Maße das eingesetzte Kapital längerfristig gebunden ist, sondern man kann auch in einem gewissen Maße Schlussfolgerungen hinsichtlich des wirtschaftlichen Einsatzes des Kapital ziehen. Werden nämlich die Produktionsanlagen in einem hohen Maße genutzt (Stichwort Kapazitätsauslastung), so führt dies i. d. R. dazu, dass das Umlaufvermögen steigt, da man mehr Vorräte benötigt und über den höheren Umsatz mehr Forderungen aus Lieferungen und Leistungen hat. Die Rechenformel für die Anlageintensität lautet wie folgt:

Für die Paul Hartmann AG ergibt sich aufgrund der im Formblatt »Bilanzübersicht (Bilanzstrukturen)« (Abb. 62) festgehaltenen Werte folgende Berechnung zum 31. 12. 2020:

$$\frac{618\,109}{1\,167\,154} \times 100 = 53{,}0\,\%$$

Diese Kennzahl ist allerdings zu hinterfragen. Zum einen sollte man sich die Entwicklung der Finanzanlagen anschauen und diese ggf. herausrechnen. Zum anderen kann die Anlagenintensität auch deshalb steigen, weil das Umlaufvermögen durch einen starken Abbau des Vorratsvermögens (z. B. durch Verlagerung der Vorratshaltung auf Vorlieferanten und durch Ausbau der Auftragsproduktion) gesunken ist. Die Veränderung der Anlagenintensität sollte also zum Anlass genommen werden, näher darauf zu schauen, was im Unternehmen passiert ist.

Deckungsgrade des Anlagevermögens

Die Frage, wie solide ein Unternehmen finanziert ist, ist nicht nur im Hinblick auf die Kapitalstruktur (Verhältnis: Eigenkapital/Fremdkapital) zu beantworten, sondern auch unter dem Gesichtspunkt der Mittelverwendung.

$$\text{Deckungsgrad I Anlagevermögen} = \frac{\text{Eigenkapital}}{\text{Anlagevermögen}} \times 100 = \%$$

In der Bilanz wird grundsätzlich unterschieden zwischen dem Anlagevermögen (»Langfristiges Vermögen«), das dazu bestimmt ist, langfristig oder dauernd dem Geschäftsbetrieb eines Unternehmens zu dienen, und dem Umlaufvermögen (»Kurzfristiges Vermögen«), das relativ schnell (siehe Liquiditätskennzahlen) zu Geld zu machen ist. Durch das Anlagevermögen werden finanzielle Mittel langfristig gebunden. Deshalb sollte dieses Anlagevermögen möglichst auch mit langfristig zur Verfügung stehenden Mitteln finanziert werden. Grundsätzlich kann man annehmen, dass das Eigenkapital langfristig dem Unternehmen zur Verfügung steht. Deshalb sollte man das (korrigierte) Eigenkapital ins Verhältnis zum Anlagevermögen setzen.

Da der Jahresüberschuss im Eigenkapital enthalten ist, kann man bei einer genaueren Berechnung geplante Gewinnausschüttungen an die Eigentümer vom Eigenkapital abziehen, da diese Mittel zum Stichtag der Bilanzstellung als Eigenkapital vorhanden waren, deren Abzug aus dem Eigenkapital sich aber im laufenden Geschäftsjahr vollzieht.

$$\begin{array}{l}\text{Deckungsgrad II}\\ \text{Anlagevermögen}\end{array} = \frac{\begin{array}{l}\text{Wirtschaftliches Eigenkapital}\\ +\ \text{langfristige Verbindlichkeiten}\end{array}}{\text{Anlagevermögen}} \times 100 = \%$$

Neben dem Eigenkapital stehen aber auch andere Finanzierungsmittel dem Unternehmen langfristig zur Verfügung. Dies sind sowohl die Pensionsrückstellungen als auch die Verbindlichkeiten mit einer Restlaufzeit von über fünf Jahren. Bezieht man diese Finanzmittel in die Rechnung mit ein, so erhält man einen »Deckungsgrad II Anlagevermögen«.
Ein Unternehmen ist umso solider finanziert, je höher die Anlagendeckung ist. Der Deckungsgrad II des Anlagevermögens sollte mindestens 100 % betragen, da andernfalls Teile des Anlagevermögens durch kurzfristiges Fremdkapital finanziert wären. In dieser Situation besteht für ein Unternehmen die Gefahr, dass unerwartete Rückforderungen oder Nichtverlängerungen kurzfristiger Kredite zu Zahlungsschwierigkeiten führen. Das Unternehmen könnte also gezwungen sein, Anlagevermögen zu verkaufen, um nicht wegen Illiquidität in Insolvenzgefahr zu geraten. Doch ein nicht geplanter Verkauf von Teilen des Anlagevermögens dürfte i. d. R. nur zu sehr schlechten Preisen möglich sein.
Die Berechnung der Anlagendeckung für die Paul Hartmann AG ist wiederum anhand der im Formblatt »Bilanzübersicht (Bilanzstrukturen)« (Abb. 62) festgehaltenen Werte durchzuführen. Die Rechnung für die Anlagendeckung 1. Grades sieht zum 31. 12. 2020 wie folgt aus:

$$\frac{428\,921}{618\,109} \times 100 = 69{,}4\,\%$$

Das Anlagevermögen der Paul Hartmann AG war also zum 31. 12. 2020 zu 69,4 % mit Eigenkapital abgedeckt. Man kann also schon nach der Berechnung des Deckungsgrades I von einer soliden Finanzierung des Unternehmens sprechen. Die Berechnung des Deckungsgrades II bringt folgendes Ergebnis:

$$\frac{(528\,501 + 0)}{618\,109} \times 100 = 85{,}5\,\%$$

Die Unterschreitung des Grenzwerts von 100 % ist nicht problematisch, weil das Unternehmen keine langfristigen Schulden hat und sein Kreditspielraum mit Sicherheit nicht ausgeschöpft ist.

d) Auswertung der Bilanzkennzahlen am Beispielfall Paul Hartmann AG

Zur Berechnung der dargestellten Bilanzkennzahlen sollte man sich des **Formblattes »Bilanzkennzahlen«** (Abb. 69) bedienen. Die einzelnen Rechenvorgänge zur Ermittlung der Kennzahlen sind auf diesem Formblatt vorgegeben, sodass Verwechslungsfehler eigentlich ausgeschlossen sein dürften. Allerdings könnte jemand, der in der Bilanzanalyse ungeübt ist, den Überblick darüber verlieren, was er eigentlich macht. In der Abb. 70 wird deshalb noch einmal grafisch die Berechnung der einzelnen Kennzahlen dargestellt. Will man sich in Erinnerung rufen, was eine bestimmte Bilanzkennzahl aussagt, so dürfte i. d. R. ein kurzer Blick in diese Grafik genügen.

Abb. 69
Bilanzkennzahlen für die Geschäftsjahre 2018 bis 2020 der Paul Hartmann AG (in %)

Liquidität	**31.12.2020**	**31.12.2019**	**31.12.2018**
Liquidität 1. Grades (Barliquidität)			
$\frac{\text{Liquide Mittel}}{\text{Kurzfr. Fremdkapital}} \times 100 = \%$	22,5 %	7,0 %	7,2 %
Liquidität 2. Grades (kurzfristige Liquidität)			
$\frac{\text{Liquide Mittel} + \text{Kurzfr. liquides UV}}{\text{Kurzfr. Fremdkapital}} \times 100 = \%$	37,7 %	21,3 %	21,7 %
Liquidität 3. Grades (mittelfristige Liquidität)			
$\frac{\text{Liquide Mittel} + \text{Kurzfr. liquides UV} + \text{Fertige Erzeugnisse}}{\text{Kurzfr. Fremdkapital}} \times 100 = \%$	48,6 %	47,7 %	55,0 %
Kapital- und Vermögensstruktur			
Eigenkapitalanteil			
$\frac{\text{Eigenkapital}}{\text{Gesamtkapital}} \times 100 = \%$	37,4 %	39,0 %	40,0 %
$\frac{\text{Wirtschaftliches Eigenkapital}}{\text{Gesamtkapital}} \times 100 = \%$	45,0 %	100,0 %	48,0 %
Anlagenintensität			
$\frac{\text{Anlagevermögen}}{\text{Gesamtkapital}} \times 100 = \%$	53,0 %	130,0 %	131,0 %
Deckungsgrad I Anlagevermögen			
$\frac{\text{Eigenkapital}}{\text{Anlagevermögen}} \times 100 = \%$	69,4 %	62,0 %	76,0 %
Deckungsgrad II Anlagevermögen			
$\frac{\text{Wirtschaftl. EK} + \text{Lgfr. FK}}{\text{Anlagevermögen}} \times 100 = \%$	85,5 %	77,0 %	76,0 %

Unter Zuhilfenahme der in dem Formblatt »Bilanzübersicht (Bilanzstrukturen)« (Abb. 62) aufbereiteten Bilanzdaten der Paul Hartmann AG ergeben sich die in Abb. 69 angegebenen Bilanzkennzahlen.
Man kann nun anhand des Kennzahlenbogens ablesen, wie sich die Liquidität der Paul Hartmann AG entwickelt hat. Über den üblichen Betrachtungszeitraum von drei Jahren haben sich alle drei Liquiditätskennzahlen gegenüber dem Ausgangsjahr 2018 leicht verbessert; sie ist aber nicht gut. Hinsichtlich der Liquiditätslage ist allerdings zu berücksichtigen, dass es sich bei den (kurzfristigen) Forderungen der Paul Hartmann AG zu einem großen Teil um Forderungen handelt, die gegenüber Beteiligungsunternehmen und verbundenen Unternehmen bestehen. Damit wird nochmals deutlich, dass zur abschließenden Beurteilung der Liquidität der Paul Hartmann AG auch noch eine Analyse des Konzernabschlusses erforderlich ist.
Die Eigenfinanzierung der Paul Hartmann AG kann man als sehr gut bezeichnen. Ein zum 31. 12. 2020 ausgewiesener Eigenkapitalanteil von etwa 37 % ist fast schon als exotisch in der deutschen Wirtschaft anzusehen. Die Unternehmen der deutschen Textilindustrie weisen im Durchschnitt einen Eigenkapitalanteil von 20 % bis 25 % aus. Berücksichtigt man dann noch, dass das »Wirtschaftliche Eigenkapital« zum 31. 12. 2020 45,0 % betrug, dann wird nicht nur die geringe Abhängigkeit des Unternehmens von Kreditgebern deutlich, sondern es wird auch offenbar, dass das Unternehmen über genügend Substanz verfügt, auch Verlustphasen durchzustehen.
Die Verringerung des Eigenkapitalanteils im Jahr 2020 gegenüber den beiden Vorjahren ist trotz des hohen ausgewiesenen Jahresüberschusses für das Geschäftsjahr 2020 darauf zurückzuführen, dass die Bilanzsumme der Paul Hartmann AG erheblich angestiegen ist. Die Anlagenintensität der Paul Hartmann AG erscheint auf den ersten Blick sehr hoch (52,0 % zum 31. 12. 2020). Wenn man sich allerdings das Anlagevermögen näher anschaut, zeigt sich, dass dieser hohe Wert darauf zurückzuführen ist, dass die Paul Hartmann AG die Mutter des Hartmann-Konzerns ist: 69 % des Anlagevermögens der Paul Hartmann AG bestehen aus Finanzanlagen. Der Rückgang der Anlagenintensität ist eben auch das Resultat der Veränderungen der Finanzanlagen. Diese Veränderungen spiegeln sich auch im Finanzergebnis wider, das einen wesentlichen Beitrag zum Gesamtergebnis des Unternehmens leistet.

Abb. 70
Grafische Darstellung der Bilanzkennzahlen

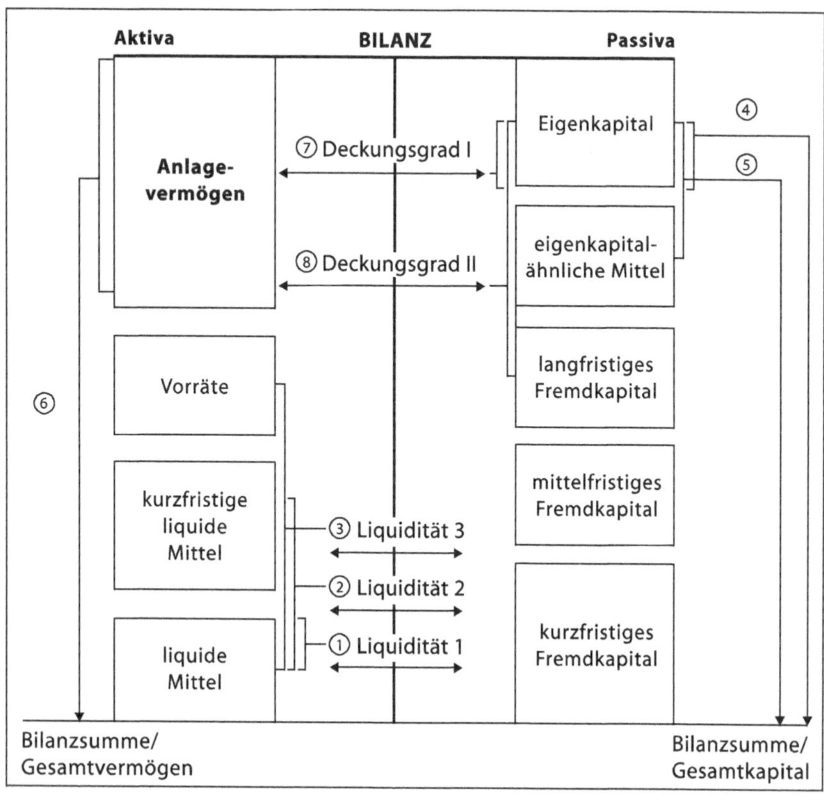

Aktiv- zur Passivseite
Aktiv-Positionen in % zu Passiv-Positionen
1 Liquidität 1. Grades
2 Liquidität 2. Grades
3 Liquidität 3. Grades

Passiv- zur Aktivseite
Passiv-Positionen in % zu Aktiv-Positionen
7 Deckungsgrad I Anlagevermögen
8 Deckungsgrad II Anlagevermögen

Passivseite
Passiv-Positionen in % zum Gesamtkapital
4 Eigenkapitalanteil
5 Anteil Wirtschaftliches Eigenkapital

Aktivseite
Aktiv-Position in % zum Gesamtvermögen
6 Anlagenintensität

Als Fazit der Auswertung der Bilanzkennzahlen kann man schlussfolgern, dass sich die wirtschaftliche und finanzielle Verfassung der Paul Hartmann AG in den analysierten letzten drei Geschäftsjahren stetig verbessert hat. Das Unternehmen hat sehr von der Corona-Krise profitiert. Der hohe Eigenkapitalanteil (kombiniert mit der Ertragskraft im operativen Bereich) und der Verzicht auf eine langfristige Verschuldung machen das Unternehmen überdies kreditwürdig.

2. Erfolgskennzahlen

Die GuV kann auch als Erfolgsrechnung eines Unternehmens bezeichnet werden, da das Endergebnis Jahresüberschuss bzw. Jahresfehlbetrag etwas über den Erfolg eines Unternehmens nach Beendigung eines Geschäftsjahres aussagt. Diesen Erfolg kann man wiederum aufspalten nach den Quellen, durch die er gespeist wurde. Wie bereits im Abschnitt »Aufgliederung der GuV« aufgezeigt, setzt sich der Jahresüberschuss bzw. Jahresfehlbetrag aus dem **Betriebsergebnis/ EBIT** (darin enthalten operatives Ergebnis), dem **Finanzergebnis** und dem **außerordentlichen Ergebnis** zusammen. Diese Teilergebnisse stellen somit auch wichtige Kennzahlen dar, die etwas über das erfolgreiche wirtschaftliche Handeln in den verschiedenen Unternehmensbereichen aussagen.
Neben diesen Kennzahlen gibt es noch eine ganze Reihe weiterer, die Aussagen über Erfolg bzw. Misserfolg eines Unternehmens ermöglichen. Auch hier sollte man sich auf einige wenige Kennzahlen beschränken, und zwar auf die, die die Absatzlage (Umsatz), die Kostenstruktur (Anteil der wichtigsten Kostenblöcke an der Gesamtleistung des Unternehmens), die Rentabilität (Verzinsung des eingesetzten Kapitals), die Finanzkraft (Cashflow und Möglichkeiten der Innenfinanzierung) und den Stellenwert der ArbeitnehmerInnen im Unternehmen (Produktivität, Einkommen) näher beleuchten.

a) Umsatz/Gesamtleistung/EBITDA

Die Umsatzerlöse eines Unternehmens stellen eine wichtige Kennzahl hinsichtlich der Absatzlage eines Unternehmens dar. Sinkende Umsätze sind i.d.R. ein deutliches Anzeichen dafür, dass ein Unternehmen mit seinen Produkten Absatzschwierigkeiten hat. Zwar kann ein Rückgang der Umsatzerlöse auch auf einen Rückgang der Verkaufspreise zurückzuführen sein (ein Unternehmen verkauft *mengenmäßig* gleich viel oder mehr). Doch auch in diesem Fall kann man i.d.R. von Absatzschwierigkeiten ausgehen. Preiszugeständnisse sind eben nicht selten das Ergebnis von Absatzschwierigkeiten. Über diesen Weg will dann die Unternehmensleitung den mengenmäßigen Absatz fördern, damit die Lager nicht überquellen – was natürlich zu geringeren Deckungsbeiträgen führt.
In jenen Produktionsunternehmen, die mit Rohstoffen arbeiten, die sehr starken Preisschwankungen ausgesetzt sind, müssen allerdings Umsatzrückgänge nicht

als Indiz für Absatzschwierigkeiten gewertet werden. Hier kann die Weitergabe von Preisveränderungen bei den Rohstoffen ursächlich für einen Umsatzrückgang oder auch eine Umsatzsteigerung sein. Dies bedeutet, die Kennzahl Umsatzerlöse ist zu hinterfragen. Um zu einer aussagefähigeren Einschätzung der Umsatzerlöse zu kommen, ist nachzufragen, in welchem Maße Preisveränderungen an den Veränderungen der Umsatzerlöse Anteil hatten und ob etwaige Änderungen der Verkaufspreise das Ergebnis der Weitergabe von Preisveränderungen im Rohstoffbereich sind. Entsprechende Erklärungen finden sich auch im Erläuterungsteil des Anhangs.

Zwar weisen die Umsatzerlöse auf die Absatzentwicklung hin, doch sagen die Umsatzerlöse eines Geschäftsjahres nichts über die Wirtschaftsleistung aus, die von einem Unternehmen innerhalb eines Geschäftsjahres erstellt wird. So kann rein theoretisch der gesamte Umsatz eines Geschäftsjahres mit Produkten getätigt werden, die aus den Vorjahren stammen (Abbau der Lagerbestände), während in dem Geschäftsjahr zur Umsatzerzielung nicht ein einziges Produkt erstellt wurde. Die Leistungserstellung eines Unternehmens innerhalb eines Geschäftsjahres ist aber eine wichtige Bezugsgröße für die innerhalb eines Geschäftsjahres angefallenen Aufwendungen. Nur so lässt sich etwas über die Bedeutung (Intensität) der einzelnen Kostenblöcke im Unternehmen aussagen.

So ist es bei einer GuV nach dem Gesamtkostenverfahren nicht sinnvoll, die Umsatzerlöse als Bezugsgröße für in der GuV enthaltene Aufwandspositionen heranzuziehen. Während nämlich die Umsatzerlöse mit Waren erzielt werden können, die bereits im Vorjahr erstellt wurden, handelt es sich bei den in der GuV enthaltenen Aufwendungen um Aufwendungen, die ausschließlich in dem ausgewiesenen Geschäftsjahr angefallen sind. Deshalb sollte man auch diesen Aufwendungen nur diejenige Leistung gegenüberstellen, die im gleichen Geschäftsjahr erwirtschaftet wurde. Die Umsatzerlöse sind also mit den GuV-Positionen »Erhöhung oder Verminderung des Bestandes an fertigen und unfertigen Erzeugnissen« sowie »aktivierte Eigenleistungen« zu verrechnen. Man erhält dann die sog. **Gesamtleistung**.

Wenn man das Formblatt »Aufschlüsselung der GuV« (Abb. 65) verwendet, ermittelt man automatisch die Gesamtleistung. Bei der GuV nach dem Umsatzkostenverfahren sind die Aufwendungen eines Geschäftsjahres den Umsatzerlösen eines Geschäftsjahres gegenüber zu stellen.

Mit dem »Betriebsergebnis vor Steuern/EBIT« verfügt man bereits über ein Unternehmensergebnis, das um die je nach Kapitalausstattung unterschiedliche Zinsbelastung, die Erträge und Aufwendungen aus Beteiligungen und die je nach Gesellschaftsform und Unternehmenspolitik gestaltbare Steuerbelastung korrigiert ist. Werden nun aus dem »EBIT« die »Abschreibungen auf immaterielle Vermögenswerte und Sachanlagen« herausgerechnet, so hat man ein Ergebnis, das einerseits nicht durch die Abschreibungen auf Geschäfts- oder Firmenwerte

(Goodwill) verzerrt wird und das andererseits nicht durch die Investitionspolitik und die gewählten Abschreibungsmethoden für Maschinen und Geschäftsausstattung beeinflussbar ist. Dieses sog. EBITDA = Earnings Before Interest, Taxes, Depreciation and Amortization (Ergebnis vor Zinsen, Steuern, Abschreibungen auf Sachanlagen und immaterielle Vermögensgegenstände) kann man im Zusammenhang mit der Ermittlung des Betriebsergebnisses (Formblatt »Aufschlüsselung der GuV«, Abb. 65) sehr leicht errechnen (als Zwischenergebnis beim Gesamtkostenverfahren oder durch Addition der Abschreibungen zum Betriebsergebnis beim Umsatzkostenverfahren). Man verfügt mit dem »EBITDA« ohne die schwierige und langwierige Berechnung eines »operativen Ergebnisses« über eine Kennzahl, die den wirtschaftlichen Erfolg eines Unternehmens im »Kerngeschäft« vergleichbar mit anderen Unternehmen macht und die etwas über die Finanzkraft eines Unternehmens aussagt. »Es ist sicherlich nicht zufällig, dass gerade Unternehmen, die sich erfolgswirtschaftlich in kritischen Situationen befinden, mit dem EBITDA gern nachweisen, dass sie (…) zumindest bezüglich ihrer Finanzkraft stark und damit (zunächst) überlebensfähig sind«.[5]
Aufgrund der einfachen Berechnung ist die Verwendung der Kennzahl »EBITDA« international weit verbreitet.

b) Intensitäts- bzw. Aufwandskennzahlen

Um die Bedeutung und den Einfluss einzelner Aufwandsarten (z. B. Personalaufwand, Materialaufwand, Abschreibungen) herauszustellen, sollte man sog. Intensitätskennzahlen bilden. Man kann sich den Begriff Intensitätskennzahl dadurch erklären, dass mit dieser Kennzahl angegeben werden soll, wie intensiv ein Kostenblock, gemessen an der gesamten Leistung, ins Gewicht gefallen ist. Stellt man sich z. B. ein Kleid zu einem Fabrikabgabepreis von 50 € vor, so setzt sich dieser Preis aus verschiedenen Kostenblöcken sowie aus dem Gewinn zusammen. Zum Beispiel:

Materialaufwand	25 €	=	50 %
Personalaufwand	14 €	=	28 %
Abschreibungen	5 €	=	10 %
sonstige Aufwendungen	5 €	=	10 %
Gewinn	1 €	=	2 %
Fabrik-Verkaufspreis	50 €	=	100 %

5 Gräfer/Schneider, S. 183.

Materialaufwandsquote

Die Materialaufwandsquote ermittelt man, indem man dem Materialaufwand die Gesamtleistung (Ermittlung der Gesamtleistung siehe oben) gegenüberstellt. Die so ermittelte Kennzahl sagt aus, wie viel Prozent der Gesamtleistung für Materialaufwendungen aufgebracht werden müssen.

$$\text{Materialaufwandsquote} = \frac{\text{Materialaufwand}}{\text{Gesamtleistung}} \times 100 = x\,\%$$

Eine Veränderung der Materialaufwandsquote gegenüber dem Vorjahr kann verschiedene Gründe haben. Eine Veränderung der Materialaufwandsquote sollte deshalb von den Arbeitnehmervertretern hinterfragt werden, da sich hier Schwierigkeiten des Unternehmens offenbaren können.

Gründe für eine Veränderung der Materialaufwandsquote können sein:

- Verteuerung oder Verbilligung der Roh- Hilfs- und Betriebsstoffe sowie bezogener Fertigwaren;
- Bildung oder Auflösung von stillen Reserven im Vorratsvermögen;
- Veränderung des Einsatzvolumens von Leiharbeitnehmer:innen (sind in den Aufwendungen für bezogene Leistungen enthalten, dort aber nicht separat ausgewiesen). Hier handelt es sich um versteckte Personalkosten.

Für die Paul Hartmann AG ergibt sich für das Jahr 2020 eine Materialaufwandsquote von 58,5 %. Zu diesem Wert gelangt man, wenn man die Gesamtleistung und die Materialaufwendung dem Formblatt »Aufschlüsselung der GuV« entnimmt (Abb. 65) und wie folgt rechnet:

$$\frac{694\,730}{1\,187\,892} \times 100 = 58{,}5\,\%$$

Personalaufwandsquote

Zur Errechnung der Personalaufwandsquote wird der Personalaufwand eines Unternehmens ins Verhältnis zur Gesamtleistung gesetzt. Der Personalaufwand besteht aus den Einzelpositionen

- Löhne und Gehälter,
- soziale Abgaben und
- Aufwendungen für Altersversorgung und Unterstützung.

Mit diesen Teil-Personalaufwendungen können natürlich auch Kennzahlen gebildet werden, um die Entwicklung einzelner Personalaufwendungen gemessen an der Gesamtleistung besser verfolgen zu können.

$$\text{Personalaufwandsquote} = \frac{\text{Personalaufwand}}{\text{Gesamtleistung}} \times 100 = x\,\%$$

Absolut gestiegene Personalaufwendungen mögen zwar mancher Unternehmensleitung als Beleg dafür dienen, dass die von den Gewerkschaften durchgesetzten Tariferhöhungen »wieder einmal viel zu hoch« waren, doch erst im Verhältnis zur Gesamtleistung kann man sich ernsthaft mit der angeblichen Belastung durch diesen Aufwandsblock auseinandersetzen. So können z. B. Personalaufwendungen in einem Unternehmen allein deshalb gestiegen sein, weil das Unternehmen mehr produziert hat und deshalb von der Belegschaft mehr Überstunden abverlangt wurden und/oder mehr Arbeitnehmer zur Bewältigung der erhöhten Produktion beschäftigt wurden.
Die gesamte Personalaufwandsquote für die Paul Hartmann AG betrug für das Jahr 2020 18,6 %. Der Personalaufwand, der sich aus Lohn- und Gehaltsaufwendungen, sozialen Abgaben und Aufwendungen für die Altersversorgung zusammensetzt, wird durch die Gesamtleistung geteilt.

$$\frac{221\,331}{1\,187\,892} \times 100 = 18{,}6\,\%$$

Abschreibungsaufwandsquote

Neben den Material- und Personalaufwendungen bilden die Abschreibungen einen größeren Kostenblock im Unternehmen. Die Abschreibungsaufwandsquote ermittelt man wie folgt:

$$\text{Abschreibungsaufwandsquote} = \frac{\text{Abschreibungen}}{\text{Gesamtleistung}} \times 100 = x\,\%$$

Für die Paul Hartmann AG ergibt sich für das Geschäftsjahr 2020 folgende Rechnung:

$$\frac{39\,491}{1\,187\,892} \times 100 = 3{,}3\,\%$$

Das heißt, im Geschäftsjahr 2020 hatten die Abschreibungen einen Anteil von 3,3 % an der Gesamtleistung.

Zinsaufwandsquote

Die Zinsen und ähnliche Aufwendungen stellen für manches Unternehmen aufgrund ihrer Finanzierungsstruktur einen beachtlichen Kostenblock dar. Die Berechnung dieser Kennzahl sieht wie folgt aus:

$$\text{Zinsaufwandsquote} = \frac{\text{Zinsaufwand}}{\text{Gesamtleistung}} \times 100 = x\,\%$$

Für das Geschäftsjahr 2020 ergibt sich für die Paul Hartmann AG folgende Rechnung: Bei Zinsaufwendungen i. H. v. 3769 Tsd. € (siehe Formblatt »Aufschlüsselung der GuV – Finanzergebnis«, Abb. 67) und einer Gesamtleistung von 1187 892 Tsd. € beträgt die Zinsaufwandsquote 0,3 %.

$$\frac{3769}{1\,187\,892} \times 100 = 0{,}3\,\%$$

c) Rentabilitätskennzahlen

Ziel aller Unternehmen in einem privatwirtschaftlich organisierten Wirtschaftssystem ist es, Gewinne zu erwirtschaften oder letztlich im Konkurrenzkampf unterzugehen. Die Höhe der Gewinne – und zwar bezogen auf das eingesetzte Kapital – bildet die Grundlage für die Entscheidungen der Unternehmensleitungen, der Anteilseigner und auch der Gläubiger.
Das prozentuale Verhältnis des in einem Geschäftsjahr erzielten Gewinns zum eingesetzten Kapital nennt man Rentabilität. Der Gewinn wird als Verzinsung des eingesetzten Kapitals betrachtet. Die Rentabilitätsanalyse ist aussagefähiger als die Betrachtung der absoluten Gewinnsumme. Denn nur durch die Relativierung des Erfolges, wie er in der Rentabilität zum Ausdruck kommt, ist es möglich, einen Branchenvergleich vorzunehmen. Die Anteilseigner werden die Verzinsung ihres im Unternehmen eingesetzten Kapitals immer mit anderen Anlagemöglichkeiten und der dort möglichen Verzinsung vergleichen und mittelfristig die Anlageform wählen, die die höhere Rendite verspricht.

Eigenkapitalrentabilität

Die Eigenkapitalrentabilität setzt den Gewinn in Beziehung zum (korrigierten) Eigenkapital. Da manche Unternehmensleitungen glauben, es spräche für eine höhere fachliche Kompetenz, wenn man sich angelsächsischer Fachbegriffe bedient, ist statt des Begriffs »Eigenkapitalrentabilität« immer häufige die Rede von »Return on Equity«. Als Gewinn sollte man das Unternehmensergebnis vor Ertragssteuern (EBIT) heranziehen (Jahresüberschuss + Steuern vom Einkommen und Ertrag). Dies ist allein deshalb sinnvoll, weil sich die Steuerbelastung aus der sog. Steuerbilanz ergibt, was bei einem Vergleich von Unternehmensergebnissen zu Verzerrungen führen kann. Darüber hinaus sollte man nicht übersehen, dass es sich z. B. bei den von den Banken veröffentlichten Zinssätzen für alternative Geld-Anlageformen ebenfalls um Brutto-Renditen handelt, da auf Zinserträge ebenfalls Steuern zu zahlen sind. Aber auch die Bildung der Kennzahl »Brutto-Eigenkapitalrentabilität« ist nicht unproblematisch. So kann die Höhe des Jahresüberschusses durch die Bildung oder Auflösung »stiller Reserven« gestaltet werden. Ist dies für externe »Bilanzanalytiker« erkennbar, empfiehlt es sich, auch eine Kennzahl mit einem entsprechend korrigierten Jahresüberschuss zu ermitteln.

Bei der genauen Berechnung der Eigenkapitalrentabilität müsste man eigentlich nicht das am Ende des Geschäftsjahres ausgewiesene Eigenkapital als Bezugsgröße heranziehen, sondern das durchschnittlich im Geschäftsjahr eingesetzte Eigenkapital. Da sich dieser Durchschnittswert für Außenstehende nicht ermitteln lässt, muss man mit dieser Ungenauigkeit leben.

$$\text{Eigenkapitalrentabilität} = \frac{\text{Jahresüberschuss}^* + \text{Steuern vom Einkommen und Ertrag}}{\text{Eigenkapital}} \times 100 = x\,\%$$

* bei einem Gewinnabführungsvertrag (Jahresüberschuss = 0): »Ergebnis nach Steuern«

Ist ein Jahresfehlbetrag angefallen, der höher als die Ertragssteuern ist, so kann man auf die Berechnung der Eigenkapitalrentabilität verzichten.

Für das Geschäftsjahr 2020 der Paul Hartmann AG sieht die Berechnung unter Zuhilfenahme der Formblätter »Bilanzübersicht (Bilanzstrukturen)« (Abb. 62) und »Aufgliederung des Unternehmensergebnisses« (Abb. 64) wie folgt aus:

$$\frac{(69\,853 + 27\,011)}{428\,921} \times 100 = 22{,}6\,\%$$

Die so ermittelte Brutto-Eigenkapitalrendite beträgt somit rund 22,6 %. Oder anders: Das eingesetzte Eigenkapital wurde im Geschäftsjahr 2020 mit 22,6 % verzinst.

Gesamtkapitalrentabilität

Während die Eigenkapitalrentabilität geeignet ist, um Vergleiche mit alternativen Kapitalanlageformen anzustellen, ist diese Kennzahl für Unternehmensvergleiche weniger geeignet, da die Unternehmen unterschiedliche Kapitalstrukturen aufweisen. So führt ein hoher Fremdkapitalanteil, der auf Krediten beruht, zu Zinsbelastungen, die wiederum je nach Zinsniveau den Gewinn mehr oder weniger schmälern. Für Unternehmensvergleiche ist es also sinnvoller eine Kennzahl zu bilden, die die Verzinsung des gesamten im Unternehmen eingesetzten Kapitals ausdrückt. Diese sog. Gesamtkapitalrentabilität wird wie folgt ermittelt:

$$\text{Gesamtkapitalrentabilität} = \frac{\begin{matrix}\text{Jahres-} & & \text{Zinsauf-} & & \text{Ertrags-} \\ \text{überschuss*} & + & \text{wendungen} & + & \text{steuern}\end{matrix}}{\text{Gesamtkapital}} \times 100 = x\,\%$$

* bei einem Gewinnabführungsvertrag (Jahresüberschuss = 0): »Ergebnis nach Steuern«

Die Gesamtkapitalrentabilität ist aber nicht nur für Unternehmensvergleiche geeignet, sondern kann darüber hinaus mit als Entscheidungsgrundlage dienen, ob es sinnvoll ist, weiteres Fremdkapital für ein Unternehmenswachstum aufzunehmen. Ist nämlich die Gesamtkapitalrentabilität höher als der Fremdkapitalzinssatz, kann man daraus schließen, dass eine weitere Aufnahme von Fremdkapital zu Gewinnsteigerungen und damit zur Erhöhung der Eigenkapitalrentabilität führt. Voraussetzung hierfür ist allerdings, dass das zusätzlich aufgenommene Fremdkapital im Unternehmen genauso profitabel eingesetzt werden kann wie das bisher eingesetzte Kapital (so könnte z. B. die Ausweitung der Produktion zu höheren Aufwendungen und/oder geringeren Erträgen führen). Der Effekt, dass die Eigenkapitalrentabilität mit der Aufnahme von Fremdkapital steigt (sog. Leverage-Effekt), kann theoretisch auch durch Substituierung (Austausch) von Eigenkapital durch Fremdkapital erfolgen.
Für die Paul Hartmann AG errechnet sich die Gesamtkapitalrentabilität für das Geschäftsjahr 2020 wie folgt:

$$\frac{69\,853 + 3769 + 27\,011}{1\,167\,154} \times 100 = 8{,}6\,\%$$

Für das Geschäftsjahr 2020 betrug also die Brutto-Gesamtkapitalrendite des Unternehmens 8,6 %; oder anders: Das im Unternehmen eingesetzte Kapital hat sich im Jahr 2020 brutto mit 8,6 % verzinst. Daraus folgt: Solange eine Kreditaufnahme weniger als 8,6 % an Zinsen kostet, ist eine Finanzierung mit Fremdkapital günstiger als mit Eigenkapital. Daraus resultiert vermutlich auch die Erhöhung des kurz- und mittelfristigen Fremdkapitals.

Umsatzrentabilität

Die Umsatzrentabilität gibt in etwa die Gewinnspanne an, die durchschnittlich bei jedem verkauften Produkt während eines Geschäftsjahres erzielt wurde. Der Jahresüberschuss wird bei der Ermittlung der Umsatzrentabilität in ein Verhältnis zu den Umsatzerlösen gesetzt. Die Umsatzrentabilität ist sehr schnell zu bilden und wird deshalb häufig bei Unternehmensvergleichen herangezogen.

$$\text{Umsatzrentabilität} = \frac{\text{Jahresüberschuss}}{\text{Umsatzerlöse}} \times 100 = x\,\%$$

Wird ein Fehlbetrag erwirtschaftet, so kann man auch eine negative Umsatzrendite errechnen. Diese sagt aus, welcher durchschnittliche Verlust bei jedem verkauften Produkt entstanden ist.
Der durchschnittliche Gewinn- bzw. Verlustanteil je verkauftem Produkt wird ausnahmsweise mit dem angelsächsischen Begriff »Return on Sale« (Rückfluss aus Verkauf) besser auf den Punkt gebracht als mit dem deutschen Begriff »Umsatzrentabilität« oder »Umsatzrendite«.
Die Umsatzrendite der Paul Hartmann AG für das Geschäftsjahr 2020 betrug 5,9 % und errechnet sich aus dem Jahresüberschuss von 69 853 Tsd. € und einem Umsatz von 1 189 964 Tsd. € (siehe Abb. 64).

$$\frac{69\,853 \times 100}{1\,189\,964} = 5{,}9\,\%$$

d) Sozialkennzahlen

Ganz ohne Zweifel resultieren aus der wirtschaftlichen Lage eines Unternehmens unternehmenspolitische Entscheidungen, die Auswirkungen auf die Beschäftigungs- und Arbeitssituation der im Unternehmen Beschäftigten haben. Neben den wichtigsten Daten bzw. Kennzahlen zur wirtschaftlichen Entwicklung eines Unternehmens brauchen die betrieblichen Interessenvertreter:innen deshalb Informationen über Beschäftigung, Einkommen und Arbeitsbedingungen der im jeweiligen Unternehmen Beschäftigten, um die Auswirkungen unternehmenspolitischer Entscheidungen auf die Arbeitnehmer:innen besser erkennen und darstellen zu können.
Schon seit langem fordern die im DGB zusammengeschlossenen Gewerkschaften im Zusammenhang mit dem Jahresabschluss eine »gesellschaftsbezogene Berichterstattung« der Unternehmen, in der diese sowohl auf die gesellschaftsbezogenen Wirkungen ihrer Tätigkeit wie auch auf die Beschäftigungs- und Arbeitsbedingungen der bei ihnen Beschäftigten eingehen sollen. Trotz der vielen Gesetzesänderungen seit dem Bilanzrichtliniengesetz von 1985 ist es nicht zu einer besseren Sozialberichterstattung im Zusammenhang mit dem Jahresabschluss gekommen. Für den Gesetzgeber standen bei allen Gesetzesänderungen der Anlegerschutz und in diesem Zusammenhang eine Informationsverbesserung für die Investoren im Vordergrund. Zwar müssen mittelgroße und große Kapital-

gesellschaften die durchschnittliche Zahl der während des Geschäftsjahres beschäftigten Arbeitnehmer:innen getrennt nach Gruppen im Anhang aufführen. Doch die Betriebsräte verfügen auf Grundlage des Betriebsverfassungsgesetzes (§ 92 Abs. 2 BetrVG) über weit detailliertere Personalinformationen.
Der Wirtschaftsausschuss ist ebenfalls nach dem BetrVG (§ 106 Abs. 2) rechtzeitig und umfassend über die aus der wirtschaftlichen Lage sich ergebenden Auswirkungen auf die Personalplanung zu informieren. Das heißt, Betriebsräte und Wirtschaftsausschussmitglieder verfügen i. d. R. neben den personellen Bestandsdaten, wie sie auch im Anhang einer mittelgroßen und großen Kapitalgesellschaft aufzuführen sind, auch über *personelle Plandaten*. Darüber hinaus müssten Betriebsräte und Wirtschaftsausschussmitglieder über eine Reihe weiterer Sozialdaten aus »ihrem« Unternehmen Kenntnis haben. So dürften z. B. dem Betriebsrat und dem Wirtschaftsausschuss der *Krankenstand*, die *Überstunden* und die sog. *Freiwilligen Sozialleistungen* bekannt sein. Er hat unter Hinweis auf die §§ 80 Abs. 2, 92 Abs. 1 und 106 Abs. 2 und 3 BetrVG einen Rechtsanspruch darauf, diese Daten zu erfahren.
Diese Sozialdaten sollte man nicht isoliert betrachten, sondern zu wirtschaftlichen Daten in Beziehung setzen. Steigende Absatzzahlen vor dem Hintergrund eines gestiegenen Überstundenvolumens bei gleichzeitig stagnierender oder gar abnehmender Beschäftigtenzahl geben jedem Betriebsrat auch wirtschaftliche Argumente für weitere Personaleinstellungen an die Hand. Ein hoher Krankenstand, der häufig den Arbeitnehmervertretern von der Unternehmensleitung als unerträgliche Kostenbelastung verkauft wird, resultiert nicht selten aus steigenden Belastungen für die Arbeitnehmer (Überstunden, Einführung bzw. Erweiterung von Schichtsystemen, Kürzung der Vorgabezeiten).

$$\text{Bereinigte Personalintensität} = \frac{\text{Gesamter Personalaufwand} - \text{Bezüge Unternehmensleitung}}{\text{Gesamtleistung}} \times 100 = \%$$

Für die wirtschaftliche Argumentation der Arbeitnehmervertreter:innen lassen sich auch einige *Sozialkennzahlen* aus dem Jahresabschluss bilden. Eine Kennzahl ist die bereits behandelte Personalaufwandsquote. Dem unternehmerischen Argument angeblich steigender Personalbelastungen kann häufig schon durch die Errechnung der Personalaufwandsquote begegnet werden. Dabei kann man mit Hilfe des Jahresabschlusses den Personalaufwendungen noch etwas tiefer auf den Grund gehen. Geben große und mittelgroße Kapitalgesellschaften die Gesamtbezüge der Geschäftsführung im Anhang an, dann sollte man diese zusätzliche Information auch nutzen. Da diese Bezüge in der GuV in der Position Personalaufwendungen enthalten sind, ist es durchaus sinnvoll, die Bezüge der Geschäftsführung von den Personalaufwendungen der »normalen« Belegschaft

abzuziehen. Diese »bereinigten Personalaufwendungen«, in ein Verhältnis zur Gesamtleistung gesetzt, kann man **bereinigte Personalaufwandsquote** nennen.
Die Bezüge des Vorstands der Paul Hartmann AG betrugen lt. den Anhängen der jeweiligen Jahresabschlüsse 2018 4861 Tsd. €, 2019 4787 Tsd. € und 2020 6190 Tsd. €. Die Rechnung sieht demnach für das Geschäftsjahr 2020 wie folgt aus:

$$\frac{221\,331 - 6190 \times 100}{1\,187\,892} = 18{,}1\,\%$$

Die bereinigte Personalaufwandsquote von 18,1 % ist also um 0,5 Prozentpunkte niedriger als die unbereinigte. Bei großen (Konzern)Unternehmen ist der Abstand zwischen beiden Quoten i. d. R. gering, da selbst extrem hohe Bezüge für den Vorstand bzw. für die Geschäftsführung (meist 3–5 Personen) gegenüber den Personalaufwendungen von Tausenden im Verhältnis zur Unternehmensleitung relativ schlecht bezahlten Beschäftigten nicht sehr stark ins Gewicht fallen. Die Kenntnis der Höhe der Bezüge der Unternehmensleitung ist für Betriebsräte aber immer dann sehr aufschlussreich, wenn die Unternehmensleitung mit Vorschlägen zur Personalkostenreduzierung aufwartet. In diesem Zusammenhang kann dann auf die Steigerungsrate bei den Geschäftsführergehältern (z. B. von 29,3 % in 2020 im Vergleich zu 2019) sowie auf die Leistungen bei der Altersversorgung hingewiesen werden. Eine Aufschlüsselung der Bilanzposition Pensionsrückstellungen wird häufig zeigen, dass ein Großteil auf die Geschäftsführung entfällt.
Aus dem Jahresabschluss lässt sich überdies die Produktivität des Faktors Arbeit ermitteln. Teilt man nämlich die Wertschöpfung eines Geschäftsjahres (bei einer GuV nach dem Gesamtkostenverfahren: Gesamtleistung – Materialaufwendungen; bei einer GuV nach dem Umsatzkostenverfahren: Umsatzerlöse – Herstellungskosten) durch die Zahl der durchschnittlich in diesem Geschäftsjahr Beschäftigten, so erhält man den Wert, der im Durchschnitt im Unternehmen von einem Beschäftigten erstellt wurde. Diese sog. Wirtschaftsleistung je Beschäftigten (auf Basis von Vollzeitstellen) kann man nun mit den Vorjahren und mit Konkurrenzunternehmen vergleichen. Diese Kennzahl kann allerdings nur eine grobe Hilfsgröße bei der Beurteilung der Produktivität der Arbeitnehmer sein. Kommt es nämlich zu Preiserhöhungen beim eingesetzten Material und können diese Preiserhöhungen nicht mit den Verkaufspreisen weitergegeben werden, sinkt die Wertschöpfung, ohne dass die Leistung der Beschäftigten gesunken wäre und umgekehrt. Bei einer korrekten Berechnung der **Arbeitsproduktivität** muss vielmehr die produzierte Menge in ein Verhältnis zu den für die Erstellung dieser Menge aufgewendeten Arbeitsstunden (unter Berücksichtigung eingesetzter Leiharbeitnehmer) gesetzt werden:

$$\text{Arbeitsproduktivität} = \frac{\text{produzierte Menge}}{\text{aufgewendete Arbeitsstunden}}$$

Zwar sind Produktionsmengen- oder Umsatzmengenangaben im Jahresabschluss nicht vorgeschrieben – wenngleich z. B. Brauereien die verkauften und/oder produzierten Biermengen i. d. R. in ihrem Jahresabschluss angeben –, doch der Wirtschaftsausschuss könnte unter Berufung auf § 106 Abs. 3 Nr. 2 BetrVG die mengenmäßige Produktion in Erfahrung bringen. Problematisch wird allerdings die Mengenangabe bei Unternehmen, deren Produktpalette sich von Jahr zu Jahr verändert oder bei denen sich die einzelnen Produkte so verändern, dass dies zu einer Änderung des Arbeitsaufwandes führt. Dies ist z. B. in der Bekleidungsindustrie der Fall. Deren Arbeitnehmervertreter müssen also je nach den betrieblichen Gegebenheiten entscheiden, ob die mengenmäßige Berechnung der Arbeitsproduktivität für »ihr« Unternehmen sinnvoll ist.
In den veröffentlichten Jahresabschlüssen bzw. Geschäftsberichten der Paul Hartmann AG werden keine Produktionsmengen ausgewiesen. Es muss deshalb auf die wertmäßige Produktivitätsberechnung zurückgegriffen werden. Für das Geschäftsjahr 2020 ergibt sich auf Unternehmensebene bei einer Gesamtleistung i.H.v 1187892 Tsd. €, bei Materialaufwendungen i. H. v. 694730 Tsd. € und bei jahresdurchschnittlich 2412 Beschäftigten (ohne Auszubildende) folgende Rechnung:

$$\frac{1\,187\,892 - 694\,730}{2412} = 204{,}4 \text{ Tsd. €}$$

Im Geschäftsjahr 2020 erbrachte also jeder/jede Beschäftigte eine Wirtschaftsleistung von 204,4 Tsd. €. Diese Zahl ist allerdings nur aussagefähig, wenn man sie mit den Vorjahren vergleicht, bzw. wenn man sie zu Vergleichen mit Unternehmen heranzieht, die die gleiche Produktpalette haben. (In Deutschland gibt es allerdings kein Unternehmen, dessen Produktpalette mit der der Paul Hartmann AG vergleichbar wäre.)

$$\begin{array}{l}\varnothing \text{ Bruttoeinkommen} \\ \text{je Arbeitnehmer:in}\end{array} \quad \frac{\begin{array}{l}\text{Gesamter Personalaufwand} \\ \text{– Bezüge Unternehmensleitung}\end{array}}{\varnothing \text{ Zahl der Beschäftigten}} = €$$

Interessant ist auch festzustellen, wie »teuer« einem Unternehmen denn die »lieben Mitarbeiter« wirklich waren. Hierzu braucht man nur die Lohn- und Gehaltsaufwendungen eines Jahres (siehe GuV) durch die durchschnittlichen im Geschäftsjahr beschäftigten ArbeitnehmerInnen (siehe Anhang) teilen. Es emp-

fiehlt sich auch bei dieser Rechnung, die etwas untypischen Gehälter des Vorstands oder der Geschäftsführung aus den gesamten Personalaufwendungen – soweit bekannt – herauszurechnen:
Für die Paul Hartmann AG sieht für das Geschäftsjahr 2010 die Berechnung des durchschnittlichen **Arbeitgeber-Bruttoeinkommens je Beschäftigtem** bei Ausklammerung der Vorstandsbezüge wie folgt aus (vgl. Abb. 64).

$$\frac{221\,331 - 6190}{2412} = 89{,}2 \text{ Tsd. €}$$

Das durchschnittliche Arbeitgeber-Brutto-Jahreseinkommen eines Beschäftigten betrug also 2020 in der Paul Hartmann AG 89,2 Tsd. €. Dies könnte ein Grund für die geringe Personalfluktuation im Unternehmen sein.

e) Auswertung der Erfolgskennzahlen im Beispielfall der Paul Hartmann AG für die Geschäftsjahre 2018–2020

Durch die Auswertung der GuV und die Bildung einiger Kennzahlen können zwar Schlussfolgerungen dahingehend gezogen werden, wie erfolgreich ein Unternehmen innerhalb eines Geschäftsjahres gearbeitet hat. Doch diese Schlussfolgerungen lassen sich nicht aus einer isolierten Betrachtung einzelner Jahres-Kennzahlen gewinnen. Man muss vielmehr die Kennzahlen mehrerer Geschäftsjahre miteinander vergleichen, häufig Erfolgskennzahlen zueinander in Beziehung setzen und manchmal auch noch einen zusätzlichen Blick auf die Bilanzkennzahlen richten. Für die Paul Hartmann AG ergibt sich auf Grundlage der Jahresabschlüsse 2018–2020 folgendes Bild:

- Die Umsatzerlöse entwickelten sich in den Jahren 2018 bis 2020 äußerst positiv. Sie sind im Geschäftsjahr 2020 um 27,3 % und in 2019 um 5,9 % jeweils gegenüber dem Vorjahr gestiegen. Noch positiver sieht die Entwicklung aus, wenn man die Gesamtleistung betrachtet. Sie stieg 2019 um 5,3 %, und 2020 um 26,8 % jeweils gegenüber dem Vorjahr.
  Im Lagebericht heißt es dazu: Bei einem Umsatzwachstum von 27,3 % auf 1190,0 Mio. € erzielte die Paul Hartmann AG im Berichtsjahr einen Jahresüberschuss in Höhe von 69,9 Mio. €. Im Zusammenhang mit der Corona-Pandemie verzeichnete das Segment Infektionsmanagement ein erhebliches Umsatzwachstum. Dieses hat die Umsatzrückgänge in den Segmenten Wund- und Inkontinenzmanagement deutlich überkompensiert.
  In den Kern-Geschäftsfeldern »Wundmanagement«, »Inkontinenzmanagement« und »OP-Management« hat die Paul Hartmann AG seine Marktposition gehalten. Die positive Umsatzentwicklung entspricht in etwa dem Marktwachstum der einzelnen Segmente.

- Die weltweite Bekämpfung der Corona-Pandemie hatte im Berichtsjahr deutliche Auswirkungen auf die Geschäftsentwicklung der HARTMANN GRUPPE. Als ein führender europäischer Anbieter von Systemlösungen für Medizin und Pflege war HARTMANN von den Auswirkungen der Pandemie auf die nationalen Gesundheitssysteme unmittelbar betroffen. Die Umsatzentwicklung im Jahr 2020 zeigt insgesamt eine erhöhte Nachfrage im Vergleich zu normalen Geschäftsjahren auf. Geprägt wurde sie von zwei entgegengesetzten Einflussfaktoren. Einerseits führten die Maßnahmen zum Infektionsschutz zu einer deutlich gesteigerten Nachfrage nach Desinfektionsmitteln und medizinischer Schutzbekleidung. Andererseits sank der Bedarf an kundenindividuellen OP-Sets und Produkten zur Wundbehandlung durch die Reduktion planbarer Operationen sowie die geringere Frequenz von Arztbesuchen.[6]

Die Aufwands- und Rentabilitätskennzahlen lassen sich für die Paul Hartmann AG sehr einfach mit Hilfe des **Formblatts »Erfolgskennzahlen«** (Abb. 71) ermitteln und übersichtlich festhalten.

- Die Materialaufwandsquote hat sich im Betrachtungszeitraum leicht erhöht. Als Ursache werden im Geschäftsbericht steigende Beschaffungspreise bei den Rohstoffen genannt.[7]
- Die Personalaufwandquote (gemessen an der Gesamtleistung) hat sich in den drei Jahren unterschiedlich entwickelt. In den Geschäftsjahren 2018 (20,9 %) und 2019 (20,7 %) war die Personalaufwandsquote nahezu konstant; 2020 sank sie auf 18,6 %. Da in diesem Zeitraum die Beschäftigung kontinuierlich angestiegen ist – von 2232 (in 2018), über 2287 (in 2019) auf 2412 (in 2020) –, erklärt sich die Verringerung der Personalaufwandsquote mit den überproportional gestiegenen Umsatzerlösen.
- Angesichts einer schon seit einigen Jahren anhaltenden Zurückhaltung bei Investitionen ist es nicht verwunderlich, dass die Abschreibungsaufwandsquote relativ niedrig ausfällt. Da das operative Geschäft in den Tochtergesellschaften abgewickelt wird, wird dies auch in Zukunft so bleiben.
- Vor dem Hintergrund des hohes Grades der Eigenfinanzierung ist es nicht verwunderlich, dass der Zinsaufwand relativ gesehen, d. h. bezogen auf die Gesamtleistung, kaum ins Gewicht fällt (Zinsaufwandsquote im Jahr 2020: 0,3 %).
- Die Paul Hartmann AG hat in den Geschäftsjahren 2018 bis 2020 – und auch davor – steigende Gewinne erwirtschaftet. Diese Gewinne waren bezogen auf das eingesetzte Kapital so hoch, dass man von einer sehr guten Rendite sprechen kann. So konnte die Paul Hartmann AG im Geschäftsjahr 2020 eine Brutto-Eigenkapitalrentabilität von 22,6 % ausweisen. Eine Eigenkapitalren-

6 Paul Hartmann AG, Lagebericht im Jahresabschluss 2020, Bundesanzeiger.
7 Ebd., S. 35.

Abb. 71
Erfolgskennzahlen für die Geschäftsjahre 2018 bis 2020 der Paul Hartmann AG (in Tsd. €)

Aufwandskennzahlen	**2020**	**2019**	**2018**
Materialaufwandsquote			
$\frac{\text{Materialaufwand}}{\text{Gesamtleistung*}} \times 100 = \%$	58,5 %	59,5 %	59,3 %
Personalaufwandsquoten			
$\frac{\text{Personalaufwand insgesamt}}{\text{Gesamtleistung*}} \times 100 = \%$	18,6 %	20,7 %	20,9 %
$\frac{\text{Löhne und Gehälter}}{\text{Gesamtleistung*}} \times 100 = \%$	15,5 %	17,0 %	15,2 %
$\frac{\text{Soziale Abgaben}}{\text{Gesamtleistung*}} \times 100 = \%$	2,3 %	2,7 %	2,6 %
$\frac{\text{Altersversorgung}}{\text{Gesamtleistung*}} \times 100 = \%$	0,8 %	1,1 %	1,1 %
Abschreibungsaufwandsquote			
$\frac{\text{Abschreibungen auf immaterielle Vermögen u. Sachanlagen}}{\text{Gesamtleistung*}} \times 100 = \%$	3,3 %	3,1 %	3,3 %
Zinsaufwandsquote			
$\frac{\text{Zinsaufwand}}{\text{Gesamtleistung*}} \times 100 = \%$	0,3 %	0,5 %	0,5 %
Rentabilitätskennzahlen			
Eigenkapitalrentabilität (Brutto)			
– **Return on Equity**			
Ergebnis nach Steuern + Ertragssteuern Eigenkapital × 100 = %	22,6 %	7,4 %	9,5 %
Gesamtkapitalrentabilität (Brutto)			
Ergebnis nach Steuern + Zinsaufwand + $\frac{\text{Ertragssteuern}}{\text{Gesamtkapital}} \times 100 = \%$	8,2 %	3,2 %	4,0 %
Umsatzrentabilität – **Return on Sales**			
$\frac{\text{Ergebnis der gewöhnlichen Geschäftstätigkeit}}{\text{Umsatzerlöse}} \times 100 = \%$	5,9 %	2,7 %	3,5 %

* beim Umsatzkostenverfahren statt Gesamtleistung Umsatzerlöse

dite von 22,6 % ist kein schlechter Wert, wenn man ihn mit der Verzinsung von festverzinslichen Wertpapieren vergleicht. Selbst eine von Anteilseignern beanspruchte »Risikoprämie« dürfte durch eine derartige Rendite mehr als abgedeckt sein.

- Die Brutto-Gesamtkapitalrendite der Paul Hartmann AG liegt mit 8,2 % deutlich über dem aktuellen Niveau der Kreditzinssätze für »erstklassige« Schuldner (zu denen die Paul Hartmann AG nicht zuletzt aufgrund ihrer Bilanzstruktur gehört). Das heißt, bei einer gleichbleibenden Verzinsung des eingesetzten Kapitals führen kreditfinanzierte Investitionen zu einer Erhöhung der Eigenkapitalrendite (Leverage-Effekt).
- Die Umsatzrentabilität der Paul Hartmann AG ist mit 5,9 % im Vergleich zu anderen Industrieunternehmen außerordentlich gut. Einschränkend muss man allerdings sagen, dass bei einer Materialaufwandsquote von über 65,6 % bereits eine Preissteigerung der Rohstoffe und Vormaterialien i. H. v. 12 % die Gewinnspanne von 7,8 % völlig aufzehren würde, wenn es nicht möglich ist, die gestiegenen Rohstoffpreise über entsprechende Preissteigerungen an die Kunden weiterzugeben.

Die sog. Sozialkennzahlen, die sich ja auch auf die Erfolgsrechnung GuV beziehen, lassen sich für die Paul Hartmann AG mit Hilfe des **Formblatts »Sozialkennzahlen«** (Abb. 72) ermitteln und übersichtlich festhalten.

- Im Geschäftsjahr 2020 ist die durchschnittliche Wirtschaftsleistung je Beschäftigtem mit 204,4 Tsd. € gegenüber dem Vorjahr mit 165,8 Tsd. € deutlich angestiegen.
- Was nun das durchschnittliche Arbeitgeber-Bruttoeinkommen je Beschäftigtem anbelangt, zeigt sich, dass dieses sich im Geschäftsjahr 2020 bei der Paul Hartmann AG mit 89,2 Tsd. € gegenüber 82,8 Tsd. € in 2019 zwar um 8 % verbessert hat. Im selben Zeitraum hat sich die Vergütung der Geschäftsführung um 29,3 % erhöht.

Insgesamt lässt sich aufgrund der Erfolgskennzahlen sagen, dass es sich bei der Paul Hartmann AG um ein hoch profitables Unternehmen bzw. einen hochprofitablen Konzern handelt, dessen Bilanz und Kostenstruktur keinerlei Anlass zu Beunruhigung bietet.

Abb. 72
Sozialkennzahlen, Paul Hartmann AG

	2020	2019	2018
Beschäftigte im Jahresdurchschnitt (ohne Auszubildende, lt. Anhang)	2412	2287	2232
Bezüge Unternehmensleitung in Tsd. € (lt. Anhang)	6190	4787	4861
Produktivität (Wirtschaftsleistung je Beschäftigten)			
$\frac{\text{Gesamtleistung* – Materialaufwand}}{\text{Beschäftigte (Jahresdurchschnitt)}} = \text{Tsd. €}$ $\frac{\text{Produzierte Menge}}{\text{Beschäftigte (Jahresdurchschnitt)}} = \text{t/l/Stück}$	204,5	165,8	162,4
Bruttoeinkommen je Arbeitnehmer:in			
$\frac{\text{Löhne und Gehälter – Bezüge Unternehmensleitung}}{\text{Beschäftigte (Jahresdurchschnitt)}} = \text{Tsd. €}$	89,2	82,81	81,16
Bereinigte Personalaufwandsquote			
$\frac{\text{Personalaufwand insgesamt – Bezüge Unternehmensleitung}}{\text{Gesamtleistung*}} \times 100 = \%$	18,1 %	20,2 %	20,4 %

* beim Umsatzkostenverfahren statt Gesamtleistung Umsatzerlöse

3. Dynamische finanzwirtschaftliche Kennzahlen

Für die Beurteilung der Finanzlage eines Unternehmens ist die statische Liquiditätsanalyse – d. h., die zu einem Bilanzstichtag vorgenommene Gegenüberstellung von Vermögenswerten und Schulden (Liquiditätskennzahlen) – nicht ausreichend. Sie lässt nämlich nicht erkennen, »... in welchem Maße die Unternehmung in der Lage ist, aus eigener Kraft – also ohne Zuführung von außenstehenden Eigenkapital- oder Kreditgebern – finanzielle Mittel zu erwirtschaften«.[8] Die Finanzkraft eines Unternehmens ist auch nicht aus der Gegenüberstellung der Erträge und Aufwendungen (wie es in der GuV geschieht) zu erkennen, da Erträge nicht immer zu Einzahlungen und Aufwendungen nicht immer zu Auszahlungen führen. Für die Beurteilung der Finanzlage eines Unternehmens ist deshalb auch die Gegenüberstellung von Ein- und Auszahlungen eines Ge-

8 Gräfer/Schneider, S. 133.

schäftsjahres erforderlich. So kann man die »Finanzkraft« eines Unternehmens beurteilen.

a) Cashflow und Cashflow-Kennzahlen

Der sog. »Cashflow« ist eine Kennzahl, die den Überschuss der laufenden (operativen) Einzahlungen über die laufenden (operativen) Auszahlungen eines Unternehmens beschreibt. Da diese direkte Ermittlung eines »Cashflow« für externe Analysten nicht möglich ist, wird hilfsweise der »Cashflow« aus der GuV abgeleitet. Konkret heißt dies, dass die Erfolgskennzahl »Jahresüberschuss« (»Jahresfehlbetrag«) um alle nichtzahlungswirksamen Erträge und Aufwendungen korrigiert und damit in eine Finanzkennzahl umgewandelt wird.

Jahresüberschuss
- Erträge, die nicht zu Einzahlungen geführt haben
+ Aufwendungen, die nicht zu Auszahlungen geführt haben
= Cashflow

Diese relativ einfache Definition eines »Cashflows« kann allerdings in der konkreten Umsetzung zu einer Vielzahl von Varianten führen. Soweit Unternehmen gem. § 297 Abs. 1 S. 2 HGB verpflichtet sind, eine Kapitalflussrechnung zu erstellen, sollte auf diese zurückgegriffen werden.[9] Die um die Vereinheitlichung von Unternehmens-Kennzahlen bemühte »Deutsche Vereinigung für Finanzanalyse und Anlageberatung/Schmalenbach-Gesellschaft für Betriebswirtschaft« (DVFA/SG) empfiehlt folgendes Ermittlungsschema für einen nachhaltig zu erwartenden Cashflow:

Jahresüberschuss
+ Abschreibungen Anlagevermögen
- Zuschreibungen Anlagevermögen
+/- Veränderungen »Pensionsrückstellungen«
+/- Veränderung der langfristigen Rückstellungen
+/- andere nicht zahlungswirksame Aufwendungen und Erträge von wesentlicher Bedeutung
+/- ungewöhnliche zahlungswirksame Aufwendungen und Erträge
= Cashflow

Der »Cashflow« beschreibt also die Finanzkraft eines Unternehmens und damit das »Innenfinanzierungspotenzial« für Investitionen, Schuldentilgung oder Ausschüttung. Der Cashflow erlaubt somit auch Schlüsse, inwieweit ein Unternehmen in der Lage sein wird, zum Wachstum notwendige Investitionen, Forschungs- und Entwicklungsarbeiten zu finanzieren. Für Kreditinstitute ist der Cashflow schon seit langem eine entscheidende Kennzahl für die Beurteilung der Kreditfähigkeit eines Unternehmens. Die Kreditinstitute sind »… weniger

---

9 Vgl. auch Abschn. B.II.3.c) und F.IV.3.b).

an der Kennzahl Jahresüberschuss, der den Eigentümern zusteht, interessiert als an dem finanziellen Überschuss, aus dem sie Tilgung und Zinsen erwarten (können)«.[10]
Bei all dem darf allerdings nicht verdrängt werden, dass der Cashflow nicht beschreibt, ob eine Liquidität vorhanden ist. Denn die durch den Cashflow dargestellten Mittel sind i. d. R. bereits verbraucht. Der Cashflow zeigt also lediglich die Existenz und die Höhe eines selbst erwirtschafteten Zahlungsmittelüberschusses an, von dem man annimmt, er könne auch in der Zukunft erreicht werden.
Um besser einschätzen zu können, in welchem Maße ein Unternehmen in der Lage ist, seine Investitionen aus den selbst erwirtschaften Finanzierungsmitteln zu finanzieren, wird der Cashflow ins Verhältnis zu den Investitionen gesetzt (»Innenfinanzierungsgrad«). Ob man zu den Investitionen nur die Zugänge an immateriellen Vermögensgegenständen und Sachanlagen zählt oder zusätzlich auch noch die Zugänge an Finanzanlagen, wird man im Einzelfall entscheiden müssen. Bei einem Konzernabschluss, in dem die Finanzanlagen im Wesentlichen aus Wertpapieren und langfristigen Ausleihungen bestehen, sollte man sich auf die Zugänge an immateriellen Vermögensgegenständen und Sachanlagen beschränken, da diese Zugänge Investitionen i. S. v. Zukunftsvorsorge darstellen. Bei einem Einzelabschluss eines Unternehmens (wie bei der Paul Hartmann AG) sollte man allerdings die gesamten Zugänge im Anlagevermögen als Investitionen betrachten, da Firmenkäufe ja auch als Alternative zum Aufbau von Produktionskapazitäten im Konzernmutter-Unternehmen betrachtet werden können.

$$\text{Innenfinanzierungsgrad: } \frac{\text{Cashflow}}{\text{Investitionen}} \times 100 = \%$$

Im Anlagespiegel der Paul Hartmann AG werden für das Geschäftsjahr 2020 Zugänge im Anlagevermögen i. H. v. 39 800 Tsd. € ausgewiesen. Diesem Investitionsvolumen steht für das Geschäftsjahr 2020 ein Cashflow i. H. v. 148 638 Tsd. € gegenüber.[11] Der sog. Innenfinanzierungsgrad errechnet sich demnach wie folgt:

$$\frac{148\,638}{39\,800} \times 100 = 373{,}5\,\%$$

Bei einem Innenfinanzierungsgrad von 373,5 % wäre demnach die Paul Hartmann AG im Geschäftsjahr 2020 theoretisch in der Lage gewesen, alle Investitionen aus dem Cashflow zu finanzieren.

10 Gräfer/Schneider, S. 135.
11 Hinsichtlich der Ermittlung des Cashflows für die Paul Hartmann AG siehe Punkt F.IV.3.

Darüber hinaus kann der Cashflow auch als Indikator für die Verschuldungsfähigkeit eines Unternehmens dienen. Man muss sich in diesem Zusammenhang vorstellen, dass alle Schulden eines Unternehmens letztlich nur mit selbsterwirtschafteten Mitteln getilgt werden können. Zieht man von den Schulden eines Unternehmens (gesamtes Fremdkapital ohne Pensionsrückstellungen) die liquiden Mittel (und evtl. noch die schnell zu Geld zu machenden Wertpapiere des Umlaufvermögens) ab, so erhält man die Schulden, die aus den selbst erwirtschafteten Mitteln zu tilgen sind. Stellt man diesen Schulden den gesamten Cashflow gegenüber, dann weiß man, wie viele Jahre es bei gleichbleibender Ertragskraft dauern würde, bis alle Schulden getilgt sein würden (sog. dynamischer Verschuldungsgrad). Dies ist allerdings nur eine theoretische Annahme, da nicht nur davon ausgegangen wird, dass der Cashflow gleichbleibend hoch ist, sondern weil auch unterstellt wird, dass der gesamte Cashflow zur Schuldentilgung verwandt wird. Der sog. dynamische Verschuldungsgrad hat also nur im zeitlichen Vergleich und im Vergleich zwischen Unternehmen einen gewissen Aussagewert.

Für die Paul Hartmann AG ergibt sich für das Geschäftsjahr 2020 folgende Rechnung:[12]

$$\frac{630\,566 - 137\,587}{148\,638} = 3{,}3\ \textit{Jahre}$$

Vorausgesetzt der Cashflow bliebe in den Folgejahren gleich hoch und würde ausschließlich für die Schuldentilgung eingesetzt, so bräuchte die Paul Hartmann AG für die Begleichung ihrer Schulden theoretisch 3,3 Jahre. Hinsichtlich der Beurteilung dieses Ergebnisses findet man in der Praxis z. T. deutlich unterschiedliche Beurteilungsskalen.

So ist für Peter Kralicek eine Schuldentilgungsdauer von unter 3 Jahren als »sehr gut«, 3–5 Jahren als »gut«, 5–12 Jahren als »befriedigend« und 12–30 Jahren als »schlecht« anzusehen. Bei einer Schuldentilgungsdauer von über 30 Jahren wäre ein Unternehmen »insolvenzgefährdet«.[13]

Auch wenn es keine einheitlichen Standards gibt, kann eine kontinuierliche Verlängerung der Schuldentilgungsdauer als Indikator für kommende Finanzierungsprobleme angesehen werden. Darüber hinaus ermöglicht diese Kennzahl einen Unternehmensvergleich hinsichtlich der Verschuldungs- und Finanzierungsspielräume.

Der Cashflow ist aber nicht nur eine Finanzkennzahl, sondern auch ein Erfolgsindikator. Den aus der GuV entwickelten Erfolgskennzahlen »Jahresüberschuss«/

12 Hinsichtlich der Ermittlung des Cashflow für die Paul Hartmann AG siehe Punkt F.IV.3.
13 Vgl. Kralicek, S. 54.

»Jahresfehlbetrag«, »Betriebsergebnis«/»EBIT« oder »Operatives Ergebnis« haftet trotz evtl. Korrekturen der Mangel an, dass sie bewertungsabhängig und damit bilanzpolitisch gestaltbar sind. In diesem Zusammenhang sei nur an die Bilanzierungsspielräume bei den Positionen Abschreibungen und Rückstellungen gedacht. Die Funktion des Cashflows als Erfolgsindikator wird an folgenden Beispielen deutlich:

- Ein steigender Cashflow bei einem gestiegenem, konstantem oder sogar gesunkenem »EBIT« lässt vermuten, dass »stille Reserven« gebildet oder Zukunftsinvestitionen getätigt wurden. Die aus größeren Zukunftsinvestitionen resultierenden Abschreibungen belasten zwar zunächst das »EBIT«, würden sich aber zukünftig positiv auf das »EBIT« auswirken. Ein hoher Cashflow sollte aber auch nicht zur alleinigen Grundlage der Gewinnausschüttung eines Unternehmens gemacht werden. »So führt eine Orientierung der Ausschüttung am Cashflow in schlechten Jahren, in denen er hauptsächlich aus Abschreibungen gespeist wird, zu einer Substanzaushöhlung des Unternehmens, wenn infolge der Cashflow-Orientierung Abschreibungswerte ausgeschüttet werden, die für Reinvestitionen nötig sind.«[14]
- Umgekehrt lässt ein sinkender Cashflow bei einem konstanten oder steigenden »EBIT« vermuten, dass im Rahmen der Bilanzpolitik über eine zu niedrige Abschreibungs- und Rückstellungsbemessung ein besseres Unternehmensergebnis präsentiert werden sollte. Wenn Unternehmensleitungen plötzlich keine Risiken mehr erkennen oder erkennen wollen, um den Gewinnausweis zu verbessern, dann müssen bei den ArbeitnehmervertreterInnen die Alarmsirenen schrillen, steht doch zu befürchten, dass Gewinne, die lediglich »erbucht« wurden, ausgeschüttet werden sollen.

b) Kapitalflussrechnung

Nach den IAS/IFRS ist die Erstellung einer Kapitalflussrechnung ein obligatorischer Teil der finanziellen Berichterstattung (IAS 7). Das heißt, Konzernabschlüsse, die nach den IAS/IFRS aufgestellt werden, haben eine Kapitalflussrechnung zu erstellen (vgl. hierzu auch Abschn. B.II.3.c). Mit dem BilReG wurde aber Ende 2004 die Kapitalflussrechnung als verpflichtender Bestandteil für alle nach dem HGB aufgestellten Konzernabschlüsse vorgeschrieben (§ 297 Abs. 1 S. 2 HGB).

Die Kapitalflussrechnung gibt Information über zugeflossene und verausgabte Finanzmittel, und zwar über

14 Gräfer/Schneider, S. 141.

- *den Mittelzufluss (-abfluss) aus laufender Geschäftstätigkeit* (Zufluss aus Umsatzerlösen, Veränderung des »Working Capital« = Zu- bzw. Abnahme des Umlaufvermögen sowie der Rückstellungen und Verbindlichkeiten),
- *den Mittelzufluss(-abfluss) aus Investitionstätigkeit* (Kauf und Verkauf von Anlagevermögen)
- *Mittelzufluss (-abfluss) aus Finanzierungstätigkeit* (Dividenden, Eigenkapitalzuführungen, Zinsen, Kreditaufnahme und -rückzahlung);

und wird ermittelt über die

- *direkte Methode* (Auszahlungen – Einzahlungen; nach IAS/IFRS empfohlen, aber in Deutschland nicht üblich) oder die
- *indirekte Methode* (Ableitung aus der GuV).

Man kann bei der Kapitalflussrechnung also durchaus von einer erweiterten Cashflow-Berechnung sprechen (siehe Abb. 73). Am Ende einer Kapitalflussrechnung steht allerdings nicht ein Cashflow (im Rahmen der Kapitalflussrechnung wird als Zwischensumme ein »operativer Cashflow« ermittelt), sondern der tatsächliche Mittelzufluss bzw. Mittelabfluss innerhalb eines Geschäftsjahres. Wird dieser Wert mit dem Anfangsbestand der in der Bilanz aufgeführten Finanzmittel addiert, dann erhält man den in einer Bilanz ausgewiesenen Zahlungsmittelbestand. (Beim IAS/IFRS-Abschluss ist dies die Aktiv-Position »Zahlungsmittel«; beim HGB-Abschluss ist dies die Aktiv-Position »Schecks, Kassenbestand, Guthaben bei Kreditinstituten.«)

Anhand der Kapitalflussrechnung werden also die Finanzströme innerhalb eines Geschäftsjahres aufgezeigt. Im Rahmen der Analyse eines Unternehmensabschlusses kann die Kapitalflussrechnung dazu dienen, relativ schnell zu erkennen, durch welche Maßnahmen die vorhandene Liquidität sichergestellt wurde. Dies unterscheidet sich deutlich von der Analyse der GuV, bei der es darum geht, zu erkennen, durch welche Maßnahmen der Ergebnisausweis beeinflusst wurde.

Die Kapitalflussrechnung ist aber auch für spekulative Anleger (z. B. sog. Private Equity-Fonds oder Hedge-Fonds) sehr interessant., lässt sich doch aus ihr erkennen, welche Finanzmittel man aus einem Unternehmen herausziehen könnte. In diesem Zusammenhang spielt der im Rahmen der Kapitalflussrechnung als Zwischensumme ermittelte »Free-Cashflow« eine besondere Rolle. Der »Free-Cashflow«, der aus dem »Mittelzufluss/-abfluss aus betrieblicher Tätigkeit« und dem »Mittelzufluss/-abfluss aus Investitionstätigkeit« gebildet wird, stellt das Volumen dar, das das Unternehmen an Finanzmitteln erwirtschaftet und das für die Bedienung des Fremdkapitals (Zinszahlung und Kredittilgung), aber auch für die Auszahlung an die Eigentümer (sogen. »recaps«) herangezogen werden kann.[15]

Abb. 73
Aufbau einer Kapitalflussrechnung (indirekte Methode)*

		Ergebnis nach Steuern
	+	Abschreibungen auf das Anlagevermögen
	–	Zuschreibungen auf das Anlagevermögen
	+	Zinsaufwendungen
	–	Zinserträge
	+/–	Verlust (+)/Gewinn (–) aus dem Abgang von Gegenständen des AV
	+/–	Abnahme (+)/Zunahme (–) der Vorräte
	+/–	Abnahme (+)/Zunahme (–) Forderungen und sonstige Vermögensgegenstände
	+/–	Zunahme (+)/Abnahme (–) Rückstellungen
	+/–	Zunahmen (+)/Abnahme (–) der Verbindlichkeiten (ohne Finanzverbindlichkeiten)
(1)	=	**Mittelzufluss/-abfluss aus betrieblicher Tätigkeit (operativer Cashflow)** (normalerweise positiv)
		Einzahlungen bei Abgang von Anlagevermögen
	–	Auszahlungen für Investitionen in Anlagevermögen
(2)	=	**Mittelzufluss/-abfluss aus Investitionstätigkeit** (normalerweise negativ)
(1) + (2)	=	**Free-Cashflow**
		Einzahlungen aus der Aufnahme von Finanzschulden
	–	Auszahlungen durch die Tilgung von Finanzschulden
	–	Auszahlungen durch Zahlung von Dividenden
	–	Auszahlungen für Zinsen
(3)	=	**Mittelzufluss/-abfluss aus Finanzierungstätigkeit** (positiv oder negativ)
(1) + (2) + (3)	=	**Mittelzufluss/-abfluss insgesamt**
	+	Finanzmittelbestand am Anfang des Geschäftsjahrs
	=	**Finanzmittelbestand am Ende des Geschäftsjahr** (muss mit Werten in der Bilanz übereinstimmen)

* Anmerkung: Die dargestellte Kapitalflussrechnung orientiert sich an der von der Paul Hartmann AG im Rahmen des Konzernabschlusses aufgestellten Kapitalflussrechnung.[16]

15 Vgl. Rupp, Übernahme durch Finanzinvestoren, Bund-Verlag, Frankfurt a. M. 2013, S. 54 f.
16 Vgl. Paul Hartmann AG: Konzerngeschäftsbericht 2020, S. 40.

c) Auswertung der finanzwirtschaftlichen Kennzahlen im Beispielfall der Paul Hartmann AG

Der »Cashflow«, der »Innenfinanzierungsgrad« und der »Dynamische Verschuldungsgrad« lassen sich für die Paul Hartmann AG mit Hilfe des **Formblatts »Dynamische Finanzkennzahlen«** ermitteln.

Bei der Berechnung des »Cashflow« gibt es das Problem, das es »Außenstehenden« anhand der im Jahresabschluss veröffentlichten Daten kaum möglich ist, neben der Veränderung der Pensionsrückstellungen die Veränderung der langfristigen Rückstellungen zu ermitteln, da auch aus dem Anhang nicht genau deutlich wird, welcher Anteil der Rückstellungen langfristigen Charakter hat. Bei der Berechnung eines »Cashflow nach DVFA/SG« sollen überdies ungewöhnliche zahlungswirksame Aufwendungen und Erträge herausgerechnet werden, da diese nicht dauerhaft auftreten und damit bei der Beleuchtung der langfristigen Ertragskraft eines Unternehmens ausgeblendet werden sollen. Aber auch bei diesem Punkt gibt es ein »Ermittlungsproblem«, da anhand der Jahresabschlussdaten nur schwer zwischen ungewöhnlichen und gewöhnlichen zahlungswirksamen Aufwendungen und Erträgen unterschieden werden kann. Darüber hinaus stellt sich die Frage, ob eine Herausrechnung der ungewöhnlichen Aufwendungen und Erträge bei der Cashflow-Ermittlung überhaupt sinnvoll ist. Will man wissen, was in einem bestimmten Geschäftsjahr an finanziellen Mitteln erwirtschaftet wurde, dann sind nach unserer Auffassung zahlungswirksame Aufwendungen dem Cashflow nicht hinzuzurechnen und zahlungswirksame Erträge nicht vom Cashflow abzuziehen, auch wenn man sie als »ungewöhnlich« einstufen kann.

Für die Praxis bietet sich deshalb das in der Abb. 74 für die Paul Hartmann AG verwandte Cashflow-Ermittlungsschema an. Dem »Unternehmensergebnis nach Steuern« werden alle bekannten (nicht zahlungswirksamen) Abschreibungen hinzugerechnet und alle (nicht zahlungswirksamen) Zuschreibungen abgezogen. Dem »Unternehmensergebnis nach Steuern« wird dann die Zunahme der Pensionsrückstellungen gegenüber dem Vorjahr hinzugerechnet, da die Aufstockung der Pensionsrückstellungen ja zu keinem Mittelabfluss geführt hat. Hätten die Pensionsrückstellungen gegenüber dem Vorjahr abgenommen, dann wäre der Betrag der Abnahme abgezogen worden. Korrigiert man also das »Unternehmensergebnis nach Steuern« um »Abschreibungen«, »Zuschreibungen« und Veränderungen der »Pensionsrückstellungen«, dann erhält man einen Cashflow, den man als »Cashflow im engeren Sinne« bezeichnen kann. Rechnet man zu diesem noch die Veränderungen aller weiteren (nicht zahlungswirksamen) Rückstellungen hinzu, dann erhält man einen Wert, den man durchaus als Innenfinanzierungsspielraum eines Geschäftsjahres betrachten kann und der in dem vorliegenden Cashflow-Ermittlungsschema »Cashflow« genannt wird.

Die Cashflow-Werte der Paul Hartmann AG spiegeln die in den Jahren 2018 bis 2020 stark gestiegene Finanzkraft des Unternehmens wider (siehe Abb. 74).

Abb. 74
Vereinfachter Cashflow, Paul Hartmann AG, Tsd. €

		2020	2019	2018
Unternehmensergebnis nach Steuern (GuV)		69853	25020	31029
+	Abschreibungen auf immaterielle Vermögensgegenstände und Sachanlagen (GuV)	39491	29476	29300
+	Abschreibungen auf Finanzanlagen (GuV)	3230	12397	4179
–	Zuschreibungen auf das Anlagevermögen (Anlagespiegel/Anhang)	–	–	–
–	Zuschreibungen auf das Umlaufvermögen (Anhang)	–	–	–
+/–	Veränderung Pensionsrückstellungen; Zunahme +/Abnahme – (Bilanz)	5023	6961	5798
= Cashflow im engeren Sinne		**117597**	**73854**	**70306**
+/–	Veränderung Steuerrückstellungen; Zunahme +/Abnahme – (Bilanz)	11209	4758	5945
+/–	Veränderung »Sonstige Rückstellungen«; Zunahme +/Abnahme – (Bilanz)	19832	918	547
=	**Cashflow**	**148638**	**79530**	**76798**

Der nun für das Geschäftsjahr 2020 ermittelte »Cashflow« gibt weitaus realistischer die Finanzkraft der Paul Hartmann AG in diesem Geschäftsjahr wieder und erlaubt auch einen besseren Vergleich mit den Vorjahren. Da eine Kapitalflussrechnung für den Einzelabschluss eines Unternehmens nicht vorgeschrieben ist, hat auch die Paul Hartmann AG diese nicht freiwillig aufgestellt, zumal eine Kapitalflussrechnung auf Konzernebene zu veröffentlichen war. Allerdings lassen sich noch mit dem in der Abb. 74 ermittelten »Cashflow« der »Innenfinanzierungsgrad« und der »Dynamische Verschuldungsgrad« ermitteln (siehe Abb. 75).

Der »Innenfinanzierungsgrad« des Geschäftsjahres 2020 beträgt für die Paul Hartmann AG über 373,4 %, d.h. man kann davon ausgehen, dass die Paul Hartmann AG auch zukünftig in der Lage sein wird, notwendige Investitionen – wenn nötig – mit Eigenmitteln zu finanzieren. Auffällig ist das hohe Investitionsvolumen im Geschäftsjahr 2018. Vom Gesamtvolumen i. H. v. 106 886 Tsd. € entfielen 80 124 Tsd. € auf Finanzanlagen, mithin den Erwerb von Anteilen an verbundenen Unternehmen. Verglichen damit, hat sich die Hartmann AG im Jahr 2020 quasi einen »Sparkurs« auferlegt, was sich nicht zuletzt am hohen Innenfinanzierungsgrad zeigt.

Der »Dynamische Verschuldungsgrad« für das Geschäftsjahr 2020 mit 3,3 Jahren wird auf alle Fälle von den kreditgebenden Banken als »gut« angesehen, was damit zu einer Einstufung der Paul Hartmann AG als Kunde mit nur geringen Kreditrisiken führen dürfte.

Abb. 75
Dynamische Finanzkennzahlen, Paul Hartmann AG

	2020	2019	2018
Investitionen in Tsd. € (Zugänge Anlagevermögen; lt. Anlagespiegel)	39800	41873	106886
Innenfinanzierungsgrad $\frac{\text{Cashflow}}{\text{Investitionen}} \times 100\,\%$	373,4%	189,9%	71,9%
Dynamischer Verschuldungsgrad $\frac{\text{Fremdkapital* – Liquide Mittel}}{\text{Cashflow}} = \text{Jahre}$	3,3	5,7	6,0

* ohne Pensionsrückstellungen

G. Schlussbetrachtung

Die Hoffnung, dass nach den vielen Bilanzrechtsreformen den Arbeitnehmervertreter:innen nunmehr alle Informationen zur Beurteilung »ihres« Unternehmens zur Verfügung stehen, hat sich nicht umfassend erfüllt.

Jahresabschlüsse sind weiterhin lediglich nach bestimmten Regeln aufgestellte, stichtagsbezogene Zwischenabrechnungen. Die für die Kapitalgesellschaften geltende Generalnorm, nach der der Jahresabschluss ein den tatsächlichen Verhältnissen entsprechendes Bild der Vermögens-, Finanz- und Ertragslage vermitteln soll, erzwingt allerdings Erklärungen und Hinweise in Anhang und Lagebericht. Damit wird aber auch deutlich, dass der Anhang nicht ein Anhängsel zur Bilanz und GuV ist, sondern als dritter, gleichwertiger Teil des Jahresabschlusses zu betrachten ist. Allerdings lässt sich auch anhand eines kompletten Jahresabschlusses und in Kenntnis der im Abschlussprüferbericht enthaltenen Zusatzinformationen das durch die Ausnutzung der – allerdings deutlich eingeschränkten – bilanzpolitischen Spielräume verursachte Ausmaß der Veränderung von Bilanz- und GuV-Positionen nicht exakt beziffern. Die im Text dargestellte »Bilanzverkürzung« um all jene Bilanzpositionen, die nur »heiße« Luft enthalten, ist zwar ein Weg, sich den realen Vermögenswerten eines Unternehmens zu nähern – und mit Hilfe der dargestellten Formblätter zudem ein vergleichsweise einfacher Weg –, doch kann hierdurch nur eine geringfügige Bilanzkorrektur vorgenommen werden.

Die GuV erschließt sich dem Betrachter auf den ersten Blick scheinbar sehr schnell. So lässt sich das Gesamtergebnis der GuV problemlos nach Erfolgsquellen aufgliedern. Das Gesamtergebnis kann in die drei Teilergebnisse »Betriebsergebnis«, »Finanzergebnis« und »außerordentliches Ergebnis« unterteilt werden. Durch die »Kennzahlenanalyse« lassen sich messbare Unternehmenstatbestände erkennen und zusammengefasst wiedergeben. In diesem Zusammenhang ist es wichtig, die Daten des Jahresabschlusses durch weitere wirtschaftliche und soziale Daten des Unternehmens zu ergänzen, um diese in die Kennzahlenanalyse einzubeziehen. Der Wert von Kennzahlen liegt darin, dass sie Sachverhalte verdeutlichen und komplexe Zusammenhänge durch Verdichtung auf einige wenige Zahlen komprimiert beschreiben. Auf diese Weise erhöhen sie Transparenz und helfen, die Situation eines Unternehmens auch im Vergleich zu anderen Unternehmen der Branche zu beurteilen.

Der hohe Informationsgehalt von Kennzahlen könnte allerdings verlorengehen, wenn der/die sogenannte Bilanzanalytiker:in aufgrund einer Vielzahl von »falschen« oder einer zu geringen Anzahl von Kennziffern die Übersicht verliert. Mit Hilfe der dargestellten Formblätter werden zunächst nur die sich aus dem Jahresabschluss ergebenden Kennzahlen ermittelt. Daneben gibt es aber weitere wirtschaftliche und soziale Daten, die kennzeichnend für ein Unternehmen sind und die – soll die Bilanzanalyse kein Selbstzweck sein – ebenfalls mit einzubeziehen sind. Deshalb sollten die für die betrieblichen Interessenvertreter wichtigsten Informationen auf einem übersichtlichen **Kennzahlenbogen** zusammengefasst werden. Ein Kennzahlenbogen, auf dem alle wesentlichen Informationen zusammengefasst sind, ermöglicht es auch, diejenigen Betriebsratsmitglieder, die nicht mit der Bilanzanalyse befasst waren, umfassend zu informieren und in Diskussionen einzubeziehen.

Der nachstehende Kennzahlenbogen (Abb. 76) kann nur ein Muster sein, an dem man sich orientieren kann. Dieser Musterbogen kann für die konkrete betriebliche Praxis nicht einfach übernommen werden, da jeder Betriebsrat, Wirtschaftsausschuss bzw. die Arbeitnehmer:innen im Aufsichtsrat aufgrund der bei ihnen bestehenden betrieblichen Verhältnisse sich selbst darüber im Klaren sein müssen, welche Zahlen für »ihr« Unternehmen wichtig sind und welche nicht. Allerdings sollte man die Anzahl der Kennzahlen der Übersichtlichkeit halber nicht wesentlich ausweiten.

Da man die wirtschaftliche Lage eines Unternehmens z. T. nur aus dem Zeitablauf bewerten kann, ist es wichtig, den Kennzahlenbogen kontinuierlich fortzuführen. Man sollte bei seiner Einführung nicht unbedingt versuchen, die letzten Geschäftsjahre aufzuarbeiten – und dann mittendrin wegen des großen Arbeitsumfanges abbrechen –, sondern vielmehr mit dem jeweils letzten abgeschlossenen Geschäftsjahr beginnen und dann in Zukunft damit fortfahren.

Größere Unternehmen erstellen normalerweise auch während eines laufenden Geschäftsjahres Zwischenabschlüsse (monatlich oder vierteljährlich). Man sollte, soweit diese Zwischenabschlüsse erstellt werden, auch diese auswerten und in einem Kennzahlenbogen festhalten. Denn je frühzeitiger die Arbeitnehmervertreter:innen über Entwicklungen im Unternehmen informiert sind, umso eher können sie handeln. Das Gleiche gilt für Plandaten. Jedes Unternehmen verfügt über eine mehr oder weniger entwickelte Unternehmensplanung. Diese wirtschaftlichen und personellen Planungen, die entweder als *Soll-Daten* oder *Budget* bezeichnet werden, lassen sich – soweit vorhanden – ebenfalls im Kennzahlenbogen festhalten.

Abb. 76

Kennzahlenbogen für Betriebsräte, Wirtschaftsausschüsse und Arbeitnehmervertreter:innen in Aufsichtsräten

Kennzahlen		Periode (Jahr/Quartal)			
I. Investitionen					
1. Zugänge Sachanlagen/AV	(Tsd. €)				
2. Abgänge Sachanlagen/AV	(Tsd. €)				
3. Abschreibungen Sachenanlagen/AV	(Tsd. €)				
II. Kapitalstruktur					
4. Eigenkapitalanteil	(%)				
5. Anteil wirtschaftliches Eigenkapital	(%)				
III. Finanzlage					
6. Liquidität 3. Grades	(%)				
7. Cashflow	(Tsd. €)				
8. Dynamischer Verschuldungsgrad	(Jahre)				
9. Innenfinanzierungsgrad	(%)				
IV. Umsatz/Produktion					
10. Umsatz	(Tsd. €)				
11. Gesamtleistung	(Tsd. €)				
12. Materialaufwandsquote	(%)				
13. Auftragsbestand	(Menge/€)				
14. Kapazitätsauslastung	(%)				
V. Personal					
15. Beschäftigte insgesamt - ArbeiterInnen - Angestellte					
16. Personalaufwandsquote	(%)				
17. Bruttoeinkommen je Beschäftigten	(Tsd. €)				
18. Geleistete Beschäftigtenstunden	(Std.)				
19. Wirtschaftsleistung je Beschäftigten	(Tsd. €)				
VI. Ertragslage					
20. Unternehmensergebnis nach Steuern	(Tsd. €)				
21. Betriebsergebnis (EBIT)	(Tsd. €)				
22. »Ordentliches« Betriebsergebnis	(Tsd. €)				
23. Finanzergebnis	(Tsd. €)				
24. Außerordentliches Ergebnis	(Tsd. €)				
25. EBITDA	(Tsd. €)				
26. Umsatzrentabilität	(%)				
27. Brutto-Eigenkapitalrendite	(%)				

So hilfreich ein Kennzahlenbogen auch ist, um die wirtschaftliche Entwicklung eines Unternehmens schnell zu erfassen, so darf man nicht übersehen, dass seine Aussagefähigkeit begrenzt ist. Begrenzt muss die Kennzahlenanalyse deshalb sein, weil man mit Daten arbeitet, die unter Wahrnehmung von Bilanzierungsspielräumen zustande gekommen und nur begrenzt zu korrigieren sind. Auch sind Unternehmens- und Branchenvergleiche durch die Zulässigkeit zweier unterschiedlicher Verfahren der GuV eingeschränkt. Darüber hinaus erschwert die beim Umsatzkostenverfahren vorgeschriebene Gliederung nach dem Kostenstellenprinzip (Herstellungskosten, Vertriebskosten, allgemeine Verwaltungskosten) den Unternehmensvergleich selbst zwischen den Unternehmen, die das Umsatzkostenverfahren anwenden. Denn der Schlüssel, nach dem die Verteilung der Kosten auf die einzelnen Bereiche erfolgt, ist aus dem Jahresabschluss nicht erkennbar.
Arbeitnehmervertreter:innen in Aufsichtsräten wie Mitgliedern in Betriebsräten und Wirtschaftsausschüssen werden also durch die Umstrukturierung der Bilanz und GuV sowie durch die Ermittlung von Kennzahlen und deren Interpretation nicht davon befreit, Fragen zur Bilanzpolitik und zur Kostenverrechnung (gerade zwischen Konzernunternehmen) an die Unternehmensleitung zu stellen. Die Fragen dürften aber mit der in diesem Buch dargestellten Methode der Bilanzanalyse (die eigentlich eine Jahresabschlussanalyse ist) zielgerichteter sein. Neben diesem Aspekt sollte bei allen Einschränkungen hinsichtlich der Genauigkeit der dargestellten Jahresabschlussanalyse nicht verkannt werden, dass mit Hilfe der Jahresabschlussanalyse im Regelfall schon die wirtschaftliche Entwicklung eines Unternehmens dem Grunde nach zu erkennen ist. Und genau deshalb sollten die Interessenvertreter:innen der Beschäftigten an dieser Informationsquelle nicht vorbeigehen.

H. Anhang

I. Gliederung der Aktivseite der Bilanz in englischer Sprache

AKTIVSEITE	ASSETS
A. Anlagevermögen	**A. Fixed assets**
I. Immaterielle Vermögensgegenstände	**I. Intangible assets**
1. Konzessionen, gewerbliche Schutzrechte und ähnliche Rechte und Werte sowie Lizenzen an solchen Rechten und Werten	1. Concessions, industrial and similar rights and assets and licences in such rights and assets
2. Geschäfts- oder Firmenwert	2. Excess of purchase price over fair value of net assets of businesses acquired
3. Geleistete Anzahlungen	3. Prepayments of intangible assets
II. Sachanlagen	**II. Tangible Assets**
1. Grundstücke, grundstücksgleiche Rechte und Bauten einschl. der Bauten auf fremden Grundstücken	1. Land, land rights and building including buildings on third party land
2. Technische Anlagen und Maschinen	2. Technical equipment and machines
3. Andere Anlagen, Betriebs- und Geschäftsausstattung	3. Other equipment, factory and office equipment
4. Geleistete Anzahlungen und Anlagen im Bau	4. Prepayments on tangible assets and construction in progress
III. Finanzanlagen	**III. Financial assets**
1. Anteile an verbundenen Unternehmen	1. Shares in affiliated companies
2. Ausleihungen an verbundene Unternehmen	2. Loans to affiliated companies
3. Ausleihungen an Unternehmen, mit denen ein Beteiligungsverhältnis besteht	3. Participations
4. Wertpapiere des Anlagevermögens	4. Loans to companies in which participations are held
	5. Long term investments
	6. Other loans

B. Umlaufvermögen **I. Vorräte** 1. Roh-, Hilfs- und Betriebsstoffe 2. Unfertige Erzeugnisse, unfertige Leistungen 3. Fertige Erzeugnisse und Waren 4. Geleistete Anzahlungen **II. Forderungen und sonstige Vermögensgegenstände** 1. Forderungen aus Lieferungen und Leistungen 2. Forderungen gegen verbundene Unternehmen 3. Forderungen gegen Unternehmen, mit denen ein Beteiligungsverhältnis besteht 4. Sonstige Vermögensgegenstände **III. Wertpapiere** 1. Anteile an verbundenen Unternehmen 2. Eigene Anteile 3. Sonstige Wertpapiere **IV. Schecks, Kassenbestand, Bundesbank und Postgiroguthaben, Guthaben bei Kreditinstituten**	**B. Current assets** **I. Inventories** 1. Raw materials and supplies 2. Work in process 3. Finished goods and merchandise 4. Prepayment on inventories **II. Receivables and other assets** 1. Trade receivables 2. Receivables from affiliated companies 3. Receivables from companies in which participations are held 4. Other assets **III. Securities** 1. Shares in affiliated companies 2. Treasury stock 3. Other short term investments **IV. Cash**
C. Rechnungsabgrenzungsposten	**C. Prepaid expenses**

II. Gliederung der Passivseite der Bilanz in englischer Sprache

PASSIVSEITE	EQUITY AND LIABILITIES
A. Eigenkapital **I. Gezeichnetes Kapital** **II. Kapitalrücklage** **III. Gewinnrücklagen** 1. Gesetzliche Rücklage 2. Rücklage für eigene Anteile 3. Satzungsmäßige Rücklage 4. Andere Gewinnrücklagen **IV. Gewinnvortrag/Verlustvortrag** **V. Jahresüberschuss/Jahresfehlbetrag**	**A. Equity** **I. Subscribed capital** **II. Capital reserve** **III. Revenue reserve** **1. Legal reserve** **2. Reserve for own shares** **3. Statutory reserves** **4. Other revenue reserves** **IV. Retained profits/accumulated losses brought forward** **V. Net income/net loss for the year**
B. Rückstellungen 1. Rückstellungen für Pensionen und ähnliche Verpflichtungen 2. Steuerrückstellungen 3. Sonstige Rückstellungen	**B. Accruals** 1. Accruals for pensions and similar obligations 2. Tax accruals 3. Other accruals
C. Verbindlichkeiten 1. Anleihen, davon konvertibel 2. Verbindlichkeiten gegenüber Kreditinstituten 3. Erhaltene Anzahlungen auf Bestellungen 4. Verbindlichkeiten aus Lieferungen und Leistungen 5. Verbindlichkeiten aus der Annahme gezogener Wechsel und der Ausstellungen eigener Wechsel 6. Verbindlichkeiten gegenüber verbundenen Unternehmen 7. Verbindlichkeiten gegenüber Unternehmen, mit denen ein Beteiligungsverhältnis besteht 8. Sonstige Verbindlichkeiten davon aus Steuern davon im Rahmen der sozialen Sicherheit	**C. Liabilities** 1. Loans of which Euro … convertible 2. Liabilities to banks 3. Payments received on account of orders 4. Trade payables 5. Liabilities on bills accepted and drawn 6. Payable to affiliated companies 7. Payable to companies in which participations are held 8. Other liabilities: a. Of which Euro … Taxes b. Of which Euro … relating to social security and similar obligations
D. Rechnungsabgrenzungsposten	**D. Deffered income**

III. Gewinn- und Verlustrechnung in englischer Sprache (Umsatzkostenverfahren)

1. Umsatzerlöse	1. Sales
2. Herstellungskosten der zur Erzielung der Umsatzerlösung erbrachten Leistungen	2. Costs
3. Bruttoergebnis vom Umsatz	3. Gross profit on sales
4. Vertriebskosten	4. Selling expenses
5. Allgemeine Verwaltungskosten	5. General administration expenses
6. Sonstige betriebliche Erträge	6. Other operating income
7. Sonstige betriebliche Aufwendungen	7. Other operating expenses
8. Erträge aus Beteiligungen davon aus verbundenen Unternehmen	8. Income from participations, of which (... E) affiliated companies
9. Erträge aus anderen Wertpapieren und Ausleihungen des Finanzanlagevermögens davon aus verbundenen Unternehmen	9. Income from other investments and long term loans, of which (... €) relating to affiliated companies
10. Sonstige Zinsen und ähnliche Erträge davon aus verbundenen Unternehmen	10. Other interest and similar income, of which (... €) from affiliated companies
11. Abschreibungen auf Finanzanlagen und auf Wertpapiere des Umlaufvermögens	11. Write down on financial assets and short term investments
12. Zinsen und ähnliche Aufwendungen davon aus verbundenen Unternehmen	12. Interest and similar expenses, of which (... €) to affiliated companies
13. Ergebnis der gewöhnlichen Geschäftstätigkeit	13. Result of ordinary activities
14. Steuern vom Einkommen und vom Ertrag	14. Taxes on income
15. Sonstige Steuern	15. Other taxes
16. Jahresüberschuss/Jahresfehlbetrag	16. Net income/net loss for the year

IV. Gegenüberstellung der Bilanzierungsregelungen nach HGB, IAS/IFRS und US-GAAP

	HGB	IAS/IFRS	US-GAAP
Rechtsgrundlagen	Im HGB sind eine Reihe allgemeiner sowie rechtsform- und größenabhängiger Vorschriften kodifiziert; außerdem sind die Grundsätze ordnungsgemäßer Buchführung (GoB) zu beachten.	Der International Accounting Standard Board (IASB) entwickelt als unabhängige privatrechtliche Institution rechtsform- und größenabhängige Rechnungslegungsgrundsätze, die International Accounting Standards (IAS), die seit 2003 als International Financial Reporting Standards (IFRS) weitergeführt und weiterentwickelt werden.	Die vom Financial Accounting Standard Board (FASB) erlassenen Rechnungslegungsvorschriften gelten nur für Unternehmen, die der staatlichen amerikanischen Börsenaufsicht unterliegen und sind Voraussetzung für das Testat der Wirtschaftsprüfer.
Hauptsächliche Adressaten	Gesellschafter und Gläubiger	Gesellschafter, Investoren und Gläubiger	Aktuelle und potentielle Investoren
Wesentlicher Zweck der Rechnungslegung	Orientierung an der langfristigen Kapitalerhaltung und dem Gläubigerschutz. Gewinnermittlung erfolgt nach dem Vorsichtsprinzip	Schutz der Investoren. Im Vordergrund steht die periodengerechte Gewinnermittlung	Schutz der Investoren. Im Vordergrund steht die periodengerechte Gewinnermittlung
Generalnorm	Vermittlung eines den tatsächlichen Verhältnissen entsprechenden Bildes der Vermögens-, Finanz- und Ertragslage des Unternehmens/Konzerns (wird aufgrund des starken Gläubigerschutzprinzips nur eingeschränkt erreicht)	Vermittlung eines den tatsächlichen Verhältnissen entsprechendes Bild des Unternehmens (Fair Presentation)	Vermittlung eines den tatsächlichen Verhältnissen entsprechendes Bild des Unternehmens (Fair Presentation)

	HGB	IAS/IFRS	US-GAAP
Bestandteile des Jahresabschlusses	Einzelabschluss: – Bilanz – Gewinn- und Verlustrechnung – Anhang – Lagebericht Konzernabschluss: Konzernbilanz – Konzerngewinn- und Verlustrechnung – Konzernanhang – Kapitalflussrechnung – Konzerneigenkapital-verwendungsrechnung – Segmentberichterstattung (Wahlrecht)	Bilanz Gewinn- und Verlustrechnung Cash-Flow-Rechnung Darstellung von Kapitalveränderungen Anhang Segmentberichterstattung	Bilanz Gewinn- und Verlustrechnung Cash-Flow-Rechnung Entwicklung von Kapital und Rücklagen sowie des Bilanzgewinns Anhang Lagebericht und Segmentberichterstattung
Steuerliche Einflüsse auf den Jahresabschluss	Durch Aufgabe des umgekehrten Maßgeblichkeitsprinzips keine steuerlichen Einflüsse auf die Handelsbilanz	Keine steuerlichen Einflüsse durch strikte Trennung von Handels- und Steuerbilanz	Keine steuerlichen Einflüsse durch strikte Trennung von Handels- und Steuerbilanz
Wahlrechte	Eingeschränkte Nutzung von Aktivierungs- und Passivierungswahlrechten	Geringe Wahlrechte aufgrund zulässiger alternativer Berechnungsmethoden	Keine expliziten Wahlrechte
Realisations- und Imparitätsprinzip	Nicht realisierte Gewinne dürfen nicht, drohende Verluste müssen antizipiert werden	Grundsätzliche Geltung des Realisationsprinzips; noch nicht realisierte Gewinne dürfen sukzessive als Gewinn verbucht werden	Grundsätzliche Geltung des Realisationsprinzips; allfällige Verluste sind zu antizipieren, wenn sie absehbar sind oder der Betrag geschätzt werden kann

Gegenüberstellung der Bilanzierungsregelungen nach HGB, IAS/IFRS und US-GAAP

	HGB	IAS/IFRS	US-GAAP
Stille Reserven	Zahlreiche Wahlrechte und das dominierende Vorsichtsprinzip ermöglicht in erheblichem Umfang das Bilden stiller Reserven	Das Bilden stiller Reserven ist erheblich eingeschränkt. Stille Reserven werden im Rahmen der Konsolidierung offengelegt und fortgeführt.	Das Bilden stiller Reserven ist erheblich eingeschränkt. Stille Reserven werden im Rahmen der Konsolidierung offengelegt und fortgeführt.
Aufwendungen für die Ingangsetzung und Erweiterung des Geschäftsbetriebs	Aktivierungswahlrecht als Bilanzierungshilfe; Abschreibung über 4 Jahre und Ausschüttungssperre in gleicher Höhe	Aktivierungsverbot	Aktivierungsverbot
Immaterielle Vermögensgegenstände	Aktivierungswahlrecht, wenn entgeltlich erworben	Aktivierungspflicht; gilt bei Erfüllung bestimmter Voraussetzungen auch für selbsterstellte immaterielle Vermögensgegenstände	Aktivierungspflicht; gilt bei Erfüllung bestimmter Voraussetzungen (positive Ertragsaussichten) auch für selbsterstellte immaterielle Vermögensgegenstände
Geschäfts- und Firmenwert	Aktivierungswahlrecht bei derivativem (entgeltlich erworbenen) Firmenwert und Abschreibung über die voraussichtliche Nutzungsdauer; Aktivierungsverbot bei originären Firmenwert	Aktivierungswahlrecht bei derivativem (entgeltlich erworbenen) Firmenwert und Abschreibung über die voraussichtliche Nutzungsdauer (5 bis 20 Jahre); Aktivierungsverbot bei originären Firmenwert	Aktivierungswahlrecht bei derivativem (entgeltlich erworbenen) Firmenwert und Abschreibung über die voraussichtliche Nutzungsdauer (max. 40 Jahre); Aktivierungsverbot bei originären Firmenwert

	HGB	IAS/IFRS	US-GAAP
Sachanlagen	Sachanlagen sind Vermögensgegenstände, die dazu bestimmt sind, dem Geschäftsbetrieb dauerhaft zu dienen. Für die meisten Unternehmen gelten gesetzliche Gliederungsvorschriften. Die Entwicklung muss in der Bilanz oder im Anhang ausgewiesen werden. Die Bewertung erfolgt zu Anschaffungs- oder Herstellungskosten (AHK), die über die geschätzte Nutzungsdauer abgeschrieben werden (Anschaffungsmodell). Nach Sonderabschrei-bungen ist eine Wertaufholung bei Wegfall des Abschreibungsgrundes nur bis zur Höhe der fortgeführten AHK zulässig.	Sachanlagen sind materielle Vermögensgegenstände, die dazu bestimmt sind, dem Unternehmen länger als eine Geschäftsperiode zur Erreichung betrieblicher Zwecke zu dienen. Eine Gliederung ist erforderlich. Die Entwicklung muss in der Bilanz oder im Anhang ausgewiesen werden. Wahlrecht zwischen Anschaffungsmodell (s. HGB) und Neubewertungsmodell. Beim Neubewertungsmodell ist der Vermögensgegenstand regelmäßig (alle 2 Jahre) anhand von Sachverständigen-gutachten neu zu bewerten und über die Restnutzungsdauer abzuschreiben. Führt die Neubewertung zu einer Erhöhung des (Rest-) Buchwertes, so ist diese Erhöhung erfolgsneutral in eine Neubewertungsrücklage im Eigenkapital einzustellen. Führt die Neubewertung zu einer Verringerung des (Rest-) Buchwertes, so ist die Wertminderung gegen die Neubewertungsrücklage zu verrechnen und nur ein darüber hinaus gehende Wertminderung ist erfolgswirksam als Abschreibung in der GuV-Rechnung zu berücksichtigen.	Sachanlagen sind materielle Vermögensgegenstände, die dazu bestimmt sind, dem Geschäftsbetrieb mehr als 1 Jahr zu dienen. Gliederungsvorschriften sind zu beachten. Die Entwicklung muss in der Bilanz oder im Anhang ausgewiesen werden. Die Bewertung erfolgt zu Anschaffungs- oder Herstellungskosten (AHK), die über die geschätzte Nutzungsdauer abgeschrieben werden (Anschaffungsmodell). Nach Sonderabschreibungen ist eine Wertaufholung unzulässig, es sei denn, der Vermögensgegenstand ist zur Veräußerung bestimmt.

Gegenüberstellung der Bilanzierungsregelungen nach HGB, IAS/IFRS und US-GAAP

	HGB	IAS/IFRS	US-GAAP
Finanzanlagen/ Wertpapiere des Umlaufvermögens	Finanzanlagen sind Wertpapiere, die dauerhaft dem Geschäftsbetrieb dienen sollen. Es besteht eine Gliederungsvorschrift. Die Entwicklung von Beteiligungen muss in der Bilanz oder im Anhang dargestellt werden. Die Zugangsbewertung erfolgt zu AHK. Eine voraussichtlich dauerhafte Wertminderung muss außerplanmäßig abgeschrieben werden (strenges Niederstwertprinzip). Bei nur vorübergehender Wertminderung besteht ein Abschreibungswahlrecht (gemildertes Niederstwertprinzip). Bei Wertpapieren des Umlaufvermögens gilt das strenge Niederstwertprinzip.	Finanzanlagen sind Wertpapiere, die je nach Haltezweck zu kategorisieren sind: • Jederzeit veräußerbare Wertpapiere. • Zu Handelszwecken kurzfristig gehaltene Wertpapiere • Ausgereichte Kredite und Forderungen • Anteile an Tochterunternehmen, assoziierten Unternehmen und Gemeinschaftsunternehmen Die Wertpapiere sind mit dem Tageswert am Bilanzstichtag anzusetzen.	Finanzanlagen werden unterschieden nach • Fremdkapitalinvestment und • Eigenkapitalinvestment (Anteile an verbundenen Unternehmen, Gemeinschaftsunternehmen und assoziierten Unternehmen). Sie sind im Regelfall at equity zu bewerten. Jederzeit veräußerbare und zu Handelszwecken gehaltene Wertpapiere sind zu Stichtagswerten zu bilanzieren.
Vorräte	Vorräte sind Roh-, Hilfs- und Betriebsstoffe sowie fertige und unfertige Erzeugnisse. Sie können wahlweise zu Voll- oder zu Teilkosten bewertet werden. Kosten der allgemeinen Verwaltung dürfen nicht berücksichtigt werden.	Vorräte sind Roh-, Hilfs- und Betriebsstoffe sowie fertige und unfertige Erzeugnisse. Sie werden zu Vollkosten bewertet. Kosten der allgemeinen Verwaltung dürfen nicht berücksichtigt werden.	Vorräte sind Roh-, Hilfs- und Betriebsstoffe sowie fertige und unfertige Erzeugnisse. Sie werden zu Vollkosten bewertet. Kosten der allgemeinen Verwaltung dürfen nicht berücksichtigt werden.

	HGB	IAS/IFRS	US-GAAP
Forderungen	Forderungen sind mit dem Nennbetrag anzusetzen (Aktivierungspflicht). Üblicherweise werden Pauschalwertberichtigungen oder in konkreten Einzelfällen Einzelwertberichtigungen vorgenommen.	Forderungen sind mit dem Nennbetrag anzusetzen (Aktivierungspflicht). Es sind angemessene Wertberichtigungen vorzunehmen.	Forderungen sind mit dem Nennbetrag anzusetzen (Aktivierungspflicht). Üblicherweise werden Pauschalwertberichtigungen nach der »percentage-of-credit-scale-method« vorgenommen.
Pensionsrückstellungen	Passivierungspflicht für Pensionszusagen, die nach dem 31. 12. 1986 entstanden sind. Bewertung erfolgt mithilfe des Teilwertverfahrens nach § 6 EStG. Handelsrechtlich werden Kapitalmarktzinsen zwischen 3 und 6 % berücksichtigt.	Passivierungspflicht; Bewertung erfolgt durch Anwartschaftsbarwertverfahren unter Berücksichtigung de durchschnittlichen langfristigen Kapitalmarkzinses und angenommener künftiger Gehaltsentwicklungen	Passivierungspflicht; Bewertung erfolgt durch Anwartschaftsbarwertverfahren unter Berücksichtigung de durchschnittlichen langfristigen Kapitalmarkzinses und angenommener künftiger Gehaltsentwicklungen
Sonstige Rückstellungen	Rückstellungen sind für ungewisse Verbindlichkeiten und drohende Verluste aus schwebenden Geschäften zu bilden (Passivierungspflicht); erheblicher Ermessensspielraum unter Beachtung des Vorsichtsprinzips. Aufwandsrückstellungen dürfen in gewissem Umfang gebildet werden (Passivierungswahlrecht)	Rückstellungen dürfen nur für Verpflichtungen gegenüber Dritten gebildet werden. Aufwandsrückstellungen sind unzulässig(Passivierungsverbot).	Rückstellungen dürfen nur für Verpflichtungen gegenüber Dritten gebildet werden. Aufwandsrückstellungen sind unzulässig (Passivierungsverbot).

Gegenüberstellung der Bilanzierungsregelungen nach HGB, IAS/IFRS und US-GAAP

	HGB	IAS/IFRS	US-GAAP
Verbindlichkeiten	Verbindlichkeiten sind mit dem Rückzahlungsbetrag anzusetzen (Passivierungspflicht)	Verbindlichkeiten sind mit dem Rückzahlungsbetrag anzusetzen (Passivierungspflicht)	Langfristige Verbindlichkeiten sind mit dem Barwert anzusetzen (Passivierungspflicht)
Gewinn- und Verlustrechnung	Wahlrecht zwischen Umsatz- und Gesamtkostenverfahren	Wahlrecht zwischen Umsatz- und Gesamtkostenverfahren	Nur Umsatzkostenverfahren

Quellen: *https://docplayer.org/216586-Die-wichtigsten-unterschiede-zwischen-hgb-ias-us-gaap.html; https://www.fas-ag.de/knowledge/ifrs-basiswissen/us-gaap-und-ifrs-die fuenf wichtigsten-unterschiede/*
Merk, Vergleich der Bilanzierungsrichtlinien nach HGB, IAS und US-Gaap (*https://www.wiwi.uni-siegen.de/merk/downloads/lehrmittel/bilanzierungs_richtlinien.pdf*)

I. Musterbogen für die Bilanzanalyse von HGB-Abschlüssen

Umstrukturierung der Bilanz-Aktivaseite (HGB-Abschluss)

in Tsd. €

Aktiva			
Immaterielle Vermögensgegenstände – Geschäfts- oder Firmenwert			
I. Immaterielle Vermögensgegenstände (bereinigt)			
II. Sachanlagen			
III. Finanzanlagen			
A Anlagevermögen – korrigiert (I. + II. + III.)			
I. Vorräte *davon fertige Erzeugnisse*			
Forderungen Restlaufzeit länger als 1 Jahr + Sonstige Vermögensgegenstände Restlaufzeit länger als 1 Jahr			
II. Mittelfristig liquides Umlaufvermögen			
Forderungen – Forderungen Restlaufzeit länger als 1 Jahr + Sonstige Vermögensgegenstände – Sonstige Vermögensgegenstände Restlaufzeit länger als 1 Jahr + Wertpapiere des UV insgesamt – Eigene Anteile			
III. Kurzfristig liquides Umlaufvermögen			
IV. Liquide Mittel (Kasse, Bank etc.)			
B Umlaufvermögen – korrigiert (I. + II. + III. + IV.)			
Gesamtvermögen – korrigiert (A + B)			

Umstrukturierung der Bilanz-Passivaseite (HGB-Abschluss)

in Tsd. €

Passiva			
Eigenkapital (Summe aus der Bilanz) – Ausstehende Einlagen – Aufwendungen Ingangsetzung und Erweiterung Geschäftsbetrieb – Geschäfts- oder Firmenwert – Eigene Anteile (in Position Wertpapiere im UV) – Rechnungsabgrenzungsposten (Aktiva) – Aktivische latente Steuern (auf der Aktivaseite offen ausgewiesen) + Passivische latente Steuern (auf der Passivaseite offen ausgewiesen) + Passivische latente Steuern (in den Steuerrückstellungen enthalten)			
I. Eigenkapital (korrigiert)			
II. Eigenkapitalähnliche Mittel (Pensionsrückstellungen)			
A. Wirtschaftl. Eigenkapital (I. + II.)			
I. Langfristiges Fremdkapital Verbindlichkeiten > 5 Jahre Laufzeit			
Verbindlichkeiten insgesamt – Verbindlichkeiten > 5 Jahre Laufzeit – Verbindlichkeiten bis 1 Jahr Laufzeit + $^1/_4$ Sonstige Rückstellungen + $^1/_3$ Sonderposten mit Rücklageanteil			
II. Mittelfristiges Fremdkapital			
Verbindlichkeiten bis 1 Jahr Laufzeit + Steuerrückstellungen + Passivische latente Steuern (wenn in Steuerrückstellungen enthalten) + $^3/_4$ Sonstige Rückstellungen + Rechnungsabgrenzungsposten (Passiva)			
III. Kurzfristiges Fremdkapital			
B. Fremdkapital – korrigiert (I. + II. + III. + IV.)			
Gesamtkapital – korrigiert (A + B)			

Bilanzübersicht/Bilanzstruktur (HGB-Abschluss)

in Tsd. €

Aktiva			
Anlagevermögen			
Vorräte *In den Vorräten enthalten:* *Fertige Erzeugnisse und Waren*			
Mittelfristig liquides Umlaufvermögen Anlage länger als 1 Jahr			
Kurzfristig liquides Umlaufvermögen Anlage kürzer als 1 Jahr			
Liquide Mittel			
Übriges Umlaufvermögen			
Umlaufvermögen (korrigiert)			
Im Umlaufvermögen enthalten: *Forderungen an verbundene und beteiligte Unternehmen*			
Gesamtvermögen (korrigiert)			

Passiva			
Eigenkapital (korrigiert)			
Wirtschaftliches Eigenkapital			
Langfristiges Fremdkapital Fälligkeit nach 5 Jahren und später			
Mittelfristiges Fremdkapital Fälligkeit zwischen 1–5 Jahren			
Kurzfristiges Fremdkapital Fälligkeit innerhalb 1 Jahres			
Fremdkapital (korrigiert)			
Im Fremdkapital enthalten: *Verbindlichkeiten gegen verbundene und beteiligte Unternehmen*			
Gesamtkapital (korrigiert)			

Bilanzkennzahlen (HGB-Abschluss)

Liquidität			
Liquidität 1. Grades (Barliquidität) $\frac{\text{Liquide Mittel}}{\text{Kurzfr. Fremdkapital}} \times 100 = \%$			
Liquidität 2. Grades (kurzfristige Liquidität) $\frac{\text{Liquide Mittel} + \text{Kurzfr. liquides UV}}{\text{kurzfr. Fremdkapital}} \times 100 = \%$			
Liquidität 3. Grades (mittelfristige Liquidität) $\frac{\text{Liquide Mittel} + \text{Kurzfr. liquides UV} + \text{Fertige Erzeugnisse}}{\text{Kurzfr. Fremdkapital}} \times 100 = \%$			
Kapital- und Vermögensstruktur			
Eigenkapitalanteil $\frac{\text{Eigenkapital}}{\text{Gesamtkapital}} \times 100 = \%$ $\frac{\text{Wirtschaftliches Eigenkapital}}{\text{Gesamtkapital}} \times 100 = \%$			
Anlagenintensität $\frac{\text{Fremdkapital}}{\text{Gesamtkapital}} \times 100 = \%$			
Deckungsgrad I Anlagevermögen $\frac{\text{Eigenkapital}}{\text{Anlagevermögen}} \times 100 = \%$			
Deckungsgrad II Anlagevermögen $\frac{\text{Wirtschaftl. EK} + \text{Lgfr. FK}}{\text{Anlagevermögen}} \times 100 = \%$			

Aufschlüsselung der GuV/Betriebsergebnis (HGB-Abschluss) – GuV nach Gesamtkostenverfahren

in Tsd. €

Umsatzerlöse (Netto) +/– Bestandsveränderungen (Bei Abnahmen Minuszeichen eingeben!) + Aktivierte Eigenleistungen			
= **Gesamtleistung** + Sonstige betriebliche Erträge – Materialaufwand			
= **Rohergebnis** – Löhne und Gehälter – Soziale Abgaben – Aufwendungen für Altersversorgung – Sonstige betriebliche Aufwendungen			
= **EBITDA** (**E**arnings **B**efore **I**nterest, **T**axes, **D**epreciation and **A**mortisation) – Abschreibungen auf Immaterielle Vermögensgegenstände und Sachanlagen			
= **Betriebsergebnis vor Steuern/EBIT** (**E**arnings **B**efore **I**nterest and **T**axes)			

Aufschlüsselung der GuV/Betriebsergebnis (HGB-Abschluss) – GuV nach Umsatzkostenverfahren

in Tsd. €

Umsatzerlöse (Netto) – Herstellungskosten der zur Erzielung des Umsatzes erbrachten Leistungen			
= **Bruttoergebnis vom Umsatz** + Sonstige betriebliche Erträge			
= **Rohergebnis** – Vertriebskosten – Allgemeine Verwaltungskosten – Sonstige betriebliche Aufwendungen			
= **Betriebsergebnis vor Steuern/EBIT** (**E**arnings **B**efore **I**nterest and **T**axes) + Abschreibungen auf Immaterielle Vermögensgegenstände und Sachanlagen (Anlagespiegel)			
= **EBITDA** (**E**arnings **B**efore **I**nterest, **T**axes, **D**epreciation and **A**mortisation)			

Aufschlüsselung der GuV/»Ordentliches« Betriebsergebnis (HGB-Abschluss)

in Tsd. €

Betriebsergebnis vor Steuern/EBIT – Erträge aus Auflösung Rückstellungen (in den sonstigen betrieblichen Erträgen; lt. Anhang) – Erträge aus Abgang Anlagevermögen (in den sonstigen betrieblichen Erträgen; lt. Anhang) – Sonstige ungewöhnliche und periodenfremde Erträge – Sonstige ungewöhnliche und periodenfremde Erträge – Sonstige ungewöhnliche und periodenfremde Erträge + Außerplanmäßige Abschreibungen auf Vermögensgegenstände des AV (in Abschreibungen auf immaterielle VG und Sachanlagen; lt. Anhang) + Verluste aus dem Abgang von Anlage- und Umlaufvermögen (in den sonstigen betrieblichen Aufwendungen; lt. Anhang) + Sonstige ungewöhnliche und periodenfremde Aufwendungen + Sonstige ungewöhnliche und periodenfremde Aufwendungen + Sonstige ungewöhnliche und periodenfremde Aufwendungen			
= »Ordentliches« Betriebsergebnis			

Aufschlüsselung der GuV/Finanzergebnis (HGB-Abschluss)

in Tsd. €

Erträge aus Beteiligungen + Erträge aus Wertpapieren und Ausleihungen + Sonstige Zinsen und ähnliche Erträge + Erträge aus Gewinngemeinschaften und Gewinnabführungsverträgen (wenn nicht bereits in den vorangegangenen Positionen enthalten)			
= **Finanzerträge**			
Abschreibungen auf Finanzanlagen und Wertpapiere + Zinsen und ähnliche Aufwendungen + Aufwendungen aus Verlustübernahme (wenn nicht bereits in den vorangegangenen Positionen enthalten)			
= **Finanzaufwendungen**			
= **Finanzergebnis vor Steuern**			

Aufgliederung des Unternehmensergebnisses (HGB-Abschluss)

in Tsd. €

Betriebsergebnis vor Steuern/EBIT *(EBITDA)* *(davon »Ordentliches Betriebsergebnis«)*			
+ **Finanzergebnis vor Steuern** (Bei einem Negativergebnis »–«) *(davon Abschreibungen Finanzanlagen)* *(davon Finanzerträge)*			
= **Ergebnis der gewöhnlichen Geschäftstätigkeit** + **Außerordentliches Ergebnis** (Bei einem Negativergebnis »–«)			
= **Ergebnis vor Steuern** – Steuern vom Einkommen und Ertrag (Bei Steuerrückerstattung »–«; wird dann addiert) – Sonstige Steuern			
= **Ergebnis nach Steuern** + Erträge aufgrund der Verlustübernahme durch ein verbundenes Unternehmen – Abgeführter Gewinn aufgrund eines Gewinnabführungsvertrages			
= **Jahresüberschuss/Jahresfehlbetrag (–)** – Anderen Gesellschaftern zustehende Gewinne + Verlustanteil anderer Gesellschafter + Gewinnvortrag aus dem Vorjahr – Verlustvortrag aus dem Vorjahr + Entnahmen aus den Rücklagen – Einstellungen in die Rücklagen			
= **Bilanzgewinn/Bilanzverlust (–)**			

Dynamische Finanzkennzahlen (HGB-Abschluss)

in Tsd. €

Unternehmensergebnis nach Steuern (GuV) **Beim Gesamtkostenverfahren:** + Abschreibungen immaterielle Vermögensgegenstände und Sachanlagen (GuV) **Beim Umsatzkostenverfahren:** + Abschreibungen, die in den Herstellungs-, Vertriebs- und Verwaltungskosten enthalten sind (erfragen!) + Abschreibungen auf Finanzanlagen (GuV) – Zuschreibungen auf das Anlagevermögen (Anlagespiegel/Anhang) – Zuschreibungen auf das Umlaufvermögen (Anhang) +/– Veränderung des Sonderpostens mit Rücklageanteil; Zunahme + / Abnahme – (Bilanz) +/– Veränderung Pensionsrückstellungen; Zunahme + / Abnahme – (Bilanz)			
= **Cashflow im engeren Sinne** +/– Veränderung Steuerrückstellungen; Zunahme + / Abnahme – (Bilanz) +/– Veränderung »sonstige Rückstellungen«; Zunahme + / Abnahme – (Bilanz)			
= **Cashflow**			

Investitionen in Tsd. € (Zugänge Anlagevermögen; lt. Anlagespiegel)			
Innenfinanzierungsgrad $\frac{\text{Cashflow}}{\text{Investitionen}} \times 100 = \%$			
Dynamischer Verschuldungsgrad $\frac{\text{Fremdkapital* – Liquide Mittel}}{\text{Cashflow}} = \text{Jahre}$ * ohne Pensionsrückstellungen			

Erfolgskennzahlen (HGB-Abschluss) - GuV nach Gesamtkostenverfahren

Aufwandskennzahlen			
Materialaufwandsquote $\frac{\text{Materialaufwand}}{\text{Gesamtleistung}} \times 100 = \%$			
Personalaufwandsquoten $\frac{\text{Personalaufwand insgesamt}}{\text{Gesamtleistung}} \times 100 = \%$ $\frac{\text{Löhne und Gehälter}}{\text{Gesamtleistung}} \times 100 = \%$ $\frac{\text{Soziale Abgaben}}{\text{Gesamtleistung}} \times 100 = \%$ $\frac{\text{Altersversorgung}}{\text{Gesamtleistung}} \times 100 = \%$			
Abschreibungsaufwandsquote $\frac{\text{Abschreibungen*}}{\text{Gesamtleistung}} \times 100 = \%$ * auf immaterielle Vermögenswerte und Sachlangen			
Zinsaufwandsquote $\frac{\text{Zinsaufwand}}{\text{Gesamtleistung}} \times 100 = \%$			
Rentabilitätskennzahlen			
Eigenkapitalrentabilität (Brutto) **- Return on Equity** $\frac{\text{Ergebnis nach Steuern} + \text{Ertragssteuern}}{\text{Eigenkapital}} \times 100 = \%$			
Gesamtkapitalrentabilität (Brutto) $\frac{\text{Ergebnis nach Steuern} + \text{Zinsaufwand} + \text{Ertragssteuern}}{\text{Gesamtkapital}} \times 100 = \%$			
Umratzrentabilität **- Return on Sales** $\frac{\text{Ergebnis der gewöhnlichen Geschäftstätigkeit}}{\text{Umsatzerlöse}} \times 100 = \%$			

Erfolgskennzahlen (HGB-Abschluss) – GuV nach Umsatzkostenverfahren

Aufwandskennzahlen			
Materialaufwand in Tsd. € (Anhang oder erfragen)			
Materialaufwandsquote $\frac{\text{Materialaufwand}}{\text{Umsatzerlöse}} \times 100 = \%$			
Personalaufwand gesamt in Tsd. € (Anhang oder erfragen)			
Löhne und Gehälter in Tsd. € (Anhang oder erfragen)			
Soziale Abgaben in Tsd. € (Anhang oder erfragen)			
Aufwendungen Altersversorgung in Tsd. € (Anhang oder erfragen)			
Personalaufwandsquoten $\frac{\text{Gesamter Personalaufwand}}{\text{Umsatzerlöse}} \times 100 = \%$ $\frac{\text{Löhne und Gehälter}}{\text{Umsatzerlöse}} \times 100 = \%$ $\frac{\text{Soziale Abgaben}}{\text{Umsatzerlöse}} \times 100 = \%$ $\frac{\text{Altersversorgung}}{\text{Umsatzerlöse}} \times 100 = \%$			
Abschreibungsaufwandsquote $\frac{\text{Abschreibungen*}}{\text{Umsatzerlöse}} \times 100 = \%$ * auf immaterielle Vermögenswerte und Sachlangen			
Zinsaufwandsquote $\frac{\text{Zinsaufwand}}{\text{Umsatzerlöse}} \times 100 = \%$			
Rentabilitätskennzahlen			
Eigenkapitalrentabilität (Brutto) **– Return on Equity** Ergebnis nach Steuern + Ertragssteuern $\frac{}{\text{Eigenkapital}} \times 100 = \%$			
Gesamtkapitalrentabilität (Brutto) Ergebnis nach Steuern + Zinsaufwand + Ertragssteuern $\frac{}{\text{Gesamtkapital}} \times 100 = \%$			
Umsatzrentabilität **– Return on Sales** $\frac{\text{Ergebnis der gewöhnlichen Geschäftstätigkeit}}{\text{Umsatzerlöse}} \times 100 = \%$			

Sozial-Kennzahlen (HGB-Abschluss)

Beschäftigte im Jahresdurchschnitt (ohne Auszubildende, lt. Anhang)			
Bezüge Unternehmensleitung in Tsd. €			
Produktivität (Wirtschaftsleistung je Beschäftigten) Gesamtkostenverfahren: $\frac{\text{Gesamtleistung* – Materialaufwand}}{\text{Beschäftigte (Jahresdurchschnitt)}}$ = Tsd. € * beim Umsatzkostenverfahren statt Gesamtleistung Umsatzerlöse $\frac{\text{Produzierte Menge}}{\text{Beschäftigte}}$ = t / l / Stck.			
Bruttoeinkommen je ArbeitnehmerIn $\frac{\text{Löhne und Gehälter – Bezüge Unternehmensleitung}}{\text{Beschäftigte (Jahresdurchschnitt)}}$ = Tsd. €			
Bereinigte Personalaufwandsquote $\frac{\text{Personalaufwand insgesamt – Bezüge Unternehmensleitung}}{\text{Gesamtleistung*}}$ x 100 = % * beim Umsatzkostenverfahren statt Gesamtleistung Umsatzerlöse			

J. Musterbogen für die Bilanzanalyse von IAS/IFRS-Abschlüssen

Umstrukturierung der Bilanz-Aktivaseite (IAS/IFRS-Abschluss)

in Tsd. €

Aktiva			
I. Sachanlagen			
Immaterielle Vermögensgegenstände – Goodwill			
II. Immaterielle Vermögensgegenstände (bereinigt)			
III. Finanzanlagen			
IV. Ausleihungen			
A Langfristiges Vermögen – korrigiert (I. + II. + III. + IV.)			
Forderungen und sonstige Vermögenswerte (langfristiges Vermögen) + Forderungen und sonstige Vermögenswerte (kurzfristiges Vermögen, länger als 1 Jahr)			
B Mittelfristiges Vermögen			
C Vorräte *davon fertige Erzeugnisse und Waren*			
Forderungen und sonstige Vermögenswerte des kurzfristigen Vermögens – Aktive Rechnungsabgrenzung (in Forderungen und sonstige Vermögenswerte des kurzfristigen Vermögens enthalten) – Forderungen und sonstige Vermögenswerte (kurzfristiges Vermögen, länger als 1 Jahr) + Erstattungsansprüche aus Ertragssteuer			
I. Forderungen und sonstige Vermögenswerte (korrigiert)			
II. Zur Veräußerung verfügbare finanzielle Mittel			
III. Liquide Mittel			
D Kurzfristiges Vermögen – korrigiert (I. + II. + III.)			
Gesamtvermögen – Total assets – korrigiert (A+B+C+D)			

Umstrukturierung der Bilanz-Passivaseite (IAS/IFRS-Abschluss) in Tsd. €

Passiva				
	Eigenkapital (Equity) (Summe aus der Bilanz)			
–	Goodwill			
–	Aktive Rechnungsabgrenzung (in Forderungen und sonstige Vermögenswerte des kurzfristigen Vermögens enthalten)			
–	Aktive latente Steuern (auf der Aktivseite offen ausgewiesen)			
+	Anteile Minderheitsgesellschafter (wenn nicht im Eigenkapital enthalten)			
+	Passive latente Steuern (auf der Passivseite offen ausgewiesen)			
I.	**Eigenkapital (korrigiert)**			
II.	**Eigenkapitalähnliche Mittel** (Pensionsrückstellungen in langfr. Schulden)			
A	**Wirtschaftl. Eigenkapital (I. + II.)**			
	Langfristige Finanzverbindlichkeiten (ohne Leasing) > 5 Jahre Laufzeit			
+	Verbindlichkeit aus Finanzierungsleasing > 5 Jahre Laufzeit			
+	Sonstige Schulden > 5 Jahre Laufzeit			
I.	**Langfristiges Fremdkapital**			
	Mittelfristige Finanzverbindlichkeiten (ohne Leasing) 1–5 Jahre Laufzeit			
+	Verbindlichkeit aus Finanzierungsleasing 1–5 Jahre Laufzeit			
+	Rückstellungen (Inanspruchnahme später als 1 Jahr (langfristige Schulden)			
+	Sonstige Schulden 1–5 Jahre Laufzeit			
+	Verbindlichkeiten aus Lieferungen und Leistungen nach 1 Jahr fällig			
II.	**Mittelfristiges Fremdkapital**			
	Verbindlichkeiten aus Lieferungen und Leistungen und Sonstige Schulden			
–	Verbindlichkeiten aus Lieferungen und Leistungen nach 1 Jahr fällig			
+	Steuerverbindlichkeiten für Einkommen- und Ertragssteuern			
+	Steuerverbindlichkeiten für sonstige Steuern			
+	Kurzfristige Finanzverbindlichkeiten innerhalb 1 Jahres fällig			
+	Sonstige Rückstellungen (inkl. kurzfristiger Pensionsrückstellungen)			
III.	**Kurzfristiges Fremdkapital**			
B	**Fremdkapital – korrigiert (I. + II. + III.)**			
Gesamtkapital – Total liabilities – korrigiert (A + B)				

Bilanzübersicht/Bilanzstruktur (IAS/IFRS-Abschluss)

in Tsd. €

Aktiva			
Langfristiges Vermögen (korrigiert)			
Mittelfristiges Vermögen Anlage länger als 1 Jahr			
Vorräte *In den Vorräten enthalten:* *Fertige Erzeugnisse und Waren*			
Kurzfristiges Vermögen (korrigiert) Anlage kürzer als 1 Jahr			
Gesamtvermögen **– Total assets (korrigiert)**			
Im Umlaufvermögen enthalten: *Forderungen an Unternehmen* *mit Beteiligungsverhältnis*			

Passiva			
Eigenkapital (korrigiert)			
Wirtschaftliches Eigenkapital			
Langfristiges Fremdkapital Fälligkeit nach 5 Jahren und später			
Mittelfristiges Fremdkapital Fälligkeit zwischen 1–5 Jahren			
Kurzfristiges Fremdkapital Fälligkeit innerhalb 1 Jahres			
Fremdkapital (korrigiert)			
Gesamtkapital **– Total liabilities (korrigiert)**			
Im Fremdkapital enthalten: *Verbindlichkeiten gegen Unternehmen* *mit Beteiligungsverhältnis*			

Bilanzkennzahlen (IAS/IFRS-Abschluss)

Liquidität			
Liquidität 1. Grades (Barliquidität) $\frac{\text{Liquide Mittel}}{\text{Kurzfr. Fremdkapital}} \times 100 = \%$			
Liquidität 2. Grades (Liquidität auf kurze Sicht) $\frac{\text{Kurzfristiges Vermögen}}{\text{Kurzfristiges Fremdkapital}} \times 100 = \%$			
Liquidität 3. Grades (Liquidität auf mittlerer Sicht) $\frac{\text{Kurzfr. Vermögen} + \text{Fertige Erzeugnisse}}{\text{Kurzfr. Fremdkapital}} \times 100 = \%$			
Kapital- und Vermögensstruktur			
Eigenkapitalanteil $\frac{\text{Eigenkapital}}{\text{Gesamtkapital}} \times 100 = \%$ $\frac{\text{Wirtschaftliches Eigenkapital}}{\text{Gesamtkapital}} \times 100 = \%$			
Anlagenintensität $\frac{\text{Langfristiges Vermögen}}{\text{Gesamtvermögen}} \times 100 = \%$			
Deckungsgrad I Anlagevermögen $\frac{\text{Eigenkapital}}{\text{Langfristiges Vermögen}} \times 100 = \%$			
Deckungsgrad II Anlagevermögen $\frac{\text{Wirtschaftl. EK} + \text{Langfr. FK}}{\text{Langfristiges Vermögen}} \times 100 = \%$			

Aufschlüsselung der GuV/Betriebsergebnis (IAS/IFRS-Abschluss) – GuV nach Gesamtkostenverfahren

in Tsd. €

Umsatzerlöse (Netto) +/– Bestandsveränderungen (Bei Abnahmen Minuszeichen) + Aktivierte Eigenleistungen			
= **Gesamtleistung** + Sonstige betriebliche Erträge – Materialaufwand			
= **Rohergebnis** – Löhne und Gehälter – Soziale Abgaben – Aufwendungen für Altersversorgung und andere Leistungen an Arbeitnehmer – Sonstige betriebliche Aufwendungen			
= **EBITDA** (**E**arnings **B**efore **I**nterest, **T**axes, **D**epreciation and **A**mortisation) – Abschreibungen auf Immaterielle Vermögensgegenstände und Sachanlagen			
= **Betriebsergebnis vor Steuern/EBIT** (**E**arnings **B**efore **I**nterest and **T**axes)			

Aufschlüsselung der GuV/Betriebsergebnis (IAS/IFRS-Abschluss) - GuV nach Umsatzkostenverfahren

in Tsd. €

Umsatzerlöse (Netto) - Herstellungskosten der zur Erzielung des Umsatzes erbrachten Leistungen			
= **Bruttoergebnis vom Umsatz - Gross profit on sales** + Sonstige betriebliche Erträge			
= **Rohergebnis** - Forschungs- und Entwicklungskosten - Vertriebskosten - Allgemeine Verwaltungskosten - Sonstige betriebliche Aufwendungen			
= **Betriebsergebnis vor Steuern/EBIT** (**E**arnings **B**efore **I**nterest and **T**axes) + Abschreibungen auf Immaterielle Vermögensgegenstände und Sachanlagen (Anlagespiegel oder erfragen!)			
= **EBITDA** (**E**arnings **B**efore **I**nterest, **T**axes, **D**epreciation and **A**mortisation)			

Aufschlüsselung der GuV/»Ordentliches« Betriebsergebnis (IAS/IFRS-Abschluss)

in Tsd. €

Betriebsergebnis vor Steuern/EBIT – Erträge aus Auflösung Rückstellungen (in den sonstigen betrieblichen Erträgen; lt. Anhang) – Erträge aus Abgang Anlagevermögen (in den sonstigen betrieblichen Erträgen; lt. Anhang) – Sonstige ungewöhnliche und periodenfremde Erträge – Sonstige ungewöhnliche und periodenfremde Erträge – Sonstige ungewöhnliche und periodenfremde Erträge + Außerplanmäßige Abschreibungen imm. Vermögenswerte und Sachanlagen – ohne außerplanmäßige Abschreibungen auf Goodwill – (lt. Anhang) + Außerplanmäßige Goodwill-Abschreibung lt. Anhang) + Buchverluste im Anlagevermögen (z. B. bei Verkauf von Unternehmens-beteiligungen, lt. Anhang) + Buchverluste im Umlaufvermögen (z. B. Abschreibungen von Darlehen; lt. Anhang) + Sonstige ungewöhnliche oder periodenfremde Aufwendungen + Sonstige ungewöhnliche oder periodenfremde Aufwendungen			
= **»Ordentliches« Betriebsergebnis**			

Die Daten sind dem Anhang bzw. dem WP-Bericht zu entnehmen oder zu erfragen.

Aufschlüsselung der GuV/Finanzergebnis (IAS/IFRS-Abschluss)

in Tsd. €

Erträge aus Beteiligungen und Ergebnis assoziierter Unternehmen + Zinsertrag von beteiligten und assoziierten Unternehmen + Zinsertrag aus Wertpapieren und Ausleihungen + Sonstige Zinsen und ähnliche Erträge			
= Finanzerträge			
Abschreibungen auf Finanzanlagen und Wertpapiere + Abschreibungen auf Beteiligungen + Zinsen und ähnliche Aufwendungen + Zinsaufwand an beteiligte und assoziierte Unternehmen + Sonstige Finanzaufwendungen			
= Finanzaufwendungen			
= Finanzergebnis vor Steuern			

Aufgliederung der Unternehmensergebnisse (IAS/IFRS-Abschluss)

in Tsd. €

Betriebsergebnis vor Steuern/EBIT *(EBITDA)* *(davon »Ordentliches« Betriebsergebnis)*			
+ **Finanzergebnis vor Steuern** (Bei einem Negativergebnis abziehen) *(davon Finanzabschreibungen)* *(davon Finanzerträge)*			
= **Ergebnis der gewöhnlichen Geschäftstätigkeit** + **Außerordentliches Ergebnis** (Bei einem Negativergebnis »–«!)			
= **Ergebnis vor Steuern** – Steuern vom Einkommen und Ertrag (Bei einer Steuerrückerstattung »–«; wird dann addiert)			
= **Ergebnis nach Steuern/Konzernergebnis** – Anderen Gesellschaftern zustehende Gewinne + Verlustanteil anderer Gesellschafter – Einstellungen in die Rücklagen + Entnahme aus den Rücklagen			
= **Konzernbilanzgewinn/ Konzernbilanzverlust (–)**			

Dynamische Finanzkennzahlen (IAS/IFRS-Abschluss)

in Tsd. €

Ergebnis nach Steuern/ Konzernergebnis (GuV) **Beim Gesamtkostenverfahren:** + Abschreibungen immaterielle Vermögenswerte und Sachanlagen (GuV) **Beim Umsatzkostenverfahren:** + Abschreibungen, die in den Herstellungs-, Vertriebs- und Verwaltungskosten enthalten sind (erfragen!) + Abschreibungen auf Finanzanlagen (GuV) – Zuschreibungen auf das Anlagevermögen (Anlagespiegel/Anhang) – Zuschreibungen auf das Umlaufvermögen (Anhang) +/– Veränderung der »Pensionsrückstellungen in langfristige Schulden«; Zunahme + / Abnahme – (Bilanz) +/– Veränderungen der »Rückstellungen/ langfristige Schulden«; Zunahme + / Abnahme – (Bilanz)			
= **Cashflow im engeren Sinne** +/– Veränderung »Sonstige Rückstellungen (inkl. kurzfr. Pensionsrückstellungen) in kurzfristige Schulden«; Zunahme + / Abnahme – (Bilanz)			
= **Cashflow**			

Investitionen in Tsd. € (Zugänge Anlagevermögen; lt. Anlagespiegel)			
Innenfinanzierungsgrad $\frac{\text{Cashflow}}{\text{Investitionen}} \times 100 = \%$			
Dynamischer Verschuldungsgrad $\frac{\text{Fremdkapital* – Liquide Mittel}}{\text{Cashflow}} = \text{Jahre}$ * ohne Pensionsrückstellungen			

Erfolgskennzahlen (IAS/IFRS-Abschluss)
– GuV nach Gesamtkostenverfahren –

Aufwandskennzahlen			
Materialaufwandsquote $\frac{\text{Materialaufwand}}{\text{Gesamtleistung}} \times 100 = \%$			
Personalaufwandsquoten $\frac{\text{Gesamter Personalaufwand}}{\text{Gesamtleistung}} \times 100 = \%$ $\frac{\text{Löhne und Gehälter}}{\text{Gesamtleistung}} \times 100 = \%$ $\frac{\text{Soziale Abgaben}}{\text{Gesamtleistung}} \times 100 = \%$ $\frac{\text{Altersversorgung}}{\text{Gesamtleistung}} \times 100 = \%$			
Abschreibungsaufwandsquote $\frac{\text{Abschreibungen*}}{\text{Gesamtleistung}} \times 100 = \%$ * auf immaterielle Vermögenswerte und Sachanlagen			
Zinsaufwandsquote $\frac{\text{Zinsaufwand}}{\text{Gesamtleistung}} \times 100 = \%$			
Rentabilitätskennzahlen			
Eigenkapitalrentabilität (Brutto) **– Return on Equity –** $\frac{\text{Ergebnis vor Steuern} + \text{Ertragssteuern}}{\text{Eigenkapital}} \times 100 = \%$			
Gesamtkapitalrentabilität (Brutto) $\frac{\text{Ergebnis vor Steuern} + \text{Zinsaufwand}}{\text{Gesamtkapital}} \times 100 = \%$			
Umratzrentabilität **– Return on Sales –** $\frac{\text{Ergebnis der gewöhnlichen Geschäftstätigkeit}}{\text{Umsatzerlöse}} \times 100 = \%$			

Erfolgskennzahlen (IAS/IFRS-Abschluss) – GuV nach Umsatzkostenverfahren

Aufwandskennzahlen			
Materialaufwand in Tsd. € (Anhang oder erfragen)			
Materialaufwandsquote $\frac{\text{Materialaufwand}}{\text{Umsatzerlöse}}$ x 100 = %			
Personalaufwand gesamt in Tsd. € (Anhang oder erfragen)			
Löhne und Gehälter in Tsd. € (Anhang oder erfragen)			
Soziale Abgaben in Tsd. € (Anhang oder erfragen)			
Altersversorgung in Tsd. € (Anhang oder erfragen)			
Personalaufwandsquoten $\frac{\text{Personalaufwand insgesamt}}{\text{Umsatzerlöse}}$ x 100 = % $\frac{\text{Löhne und Gehälter}}{\text{Umsatzerlöse}}$ x 100 = % $\frac{\text{Soziale Abgaben}}{\text{Umsatzerlöse}}$ x 100 = % $\frac{\text{Altersversorgung}}{\text{Umsatzerlöse}}$ x 100 = %			
Abschreibungsaufwandsquote $\frac{\text{Abschreibungen*}}{\text{Umsatzerlöse}}$ x 100 = % * auf immaterielle Vermögenswerte und Sachlangen			
Zinsaufwandsquote $\frac{\text{Zinsaufwand}}{\text{Umsatzerlöse}}$ x 100 = %			
Rentabilitätskennzahlen			
Eigenkapitalrentabilität (Brutto) **– Return on Equity** $\frac{\text{Ergebnis vor Steuern}}{\text{Eigenkapital}}$ x 100 = %			
Gesamtkapitalrentabilität (Brutto) $\frac{\text{Ergebnis vor Steuern} + \text{Zinsaufwand}}{\text{Gesamtkapital}}$ x 100 = %			
Umratzrentabilität **– Return on Sales** $\frac{\text{Ergebnis der gewöhnlichen Geschäftstätigkeit}}{\text{Umsatzerlöse}}$ x 100 = %			

Sozial-Kennzahlen (IAS/IFRS-Abschluss)

Beschäftigte im Jahresdurchschnitt (ohne Auszubildende)			
Bezüge Unternehmensleitung in Tsd. €			
Produktionsvolumen in t/l/Stück			
Wertschöpfungsproduktivität (Wirtschaftsleistung je Beschäftigten) $\frac{\text{Gesamtleistung* – Materialaufwand}}{\text{Beschäftigte (Jahresdurchschnitt)}}$ = Tsd. € * beim Umsatzkostenverfahren statt Gesamtleistung Umsatzerlöse $\frac{\text{Produzierte Menge}}{\text{Beschäftigte}}$ = t / l / Stck.			
Bruttoeinkommen je ArbeitnehmerIn Löhne und Gehälter – Bezüge Unternehmensleitung $\frac{\text{Löhne und Gehälter – Bezüge Unternehmensleitung}}{\text{Beschäftigte (Jahresdurchschnitt)}}$ = Tsd. €			
Bereinigte Personalaufwandsquote $\frac{\text{Gesamter Personalaufwand – Bezüge Unternehmensleitung}}{\text{Gesamtleistung*}}$ x 100 = % * beim Umsatzkostenverfahren statt Gesamtleistung Umsatzerlöse			

K. Glossar

Abschreibungen (linear/degressiv) Die Abschreibung ist ein Verfahren, mit dem die Ausgaben für einen Vermögensgegenstand (z. B. eine Maschine) über eine angenommene Nutzungsdauer verteilt werden. Der entweder im Rahmen einer linearen Abschreibung (gleichbleibender Betrag über die angenommene Nutzungsdauer) oder einer degressiven Abschreibung (gleichbleibender prozentualer Abschreibungssatz vom Rest*buchwert*) ermittelte Abschreibungsbetrag wird in der Gewinn- und Verlustrechnung als Aufwand gebucht.

Aktiva (Aktivseite der Bilanz) ist die Summe aller Vermögenswerte (Anlagevermögen, Umlaufvermögen, Rechnungsabgrenzungsposten, aktive latente Steuern).

Aktive Rechnungsabgrenzungsposten Im Geschäftsjahr geleistete Auszahlungen, die aufwandsmäßig zukünftigen Geschäftsjahren zuzuordnen sind (z. B. Mietvorauszahlungen).

Anhang (Pflichtbestandteil des Jahresabschlusses) enthält zusätzliche Angaben zu den einzelnen Positionen in der Bilanz und GuV-Rechnung.

Anlagespiegel (Bestandteil des Anhangs) gibt einen Überblick über die Entwicklung des Anlagevermögens.

Assets Lt. *IAS/IFRS* Ressourcen, über die ein Unternehmen in Folge vergangener Ereignisse verfügen kann und aus denen es in Zukunft erwartet, wirtschaftlichen Nutzen zu ziehen. Bei den Assets handelt sich also um die auf der Aktivseite der Bilanz aufgeführten Vermögenswerte.

Assoziierte Unternehmen Unternehmen, auf die der Anteilseigner maßgeblichen Einfluss ausüben kann, die aber weder ein Tochterunternehmen noch ein Gemeinschaftsunternehmen darstellen. Dass es sich bei einem Unternehmen um ein assoziiertes handelt, kann bei einem Besitz von mindestens 20 % und

	höchstens 50 % der Stimmrechte einer Gesellschaft vermutet werden.
Barwert	Betrag, der den aktuellen Zeitwert einer zukünftigen Zahlung angibt; wird durch Diskontierung ermittelt.
Beherrschungs- und Ergebnisabführungsvertrag	Bei einem Beherrschungsvertrag unterstellt sich ein-Unterneh men (beherrschtes Unternehmen) der Leitungsmacht eines anderen Unternehmens (herrschendes Unternehmen). Bei einem Ergebnisabführungsvertrag wird ein Gewinn des beherrschten Unternehmens an das herrschende Unternehmen abgeführt bzw. übernimmt das herrschende Unternehmen einen Verlust des beherrschten Unternehmens.
Buchwert	Der Wert, der sich aus den Anschaffungs- bzw. Herstellungskosten und den ggf. folgenden *Abschreibungen* ergibt. Bilanzwerte sind Buchwerte.
Cashflow	Zu- und Abfluss von Zahlungsmitteln (in einer Periode/Geschäftsjahr). Der Cashflow ermöglicht eine Beurteilung der Selbstfinanzierungskraft eines Unternehmens und gilt somit als wesentlicher Indikator zur Beurteilung der Finanz- und Ertragskraft eines Unternehmens.
Cashflow aus betrieblicher Tätigkeit (operativer Cashflow)	Zu- und Abfluss von Zahlungsmitteln aus allen Tätigkeiten, die nicht den Investitions- und Finanzierungstätigkeiten zuzuordnen sind. Der operative Cashflow wird als Zwischensumme im Rahmen der *Kapitalflussrechnung* gebildet.
Disagio	Betrag, um den der Ausgabebetrag eines Darlehens geringer ist als der Rückzahlungsbetrag.
EBIT (Earnings Before Interest and Taxes)	Ergebnis vor Zinsen und Steuern. In der Regel werden aus dem Unternehmensergebnis vor Ertragssteuern nicht nur die Zinsaufwendungen und -erträge, sondern die gesamten Finanzaufwendungen und -erträge herausgerechnet (Finanzergebnis). In diesem Fall ist das EBIT identisch mit dem Betriebsergebnis.
EBITDA (Earnings Before Interest, Taxes, Depreciation and Amortisation)	Ergebnis vor Zinsen, Steuern und Abschreibungen. Dem *EBIT* (Betriebsergebnis) werden die Abschreibungen auf immaterielle Vermögensgegenstände und Sachanlagen hinzugerechnet. Da die Abschreibungen z. T. gestaltbar sind und darüber hinaus nicht zu Zahlungsabflüssen führen, erhält man mit dem EBITDA eine relativ leicht zu ermittelnde Kennzahl, die etwas über die Ertragskraft eines Unternehmens im operativen Bereich aussagt.

Equity-Methode Im Zusammenhang mit der Erstellung eines Konzernabschlusses verwandte Methode zur Bewertung von Beteiligungen an assoziierten Unternehmen mit deren anteiligem Eigenkapital und anteiligem Jahresüberschuss.

Fair Value Wird nach *IFRS* als Oberbegriff aller marktnahen Wertansätze verwendet. Das heißt, der Wert eines Vermögensgegenstandes oder einer Verbindlichkeit entspricht dem »Fair Value«, wenn zwei voneinander unabhängigen Parteien mit Sachverstand und dem Willen zum Vertragsabschluss bereit wären, diesen Wert zu zahlen bzw. zu begleichen.

Fifo-Verfahren (First in – first out) Verbrauchsfolgeverfahren zur Sammelbewertung von Roh-, Hilfs- und Betriebsstoffen. Bei diesem Verfahren wird unterstellt, dass die ältesten Bestände zuerst verbraucht werden, so dass sich immer die zuletzt eingegangenen Bestände auf Lager befinden. (Alternativ kann auch das *Lifo-Verfahren* angewandt werden.)

Free-Cashflow Zu- und Abfluss von Zahlungsmitteln aus betrieblicher Tätigkeit und Investitionstätigkeit. Der Free-Cashflow wird als Zwischensumme im Rahmen der *Kapitalflussrechnung* gebildet und ist für (spekulative) Anleger in Hinblick auf Ausschüttungsmöglichkeiten eine interessante Kennzahl.

Gesamtkostenverfahren Gliederung der Gewinn- und Verlustrechnung, bei der alle in einer Periode (Geschäftsjahr) angefallenen Erträge den angefallenen Aufwendungen gegenübergestellt werden. Erlaubt nach HGB und *IFRS*. Im Gegensatz zum Gesamtkostenverfahren kann auch das *Umsatzkostenverfahren* angewandt werden.

Grundsätze ordnungsmäßiger Buchführung (GoB) Müssen nach § 243 Abs. 1 HGB bei der Erstellung eines Jahresabschlusses unbedingt befolgt werden; sind allerdings vom Gesetzgeber nirgends exakt beschrieben worden. Die GoB sind das Resultat von gesetzlichen Regelungen (Handels- und Steuerrecht), handels-, bzw. steuerrechtlicher Rechtsprechung, Erlassen, Richtlinien von Behörden und Verbänden sowie »Handelsbräuchen«. Es handelt sich also bei den GoB um allgemein anerkannte Regeln zur sachgerechten Aufzeichnung, zeitlichen Zuordnung und Zusammenstellung der Zahlungen, Forderungen und Verbindlichkeiten aus den Geschäftsvorfällen.

Goodwill (Geschäfts- oder Firmenwert) Betrag, den ein Käufer bei Übernahme einer Unternehmung als Ganzes unter Berücksichtigung künftiger Ertragserwartungen über den Wert der einzelnen Vermögensgegenstände nach Abzug der Schulden hinaus zu zahlen bereit ist. Ein bilanzierter Goodwill bzw. Geschäfts- oder Firmenwert stellt einen immateriellen Vermögenswert dar, der in einem HGB-Abschluss planmäßig abgeschrieben wird und der bei einem *IAS/IFRS*-Abschluss nur bei nicht mehr vorhandener Werthaltigkeit (die in einem »*Impairment Test*« ermittelt wird) abzuschreiben ist.

Going-concern-Prinzip Es handelt sich hier um einem im § 252 HGB Abs. 1 niedergelegten Bewertungsgrundsatz. Danach ist, solange von der Unternehmensfortführung auszugehen ist, ein Vermögensgegenstand in der Bilanz zu *Buchwerten* und nicht zu Liquidationswerten (Zerschlagungswerten) auszuweisen. Das »Going-concern-Prinzip« ist auch Bestandteil der *IAS/IFRS* und *der US-GAAP.*

Impairment Test Test hinsichtlich der Werthaltigkeit der zu bilanzierenden Vermögenswerte. Nach den *IAS/IFRS* ist an jedem Bilanzstichtag zu überprüfen, ob Anzeichen für eine Wertminderung der Vermögenswerte (*assets*) vorliegen. Liegen entsprechende Anzeichen vor, so muss ein »Impairment Test« durchgeführt werden.

International Accounting Standards (IAS) Rechnungslegungsgrundsätze, die von der IASC (Internationale Organisation der Berufsverbände der Wirtschaftsprüfer und Steuerberater) aufgestellt wurden und die im Rahmen der *IFRS* weiter gelten. Die IAS orientieren sich an den angelsächsischen Bilanzierungsgrundsätzen, d. h. im Mittelpunkt der Jahresabschlussaufstellung steht nicht das Vorsichtsprinzip wie beim HGB, sondern der Grundsatz der periodengerechten Erfolgsermittlung.

International Financial Reporting Standards (IFRS) Die IFRS werden von einer internationalen Fachorganisation (IASB – Nachfolgeorganisation der IASC, die die *IAS* aufstellten), die von mit Rechnungslegungsfragen befassten Berufsverbänden getragen wird, herausgegeben. Ziel der IASB ist es, mit den IFRS eine transparente und vergleichbare Rechnungslegung zu schaffen, die von Unternehmen und Organisationen weltweit angewandt werden kann. Die IFRS orientieren sich an den angelsächsischen Bilanzierungsgrundsätzen, d. h. im Mittelpunkt der Jah-

	resabschlussaufstellung steht nicht das Vorsichtsprinzip wie beim HGB, sondern der Grundsatz der periodengerechten Erfolgsermittlung.
Kapitalflussrechnung	Bewegungsrechnung, in der für einen Zeitraum (Geschäftsjahr) Herkunft und Verwendung verschiedener liquiditätswirksamer Mittel dargestellt werden. Die Kapitalflussrechnung dient als zahlungsorientierte Finanzierungsrechnung insbesondere der Information von Anlegern und Kreditgebern (siehe *Cashflow aus betrieblicher Tätigkeit* und *Free-Cashflow*). Nach § 297 Abs. 1 HGB ist die Kapitalflussrechnung für Konzernabschlüsse vorgeschrieben.
Konsolidierungskreis	Kreis der in einen *Konzernabschluss* einbezogenen Unternehmen.
Konsolidierungsmaßnahmen	Maßnahmen zur Zusammenführung der einzelnen Bilanzen und Gewinn- und Verlustrechnungen der in den *Konzernabschluss* einzubeziehenden Unternehmen, um den Jahresabschluss eines fiktiven Gesamtunternehmens zu erhalten.
Konzern	Gruppe rechtlich selbständiger Unternehmen, die von einem zur Gruppe gehörenden Unternehmen (Mutterunternehmen) »gesteuert« werden oder die unter einer einheitlichen Leitung stehen. Zur Beantwortung der Frage, ob ein *Konzernabschluss* aufgestellt werden muss, ist lediglich entscheidend, ob die Muttergesellschaft die Möglichkeiten zur Ausübung von beherrschendem Einfluss hat, z. B. durch Mehrheitsbeteiligung.
Konzernabschluss	Jahresabschluss eines fiktiven Gesamtunternehmens, der vom Mutterunterunternehmen eines *Konzerns* aufgestellt wird. Bei dem im Konzernabschluss dargestellten fiktiven Gesamtunternehmen handelt es sich um die Gesamtheit der Konzernunternehmen, die als eine eigenständige wirtschaftliche Einheit betrachtet werden.
Lagebericht	Den Jahresabschluss ergänzender Pflichtbericht für mittelgroße und große Kapitalgesellschaften, der auch vom Wirtschaftsprüfer geprüft wird. Enthält wichtige Informationen zum Geschäftsverlauf und zur wirtschaftlichen Lage und gibt einen Ausblick auf die voraussichtliche zukünftige Entwicklung (Prognosebericht). Er informiert über bedeutende Vorgänge nach Schluss des Geschäftsjahres (Nachtragsbericht), erläutert die Chancen und Risi-

ken für das Unternehmen und informiert über das interne Risiko- und Kontrollsystem (Chancen- und Risikobericht) sowie über nichtfinanzielle Sachverhalte (z. B. in Form eines Nachhaltigkeitsberichts).

Latente Steuern Zeitliche Unterschiede beim Steueraufwand in Einzel- und Konzernabschlüssen gegenüber den Steuerbilanzen. Aktivische »Latente Steuern« (höherer Steueraufwand nach den Steuerbilanzen, als nach handelsrechtlichen Abschlüssen anfallen würde) sind nach *IAS/IFRS* auf der Aktivseite der Bilanz zu bilanzieren (nach dem HGB besteht beim Einzelabschluss ein Aktivierungswahlrecht). Ist hingegen der Steueraufwand nach steuerrechtlichen Vorschriften niedriger, als er nach dem handelsrechtlichen Ergebnis wäre, dann besteht sowohl nach *IAS/IFRS* wie auch nach HGB eine Passivierungspflicht in der Bilanz (Einzelabschluss wie Konzernabschluss).

Leverage-Effekt Der Leverage-Effekt (leverage = Hebel) bezeichnet die Abhängigkeit der Rentabilität des Eigenkapitals vom Anteil der Fremdfinanzierung. Wenn die Rentabilität des Gesamtkapitals größer ist als der Fremdkapitalzins, erhöht sich bei gleichbleibender Verzinsung des eingesetzten Kapitals die Eigenkapitalrendite bei steigender Verschuldung (positiver Leverage-Effekt).

Lifo-Verfahren (Last in – first out) Verbrauchsfolgeverfahren zur Sammelbewertung von Roh-, Hilfs- und Betriebsstoffen. Bei diesem Verfahren wird unterstellt, dass die zuletzt eingegangenen Bestände zuerst verbraucht werden, sodass sich am Bilanzstichtag immer die zuerst eingegangenen Bestände auf Lager befinden. (Alternativ kann auch das *Fifo-Verfahren* angewandt werden.)

Rating Beurteilung der Zahlungsfähigkeit von Unternehmen. Die bekanntesten Rating Agenturen sind »Standard & Poors« und »Moody's Investors Service«.

Segmentberichterstattung Veröffentlichung von Informationen über die Vermögens-, Finanz- und Ertragslage einzelner Geschäftsfelder. Sie ermöglicht Rückschlüsse auf die Entwicklung in den einzelnen Segmenten und deren Beitrag zum Unternehmensergebnis bzw. Konzernergebnis. Nach dem Bilanzreformgesetz von 2004 ist die Segmentberichterstattung für alle Konzernabschlüsse nur noch optional vorgesehen. Da allerdings ab dem 1. 1. 2005 kapitalmarktorientierte deutsche Mutterunternehmen ihren Konzernabschluss nach den IAS/IFRS zu erstellen haben (§ 315a HGB), müssen diese zwingend eine Segmentberichterstattung erstellen (IAS 14).

Stille Reserven Unterbewertungen von Vermögensgegenständen (z. B. aufgrund zu hoher Abschreibungen) und Überwertungen von Verpflichtungen (z. B. Bildung überhöhter Rückstellungen) führen gemessen an den »Marktwerten« in der Bilanz zu einem geringeren Vermögensausweis bzw. zu einem höheren Fremdkapitalausweis. Die Differenz zwischen aktuellen Marktwerten und Bilanzwerten stellt die »Stille Reserve« dar, die im Rahmen einer Bilanzanalyse dem (effektiven) Eigenkapital zuzuordnen ist.

True-and-fair-view-Prinzip Aus dem anglo-amerikanischen Rechnungslegungssystem ins HGB übernommene Generalnorm. Gemäß § 264 Abs. 2 HGB hat der Jahresabschluss einer Kapitalgesellschaft unter Beachtung der Grundsätze ordnungsmäßiger Buchführung ein den tatsächlichen Verhältnissen entsprechendes Bild der Vermögens-, Finanz- und Ertragslage zu vermitteln.

Umsatzkostenverfahren Gliederung der Gewinn- und Verlustrechnung, bei der dem Umsatz in einer bestimmten Periode (Geschäftsjahr) nur die Aufwendungen gegenübergestellt werden, welche für die verkauften Produkte angefallen sind. Erlaubt nach HGB und IFRS. Im Gegensatz zum Umsatzkostenverfahren kann auch das *Gesamtkostenverfahren* angewandt werden.

US-GAAP (United States – Generally Accepted Accounting Principles) US-amerikanische Rechnungslegungsstandards, die vom einem privatrechtlich organisierten Gremium (FASB = Financial Accounting Standards Board) im Auftrag der US-Börsenaufsicht SEC (Securities and Exchange Commission) aufgestellt werden. Im Vordergrund der Rechnungslegung nach den US-GAAP steht die Bereitstellung von Informationen für Investoren.

Literaturverzeichnis

Coenenberg, A. G., Haller, A,. Schultze, W.: Jahresabschluss und Jahresabschlussanalyse, Betriebswirtschaftliche, handelsrechtliche, steuerrechtliche und internationale Grundsätze – HGB, IFRS und US-GAAP, Stuttgart, 26. Aufl. 2021

Deutsches Rechnungslegungs Standards Committee: Deutscher Rechnungslegungs Standard Nr. 20 (DRS 20) Konzernlagebericht, 2012

Federmann, R., Müller, S.: Bilanzierung nach Handelsrecht, Steuerrecht und IFRS, Berlin, 13. Aufl., 2018

Fink, C., Schultze, W., Winkeljohann, N.: Bilanzpolitik und Bilanzanalyse nach neuem Handelsrecht, Stuttgart, 2010

Fitting, K., Schmidt, I., Trebinger, Y., Linsenmaier, W., Schelz, H.: Betriebsverfassungsgesetz mit Wahlordnung, 31. Aufl., 2022

Gräfer, H., Schneider, G.: Bilanzanalyse, Herne, 11. Aufl., 2010

Paul Hartmann AG (Hrsg.): Geschäftsberichte 2018–2020; Jahresabschlüsse 2018–2020, *www.bundesanzeiger.de*

Hans Böckler Stiftung, IFRS 8: Segmentberichterstattung, *https://www.boeckler.de/pdf/mbf_ifrs_standards_ifrs8.pdf,* abgerufen am 23.9.2022

Haufe (Hrsg.): haufe.de/thema/nachhaltigkeitsberichterstattung/, abgerufen am 27.7.2022

Heuser, P. J., Theile, C.: IFRS-Handbuch, Köln, 6. Aufl., 2019

International Accounting Standards Board (Hrsg.): International Financial Reporting Standards (IFRS), IFRS 3: Unternehmenszusammenschlüsse, 2008

International Accounting Standards Board (Hrsg.): International Financial Reporting Standards (IFRS), IFRS 10: Konzernabschlüsse, 2011

International Accounting Standards Board (Hrsg.): International Financial Reporting Standards (IFRS), IFRS 11: Gemeinsame Vereinbarungen, 2011

International Accounting Standards Board (Hrsg.): International Financial Reporting Standards (IFRS), IFRS 16: Leasingverhältnisse, 2019

International Accounting Standards Board (Hrsg.): International Accounting Standards (IAS), IAS 21: Auswirkungen von Änderungen der Wechselkurse, 2008

International Accounting Standards Board (Hrsg.): International Accounting Standards (IAS), IAS 28: Anteile an assoziierten Unternehmen, 2008

Kessler, H., Leinen, M., Strickmann, M.: Handbuch BilMoG, Der praktische Leitfaden zum Bilanzmodernisierungsgesetz, 2. Aufl., 2010

Köstler, R., Müller, M., Sick, S.: Aufsichtsratspraxis. Handbuch für die Arbeitnehmervertreter im Aufsichtsrat, Frankfurt/Main, 10. Aufl., 2013

Kohl, C., Pissarczyk, A.: Vergütung, Unabhängigkeit, Berichterstattung und Selbstbeurteilung: Der DCGK 2020 legt neue Standards für gute Unternehmensführung fest. (*www.ey.com/de_de/assurance/was-sich-am-deutschen-corporate-governance-kodex-aendern-wird*)

Kralicek, P.: Bilanzen lesen – eine Einführung, München, 3. Aufl., 2007

Laßmann, N., Mengay, A., Riegel, H., Rupp, R.: Handbuch Interessenausgleich und Sozialplan, Frankfurt/Main, 8. Aufl., 2021

Laßmann, N., Mengay, A., Rupp, R.: Handbuch Wirtschaftsausschuss, Handlungsmöglichkeiten für eine aktive Informationspolitik, Frankfurt/Main, 11. Aufl., 2020

Lüdenbach, N.: IFRS, Der Ratgeber zur erfolgreichen Anwendung von IFRS, Freiburg, 9. Aufl., 2019

Müller, M.: IFRS – International Financial Reporting Standards, Grundlagen für Aufsichtsrat und Unternehmenspraxis, Frankfurt/Main, 2. Aufl., 2010

Prangenberg, A.,Müller, M.: Konzernabschluss International, Einführung in die Bilanzierung nach IAS/IFRS und HGB, Stuttgart, 2. Aufl., 2006

Regierungskommission Deutscher Corporate Governance Kodex: Deutscher Corporate Governance Kodex (*www.dcgk.de/de/*), 2022

Rupp, R.: Übernahme durch Finanzinvestoren. Handlungshilfe für Betriebsräte, Wirtschaftsausschuss und Arbeitnehmervertreter im Aufsichtsrat, Frankfurt/Main, 2. Aufl., 2017

SNP Schneider-Neureither & Partner SE (Hrsg): Geschäftsberichte 2018–2020; Jahresabschlüsse 2018–2020, *www.bundesanzeiger.de*

Volkswagen AG (Hrsg.): Geschäftsbericht 2010, *https://www.volkswagenag.com/presence/investorrelation/publications/annual-reports/2011/volkswagen/GB_2010_d.pdf*, abgerufen am 27.7.2022

Wagenhofer, A., Ewert, R.: Externe Unternehmensrechnung, Berlin, 3. Aufl., 2015, S. 3

Stichwortverzeichnis